# 专家指导委员会

国家人力资源和社会保障部
国家工业和信息化部

信息技术领域"653工程"指定教材

全国电子专业人才考试指定用书

# 通信终端设备维修

全国电子专业人才考试教材编委会

科学出版社
北京

## 内 容 简 介

本书从全国电子专业人才(通信终端设备维修)高级考试需要出发,内容包括:考试说明、考试大纲、理论考试部分、实际操作考试和考试基础知识五部分。该书既是一本完善的考试指定用书,又是各学校通信终端设备维修教学的首要参考范本,通信终端设备维修考试是对各学校教育、教学是否适应社会实际的科学的评价体系。

本丛书可供电子、通信、自动化、信息、工程、计算机专业的广大师生及各类相关培训机构任教人员阅读,也可作为相关领域技术人员的参考书。

**图书在版编目(CIP)数据**

通信终端设备维修/全国电子专业人才考试教材编委会著.—北京:科学出版社,2009

(全国电子专业人才评定考试丛书)

ISBN 978-7-03-023888-7

Ⅰ.通… Ⅱ.全… Ⅲ.通信终端 Ⅳ.移动通信-终端设备-自学参考资料 Ⅴ.TN929.5

中国版本图书馆CIP数据核字(2009)第001603号

责任编辑:赵方青 杨 凯/责任制作:董立颖 魏 谨

责任印制:赵德静/封面设计:瑗 佳

**科学出版社** 出版

北京东黄城根北街16号

邮政编码:100717

http://www.sciencep.com

**双青印刷厂** 印刷

科学出版社发行 各地新华书店经销

*

2009年3月第 一 版 开本:B5(720×1000)

2009年3月第一次印刷 印张:16

印数:1—4 000 字数:183 000

**定 价:32.00元**

(如有印装质量问题,我社负责调换)

# 前言

“全国电子专业人才考试”是工业和信息化部为适应电子信息行业发展和技术进步的需要，为提高电子信息从业技术人员素质和促进就业而推出的国家级的、高级别的、专业级水平的考试。“全国电子专业人才考试”是对从事或即将从事电子信息行业工作的专业人才的最高专业级别的考试体系。该考试体系能全面科学评价、衡量专业人才的技术水平和业务素质，同时也能综合反映出学校在专业人才教育、教学方面的情况。

“全国电子专业人才考试”是系列化考试，包括“单片机设计与开发”、“EDA设计与开发”、“PCB设计”、“电子组装与调试”、“通信终端设备维修”等模块高级考试。考试体系从调试→维修→设计，全面覆盖了专业能力，是一种全方位的考试体系。

该考试体系特别强调规范性、严谨性，突出体现“统一考试大纲、试题汇编和硬件平台，随机抽题，统一考核标准，统一颁发证书”的原则。考试知识点覆盖广、可考性强、与实际零距离接轨，是很完善的、科学的考试方式，并且考试各个环节管理严格，因此该考试体系非常公平、公正。由于“全国电子专业人才考试”是专业人才水平评价考试，因此考试合格者能够获得由工业和信息化部电子人才交流中心统一颁发的全国电子专业人才证书。该专业人才证书是电子信息行业求职、任职、单位录用的重要参考凭证。

刘玉珍

# 目录

# 第1部分
# 全国电子专业人才考试说明

## 1.1 考试简介

全国电子专业人才考试是工业和信息化部电子人才交流中心为适应电子信息技术发展和信息专业技术人才队伍建设的实际需要，为提高电子信息从业技术人员技能水平和促进就业而推出的国家级人才评定体系。考试合格者由工业和信息化部人才交流中心统一颁发全国电子专业人才证书。

全国电子专业人才（通信终端设备维修）高级考试是对从事或即将从事通信终端设备维修及相关工作的专业人才进行综合评价，通过科学、完善的测评体系，准确衡量专业人才的技术水平和业务素质。

该证书反映广大电子、通信、信息等专业类在校学生和生产、工程一线技术人员从事该领域的技术支持、维修、维护等工作的水平，是对持证人员维修、调试的专业知识、技能的认可和评价，更是电子、通信、信息等行业求职、任职、单位录用的重要依据。

该考试特别强调规范性，根据“统一考试大纲、试题，随机抽题，统一考核标准，统一颁发证书”的原则进行严格管理，使考试更加公平、公正，避免了考试的随意性和机会性。

## 1.2 考试适用对象

(1) 电子、通信、信息等专业从业人员及大中专院校在校学生。

(2) 从事电子、通信、信息等行业工作的技术人员。

(3) 大中专院校教师及各类培训机构任教人员。

(4) 广大电子业余爱好者。

## 1.3 考试用书

在工业和信息化部指导下,成立了“全国电子专业人才考试专家指导委员会”,专家委员会具有广泛的代表性,既有行业权威院士、知名学者、教授,又有来自企业生产、调试、维护一线的著名高级工程技术人员。专家们经过多方调研、反复论证后才编写成《通信终端设备维修》这一考试指定用书。

考试用书共分 5 部分,第 1 部分是“全国电子专业人才考试说明”;第 2 部分是“通信终端设备专业人才考试大纲”;第 3 部分是“理论考试部分”;第 4 部分是“实际操作部分”;第 5 部分是“通信终端设备维修考试基础知识”。

考试知识点覆盖广、可考性强、与生产实际零距离接轨,是很完善的考试方式。

考试用书是参加通信终端设备维修高级考试的考生人手一册的必备复习用书和技术资料。本书还供培训教师在组织培训、操作练习和自学提高等方面使用。

## 1.4 考试流程

考试流程如下图所示。

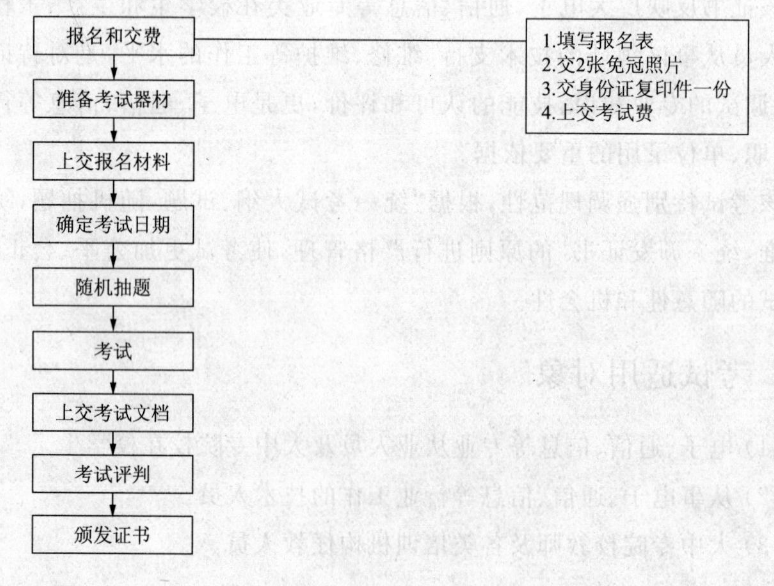

1. **报名和交费**

· 学校或培训机构组织考生报名，填写报名(信息)表，报名表格式。

**全国电子专业人才(通信终端设备维修)高级考试报名信息表**

| 考生编号 | 考生姓名 | 性　别 | 所学专业 | 身份证号码 | 学历(包括在学) |
|---|---|---|---|---|---|
| 1 | 张三 | | | | |
| 2 | 李四 | | | | |
| ⋮ | ⋮ | | | | |
| $n$ | 王五 | | | | |

· 交2寸免冠照片两张，身份证复印件一份。

· 考生交考试费，考试费由考试组织方(培训机构或学校)代收；培训费由考试组织方根据收费标准直接收取。

2. **准备考试器材**

根据“统一考试大纲、试题，随机抽题，统一考核标准，统一颁发证书”的原则，组织方统一准备考试用材料或工具等。如果没有考试器材的可以在当地购买或按下联系方式采购。

考试器材采购联系电话：(022)60598092，(022)60518875。

采购联系电子信箱：YCHD2005@126.com。

3. **上交报名材料**

考试组织方将报名表(电子文档)、照片和身份证复印件上交给当地考试负责机构。

4. **确定考试日期**

考试组织方将考试器材、考试用仪器设备等准备好后，即可与当地考试负责机构确定考试日期。

5. **随机抽题**

考试中心根据报名表为每位考生随机抽取考题，随机抽题能够全面考查考生的知识面、增加考试的权威性。使考试更加公平、公正，避免了考试的随意性和机会性。

6. **考　试**

理论考试时间为1小时，实际操作考试时间为1小时，起止时间由组织方确定。

考试内容包括理论考试与实际操作考试两部分：

① 理论考试：根据随机抽取的考题要求，解答各道试题。

② 实际操作考试：根据实际操作考试的要求，维修并填写各《考生维修记录表》。

**7. 上交考试结果**

考试结束后，考生将维修的终端实物上交给考评人员，必须在实物上用标签纸写好姓名、考号。

考试结束后，考生将理论考试部分和《考生维修记录表》解答后从书上撕下上交给考评人员，必须在上交材料上写好姓名、考号。

考评人员将所有考生上交的终端实物、文字考试材料汇总、封箱，一起上交给当地考试负责机构。

**8. 考试评判**

评判中心根据考生上交的维修终端实物、文字考试材料给出科学的评判，对评判有异议的考生可调出其封箱维修终端实物、材料重新评判，证书颁发后考评人员必须将考生上交物品下发。

**9. 颁发证书**

考试合格者可获得由工业和信息化部电子人才交流中心颁发的全国电子专业人才证书，参加考前培训的合格考生可申领由国家人力资源和社会保障部、工业和信息化部联合颁发的“653工程培训证书”。证书全国范围内有效。

证书信息在工业和信息化部人才交流中心官方网站（www.miitec.org.cn）上查询。

考试成绩不合格者，可参加补考，只需交纳相应的考试费用。

此证书遗失不补。

## 1.5 考生规则

① 考生在考试前15分钟入场，按考评人员指定位置入座，将身份证放在桌面右角。检查仪器设备、工具等是否正常。

② 考生不得携带除考试器材和考试试题汇编外的任何物品，一经发现，

监考人员有权取消其考试资格。

③ 考试过程中不允许讨论，独立完成自己的考题。

④ 考试结束后，考生将维修终端实物、考试试题解答和《考生维修记录表》上交给考评人员，必须在上交材料上写好姓名、考号。

⑤ 考生将维修的终端实物和文档上交给考评人员后，依次离开考场。

## 1.6　考评人员职责

① 开考前认真核查考生身份证，防止替考现象发生，如有替考立即取消该考生的考试资格。

② 向考生发放指定考试器材。

③ 对考试内容和考试用仪器设备的使用不作任何解释。

④ 对违反认证考试规则的考生应提出警告，对情节严重、态度恶劣的，要当场取消其考试资格。

⑤ 考试结束后，按考号收集维修终端实物、考试试题解答和《考生维修记录表》，汇总、封箱后，一起上交给当地考试负责机构。

⑥ 在监考时不得擅离岗位，要严格履行考评职责。

## 1.7　证书组织管理

工业和信息化部电子人才交流中心严格按照“统一考试大纲、试题，随机抽题，统一考核标准，统一颁发证书”的原则要求，负责全国电子专业人才考试的组织实施、资格审查、成绩资料存档、考试评定、证书颁发等工作。

## 1.8　考试技术支持

为了更好地推广和服务全国电子专业人才考试，工业和信息化部电子人才交流中心成立了专门的考试技术支持中心，面向全国提供考试技术支持和服务。

① 为全国各地提供考试器材。

② 协助各考点做好考试工作。

③ 支持各考点组织教学、培训和测评。

④ 为考试解答疑难问题。

考试技术支持中心电话:02260598092　02260518875

考试技术支持邮箱:YCHD2005@126.com

## 1.9 联系方式

工业和信息化部电子人才交流中心

联系电话:010-68208669/72

官方网站:www.miitec.org.cn

本考试体系自发布之日起生效,由工业和信息化部电子人才交流中心全权解释。

# 第2部分
# 通信终端设备维修专业人才考试大纲

| 内容＼要求 | | 了解 | 掌握 | 精通 |
|---|---|---|---|---|
| | 移动通信的定义 | | | ● |
| | 移动通信的发展 | | | ● |
| | 蜂窝系统的概念 | | ● | |
| | 无线服务区域的划分 | | | ● |
| | 移动通信的体制 | | | ● |
| 移动通信基础知识 | 编码技术 | | | ● |
| | 调制与解调技术 | | | ● |
| | 多址技术 | | | ● |
| | 跳频扩频技术 | ● | | |
| | 分集接收技术 | ● | | |
| | 交织技术 | ● | | |
| | 移动通信系统的发展 | ● | | |
| | 移动通信系统的分类 | ● | | |
| | 模拟移动通信系统 | ● | | |
| | GSM 移动通信系统 | | | ● |
| | CDMA 移动通信系统 | ● | | |
| | 小灵通移动通信系统 | ● | | |
| | 无绳电话系统(PHS) | ● | | |

续表

| 内容 | 要求 | 了解 | 掌握 | 精通 |
|---|---|---|---|---|
| 电路基本知识 | 电路分析 | | | ● |
| | 模拟电路 | | | ● |
| | 高频电路 | | | ● |
| | 微机原理 | ● | | |
| 维修、调试 | 仪器与工具的使用 | | | ● |
| | 元件的识别、检测、更换 | | | ● |
| | 电路板的识别、检测、清洗 | | | ● |
| | 软件故障处理及重写软件 | | | ● |
| | 电路识图、分析能力 | | | ● |
| | 手机测试指令使用 | ● | | |

# 第3部分
# 理论考试部分

**一、填空题**（每题1分）

1. 放大电路的三种基本组态中被称为电压跟随器的是__________。
2. 放大电路的三种基本组态中被称为电流跟随器的是__________。
3. 对于放大电路的输出级，输出电阻__________可以提高带负载的能力。
4. 对于放大电路的输入级，输入电阻__________可以避免信号过多地衰减。
5. 若要从放大电路的三种组态中选择一种作为多级电路的输入级，应选择__________电路。
6. 若要从放大电路的三种组态中选择一种作为多级电路的输出级，应选择__________电路。
7. 若要从放大电路的三种组态中选择一种用于高频、宽带、低输入阻抗的场合，应选择__________电路。
8. *LC*振荡电路除变压器反馈式振荡器外，常用的有__________、电容三点式振荡器。
9. *LC*振荡电路除变压器反馈式振荡器外，常用的有电感三点式振荡器、__________。
10. 石英晶片之所以能够作振荡电路是基于它的__________效应。
11. 对于电容三点式和电感三点式两种*LC*振荡电路，若要求产生1MHz以上的高频信号，则应采取__________。
12. 反馈式正弦波振荡电路所采取的反馈方式属于__________反馈。
13. 理想情况下，甲类功率放大电路的最高效率可达__________%。
14. 理想情况下，乙类互补对称功率放大电路的最高效率可达__________%。

15. OFDM 中文全称为＿＿＿＿＿＿，它将可能成为第四代无线通信的核心技术。
16. 语音编码技术可以分为＿＿＿＿＿编码、参量编码、混合编码三大类。
17. 语音编码技术可以分为波形编码、＿＿＿＿＿、混合编码三大类。（参量编码）
18. 蜂窝移动通信系统中，当移动用户在一个交换服务区内跨越该交换服务区的各小区时，发生的信道切换叫做＿＿＿＿＿。
19. 蜂窝移动通信系统中，当移动用户从一个交换服务区进入相邻交换服务区时，发生的信道切换叫做＿＿＿＿＿。
20. 具有不同载波频率的小区之间的切换称为＿＿＿＿＿切换。
21. 同一小区内不同扇区之间的切换称为＿＿＿＿＿切换。
22. 具有相同载波频率的不同小区的扇区之间的切换称为＿＿＿＿＿切换。
23. 从基站向用户传送信息的信道称为＿＿＿＿＿链路。
24. 从用户向基站传送信息的信道称为＿＿＿＿＿链路。
25. 移动通信网规定基站对移动台的发射频率＿＿＿＿＿于移动台对基站的发射频率。
26. 根据基站与移动用户之间传递的信息种类的不同，信道分为＿＿＿＿＿和控制信道两大类。
27. 根据基站与移动用户之间传递的信息种类的不同，信道分为业务信道和＿＿＿＿＿两大类。
28. 空闲信道的选取方式可以分为两类：一类是＿＿＿＿＿＿，另一类是标明空闲信道方式。
29. 空闲信道的选取方式可以分为两类：一类是专用呼叫信道方式，另一类是＿＿＿＿＿＿。
30. 国际上，由＿＿＿＿＿召开世界无线电管理大会，对频率的分配和使用制定统一的规则。
31. 美国联邦通信委员会（FCC）规定给蜂窝通信的频谱带宽（单方向）为＿＿＿＿＿MHz。
32. 配置在某一小区内的若干个无线信道，其中任意一个空闲信道都可以被该范围内所有移动用户使用，这叫做＿＿＿＿＿。

33. 在蜂窝式移动通信系统中,应考虑的干扰主要有:__________、同频干扰、互调干扰。

34. 在移动通信系统中,应考虑的干扰主要有:邻道干扰、__________、互调干扰。

35. 在移动通信系统中,应考虑的干扰主要有:邻道干扰、同频干扰、__________。

36. 我国具有自主知识产权的移动通信标准是__________。

37. GPRS是一种基于__________技术的GSM数据业务,为用户提供移动状态下的高速数据业务,如收发E-mail、Internet浏览等。其极限数据传输速率为160kbps。

38. GPRS是一种基于分组交换技术的GSM数据业务,为用户提供移动状态下的高速数据业务,如收发E-mail、Internet浏览等。其极限数据传输速率为__________kbps。

39. 为实现GPRS功能,GSM系统中引入了__________、GPRS网关支持结点GGSN、分组控制单元PCU等3个组件。

40. 为实现GPRS功能,GSM系统中引入了GPRS服务支持结点SGSN、__________和分组控制单元PCU等3个组件。

41. 为实现GPRS功能,GSM系统中引入了GPRS服务支持结点SGSN、GPRS网关支持结点GGSN,以及__________等三个组件。

42. 第二代移动通信系统主要为支持话音和__________而设计,随着通信业务范围不断扩展,它数据传输速率已经不能满足新的业务需求。

43. 1999年1月,国际电联ITU公布了第三代移动通信系统无线接口技术规范,将可用的无线传输技术分为__________和TDMA两类。

44. 1999年1月,国际电联ITU公布了第三代移动通信系统无线接口技术规范,将可用的无线传输技术分为CDMA和__________两类。

45. 当移动台向入射波方向移动时,多普勒频移为__________,这意味着移动台收到的信号频率增大。

46. 当移动台向入射波方向移动时,多普勒频移为正,这意味着移动台收到的信号频率__________。

47. 当移动台背向入射波方向移动时,多普勒频移为__________,意味着移动台收到的信号频率减小。

48. 当移动台背向入射波方向移动时，多普勒频移为负，意味着移动台收到的信号频率________。

49. 迄今为止，可以把移动通信技术的发展历史分为第一代(1G)移动通信系统、第二代(2G)移动通信系统、第三代(3G)移动通信系统。试在表“移动通信发展概况”中的空白处填写适当的内容。

**移动通信发展概况**

| | 第一代移动通信系统(1G) | 第二代移动通信系统(2G) | 第三代移动通信系统(3G) |
|---|---|---|---|
| 时间(年) | 1981～1996 | 1990～ | 2001～ |
| 业务 | | 数字语音消息 | 高速数据/宽带视频/多媒体 |
| 结构 | | 微蜂窝/微微蜂窝 | |
| 无线技术 | FDD/FDMA | | TDD/FDD/CDMA |
| 频段 | | 800/1900MHz | |
| 代表系统 | AMPS | | cdma2000/WCDMA/TD－SCDMA |

50. 迄今为止，可以把移动通信技术的发展历史分为第一代(1G)移动通信系统、第二代(2G)移动通信系统、第三代(3G)移动通信系统。试在表“移动通信发展概况”中的空白处填写适当的内容。

**移动通信发展概况**

| | 第一代移动通信系统(1G) | 第二代移动通信系统(2G) | 第三代移动通信系统(3G) |
|---|---|---|---|
| 时间(年) | 1981～1996 | 1990～ | 2001～ |
| 业务 | 模拟移动电话语音数据 | | 高速数据/宽带视频/多媒体 |
| 结构 | 宏蜂窝 | | |
| 无线技术 | FDD/FDMA | TDD/TDMA，FDD/TDMA | |
| 频段 | | 800/1900MHz | 2GHz＋ |
| 代表系统 | AMPS | GSM/DCS 1900 | |

51. 迄今为止，可以把移动通信技术的发展历史分为第一代(1G)移动通信系统、第二代(2G)移动通信系统、第三代(3G)移动通信系统。试在表“移动通信发展概况”中的空白处填写适当的内容。

**移动通信发展概况**

| | 第一代移动通信系统(1G) | 第二代移动通信系统(2G) | 第三代移动通信系统(3G) |
|---|---|---|---|
| 时间(年) | 1981～1996 | 1990～ | 2001～ |
| 业务 | 模拟移动电话语音数据 | 数字语音消息 | |
| 结构 | 宏蜂窝 | | ______ |
| 无线技术 | | TDD/TDMA,FDD/TDMA | TDD/FDD/CDMA |
| 频段 | 800MHz | 800 \| 1900MHz | |
| 代表系统 | | GSM/DCS 1900 | cdma2000/WCDMA/TD-SCDMA |

52. 从频域的角度,多径信号的时延扩展可能导致______,即对信号的不同频率成分呈现出不同的随机响应,从而导致了信号波形畸变。

53. 对单载波系统而言,一次衰落或干扰即可导致______;而多载波系统则只会使小部分子信道受到深衰落的影响。

54. 一般而言,正交频分复用 OFDM 属于多载波调制 MCM 技术的一种,只是 MCM 技术的各个子载波并非总是______。

55. 衰落环境下,在基站采用 2 副发送天线和 3 副接收天线,而在移动台一侧采用______副发送天线和______副接收天线,可以使链路获得 10～20dB 的改善。

56. 衰落环境下,在基站采用______副发送天线和______副接收天线,而在移动台一侧采用 1 副发送天线和 3 副接收天线,可以使链路获得 10～20dB 的改善。

57. 衰落环境下,在基站采用 2 副发送天线和 3 副接收天线,而在移动台一侧采用 1 副发送天线和 3 副接收天线,可以使链路获得______dB 的改善。

58. GSM 移动通信系统的主要功能实体有______、______和______三部分。

59. GSM 移动通信系统中的交换网络子系统(NSS)和无线基站子系统(BSS)一般采用速率为______的 PCM 数字传输链路来实现。

60. GSM 系统的主要接口包括______、______和______。

61. GSM 系统中的 Abis 接口是通过采用标准的速率为______或______的 PCM 数字传输链路来实现的。

62. GSM 的网络接口中,为移动台和基站收发机之间提供无线通信的接口是______。

63. GSM 系统传输语音信号时,接收端收到的信息除了编码后的数字语音信息流外,还应包括______信息。

64. 我国陆地公用数字移动通信网 GSM 系统采用______频段,每个频道采用______方式接入。

65. GSM 系统中,频道序号为 2 的上频段的载频为______MHz,下频道载频为______MHz。

66. GSM 系统中,用 $n$ 来表示频道序号,则上下两频段的载频分别可分别用公式表示为:$f_1(n)=$______和 $f_2(n)=$______。

67. 在 GSM 系统中,为了确保通信的秘密性和抗干扰性,通常采用______技术。

68. GSM 系统中,跳频系统的最小跳变频率间隔为 200kHz,若跳变频率范围为 15MHz,则处理增益为______dB。

69. 在 GSM 无线网络中,广播信道中的______信道传输供移动台进行同步和对基站进行识别的消息。

70. GSM 系统中,控制信道可分为______、______和______三种信道。

71. GSM 系统中,语音业务信道分为______信道和______信道。

72. GSM 系统的信道中,全速率语音业务信道 TCH/FS 的速率为______kbps。

73. 在 GSM 系统中,每帧含______个时隙,时隙宽度为______ms,其中包含______Bit。

74. 为了提高频谱的利用率,GSM 系统采用______技术,使得只有在有语音时才打开发射机,从而减小干扰。

75. GSM 系统中传输语音时,要对语音信号进行两次编码______和______来对抗干扰。

76. GSM 系统中,时分多址信道上一个时隙中的信息格式称为______。

77. 移动通信系统目前采用______、______和______三种多址方式,GSM 采用______多址方式。

78. GSM系统中,当移动台漫游到一个新的服务区时,由＿＿＿＿＿给它分配一个临时的漫游号码。

79. GSM系统中,位置区识别码LAI包含＿＿＿＿＿、＿＿＿＿＿和＿＿＿＿＿三部分。

80. 为了GSM系统的安全性,空中接口无线传输的识别码采用＿＿＿＿＿代替＿＿＿＿＿。

81. GSM系统业务包括＿＿＿＿＿和＿＿＿＿＿。

82. GSM系统中,移动国家代码MCC由＿＿＿＿＿位数字组成。

83. GSM系统中,＿＿＿＿＿业务不要求建立端-端业务路径。

84. GSM通信系统中,移动台ISDN号码中,我国的CC码为＿＿＿＿＿。

85. 短消息业务的实现无需建立端-端的业务路径,故当某移动台断电/关机时,其短消息传输＿＿＿＿＿进行。

86. 移动通信系统一般由＿＿＿＿＿、基站(BS)、移动交换中心(MSC)及与公用交换电话网(PSTN)相连的中继线等组成。

87. 移动通信系统一般由＿＿＿＿＿、移动台(MS)、移动交换中心(MSC)及与公用交换电话网(PSTN)相连的中继线等组成。

88. 移动通信系统一般由移动台(MS)、基站(BS)、＿＿＿＿＿及与公用交换电话网(PSTN)相连的中继线等组成。

89. GSM系统采用的调制方式为＿＿＿＿＿。

90. 中国目前所用的GSM系统为＿＿＿＿＿和GSM1800。

91. GSM载频间隔为＿＿＿＿＿。

92. 我国GSM 900空闲信道的选取方式为＿＿＿＿＿。

93. GSM 900的下行链路的频段范围是＿＿＿＿＿。

94. GSM 900的上行链路的频段范围是＿＿＿＿＿。

95. GSM 900收、发频率间隔为＿＿＿＿＿。

96. GSM 900有＿＿＿＿＿对载频。

97. GSM每个载波分成＿＿＿＿＿个时隙。

98. 当避免使用两个边缘载波后,GSM系统最大可用物理信道数为＿＿＿＿＿。

99. GSM手机最大发射功率为＿＿＿＿＿W。

100. GSM 移动台发射功率有________种，供用户选择。

101. GSM 系统，一个业务复帧由________个 TDMA 帧构成。

102. GSM 系统，一个控制复帧由________个 TDMA 帧构成。

103. GSM 系统的跳频速率为________跳/秒。

104. GSM 系统只在有语音时才打开发射机的技术是________。

105. CDMA 移动通信系统用于频率在________范围的数字移动电话系统。

106. CDMA 是一种采用________技术的数字蜂窝电话系统，不同于采用 Time－Division Multiplexing(TDM)技术的 GSM 通信系统。

107. CDMA 移动通信系统是一个利用扩频调制技术的、码分多址蜂窝移动通信系统，除此之外，它还采用了________和功率控制等技术。

108. CDMA 移动通信系统是一个利用扩频调制技术的、码分多址蜂窝移动通信系统，除此之外，它还采用了软切换和________等技术。

109. 在 CDMA 通信系统中，接收端依靠用户信号的________不同来区分用户。

110. 在 CDMA 通信系统中，采用________技术，解决通信系统中的"远近效应"。

111. 在 CDMA 通信系统中，采用功率控制技术，解决通信系统中的________。

112. 系统容量大是 CDMA 的一个重要特性，一般 CDMA 网的容量是 GSM 网的________倍。

113. CDMA 话音传输使用________的数据速率。

114. ________技术用于减少衰落的影响，在不增加发射机功率或信道带宽的情况下提高系统的可靠性。

115. 在 BCH 码使用一个 15 比特字发射 7 比特信息，它能校正码字最多________个的任何随机差错。

116. 在直接序列扩频中，若编码时钟速率为 10Mcps 和信息速率为 4.8kbps，则系统的处理增益________。

117. 在都市或郊区环境中的蜂窝和个人通信系统使用频率分集，频率隔离必须在________kHz 以上。

118. 信号到移动台的直接传播距离为1km，而多径信号的传播距离为5km。则有效和候选集合的搜索窗口的尺寸为________，使用的窗口尺寸33。

119. 信号到移动台的直接传播距离为1km，而多径信号的传播距离为5km。则有效和候选集合的搜索窗口的尺寸为32.8，使用的窗口尺寸________。

120. 在CDMA通信系统中，移动台的发射功率与接收功率成________关系。

121. 反向链路功率控制分为________和闭环功率控制，其中，闭环功率控制是每1.25ms进行一次，功率在一个长度为20ms的帧内可以变化±________dB。

122. 反向链路功率控制分为开环功率控制和________，其中，闭环功率控制是每________ms进行一次，功率在一个长度为20ms的帧内可以变化±16dB。

123. 目前，联通CDMA网络使用的频点号为________，相对应的中心频率为833.49、878.49。

124. 目前，联通CDMA网络使用的频点号为283，相对应的中心频率为________。

125. CDMA的关键技术为________、分集技术和多径接收。

126. CDMA的关键技术为软切换、________和多径接收。

127. CDMA的关键技术为软切换、分集技术和________。

128. CDMA系统内的切换分成软切换和________。

129. CDMA系统内的切换分成________和更软的切换。

130. 在CDMA前向链路中，无线逻辑信道包括________、同步、寻呼、业务这四种类型。

131. 在CDMA前向链路中，无线逻辑信道包括导频、________、寻呼、业务这四种类型。

132. 在CDMA前向链路中，无线逻辑信道包括导频、同步、________、业务这四种类型。

133. 在CDMA前向链路中，无线逻辑信道包括导频、同步、寻呼、________

这四种类型。

134. CDMA手机的最大发射功率为______mW，相当于7.64dBm。

135. CDMA手机的最大发射功率为200mW，相当于______dBm。

136. Motorola CBSC系统由______和MM两部分构成。

137. Motorola CBSC系统由XC和______两部分构成。

138. Motorola SC4812T基站单个机柜，最大可支持____载波、3扇区或2载波、6扇区。

139. Motorola SC4812T基站单个机柜，最大可支持4载波、____扇区或2载波、6扇区。

140. Motorola SC4812T基站单个机柜，最大可支持4载波、3扇区或____载波、6扇区。

141. Motorola SC4812T基站单个机柜，最大可支持4载波、3扇区或2载波、____扇区。

142. CDMA手机是通过______来区分不同基站的各个小区。

143. CDMA手机在开机过程中，是根据______信道的强度来确定接入哪个小区。

144. 目前，广泛使用的天线分集接收方式用______和频率分集。

145. 目前，广泛使用的天线分集接收方式用空间分集和______。

146. 1999年1月，国际电联ITU公布了第三代移动通信系统无线接口技术规范，将可用的无线传输技术分为______和TDMA两类。

147. 1999年1月，国际电联ITU公布了第三代移动通信系统无线接口技术规范，将可用的无线传输技术分为CDMA和______两类。

148. cdma2000由北美TIATR45标准和韩国TTA标准融合而成，保持与IS-95系统后向兼容，可支持数据传输速率为当前标准速率1.2288Mcps的______倍，从而满足了3G系统的容量和用户接入速率。

149. cdma2000的下行链路支持$N\times1.2288$Mcps的码片传输速率，其中$N$可取值为______。当$N=1$时，cdma2000系统相当于IS-95B系统。当$N>1$时，cdma2000有多载波调制、直接扩频两种调制模式。

150. cdma2000的下行链路支持$N\times1.2288$Mcps的码片传输速率，其中$N$

可取值为1、3、6、9、12。当$N=1$时，cdma2000系统相当于IS-95B系统。当$N>1$时，cdma2000有________、________两种调制模式。

151. cdma2000系统采用多载波方式调制时，以带宽________、码片速率1.2288Mcps的扩频信号为基础，将$N$个独立的1.25MHz载波合成为宽带CDMA信号。
152. cdma2000系统采用多载波方式调制时，以带宽1.25MHz、码片速率________的扩频信号为基础，将$N$个独立的1.25MHz载波合成为宽带CDMA信号。
153. cdma2000系统采用直接扩频方式时，其扩频码片速率为$N\times$1.2288Mcps，其中$N$的取值为________。
154. cdma2000的上行链路采用直接序列扩频，基本扩频速率为________，也可采用基本速率的3、6、9、12倍。
155. cdma2000的上行链路采用直接序列扩频，基本扩频速率为________，也可采用基本速率的________倍。
156. W-CDMA采用直接序列扩频技术，基本带宽和码片速率分别为________和4.096Mcps，其双工模式有FDD、TDD两种。
157. WCDMA采用直接序列扩频技术，基本带宽和码片速率分别为5MHz和________，其双工模式有FDD、TDD两种。
158. TD-SCDMA由中国电信技术研究院制定，其S有两重含义：一是指该系统为________；二是指该系统采用智能天线技术。
159. TD-SCDMA由中国电信技术研究院制定，其S有两重含义：一是指该系统为同步系统；二是指该系统采用________。
160. CDMA系统下行链路采用的调制方式是________。
161. CDMA系统上行链路采用的调制方式是________。
162. CDMA系统有800MHz和1800MHz两种频段，目前中国开通的是________频段。
163. CDMA系统收、发频率间隔为________。
164. CDMA 800的下行链路的频段范围是________。
165. CDMA 800的上行链路的频段范围是________。
166. CDMA蜂窝系统中每个小区使用________个载频。

167. 在 CDMA 系统中，各种逻辑信道是由不同的________来区分。

168. CDMA 系统每一载频________个码分信道。

169. CDMA 手机最大发射功率为________W。

170. CDMA 移动通信系统是一种采用________技术的数字蜂窝电话系统。

**二、选择题**（每题 1 分）

1. 以下几种工作类型的功率放大器，（　　）的能量转换效率最高。

A. 甲类　　B. 乙类　　C. 甲乙类　　D. 丙类

2. 以下几种工作类型的功率放大器，（　　）输出端的失真情况最严重。

A. 甲类　　B. 乙类　　C. 甲乙类　　D. 丙类

3. 一个石英晶体有（　　）个谐振频率。

A. 1　　B. 2　　C. 3　　D. 4

4. *LC* 并联谐振电路谐振时的谐振阻抗呈现（　　）

A. 电感特性，值最大　　B. 电容特性，值最小

C. 纯电阻特性，值最大　　D. 纯电阻特性，值最小

5. *LC* 串联谐振电路谐振时的谐振阻抗是（　　）

A. 电感特性，值最大　　B. 电容特性，值最小

C. 纯电阻性质，值最大　　D. 纯电阻性质，值最小

6. *RC* 移相振荡器是利用 *RC* 网络作为移相网络，使之满足相位平衡条件，一级 *RC* 串联网络能完成的相移量（　　）

A. 90°　　B. 180°　　C. 小于 90°　　D 小于 180°

7. *RC* 串联网络若要完成 180°相移，则至少需要（　　）级联才能实现。

A. 2　　B. 3　　C. 4　　D. 5

8. 我们通常所说的 2.5G 是指（　　）

A. WCDMA　　B. GSM

C. GSM＋GPRS　　D. CDMA

9. 在 GSM 蜂窝移动通信系统组成中，（　　）是用来完成信息的调制和解调功能的。

A. 网络子系统　　B. 无线基站子系统

C. 移动台　　D. 移动交换中心

10. 在 GSM 蜂窝移动通信系统组成中，NSS 是指（　　）。

A. 网络子系统　　B. 无线基站子系统

C. 移动台　　D. 移动交换中心

11. 在GSM蜂窝移动通信系统组成中,起到通信用户之间的管理作用的是(　　)。

A. 网络子系统　　B. 无线基站子系统

C. 移动台　　D. 移动交换中心

12. 在GSM蜂窝移动通信系统组成中,BSS是指(　　)。

A. 网络子系统　　B. 无线基站子系统

C. 移动台　　D. 移动交换中心

13. GSM系统中的Abis接口可以采用以下哪种速率(　　)。

A. 2.048Mbps　　B. 128kbps

C. 1.024Mbps　　D. 32kbps

14. 一般情况下,GSM通信系统中,可用的最大频道数为(　　)。

A. 124　　B. 122　　C. 120　　D. 130

15. 在GSM系统中,下列哪项特性不可以通过采用跳频技术来提高(　　)。

A. 系统的抗干扰能力　　B. 信息的传输速率

C. 通信的秘密性　　D. 信号的传输质量

16. 在GSM系统中语音编码后的速率为(　　)

A. 13Kbit/s　　B. 22.8Kbit/s

C. 33.8Kbit/s　　D. 64Kbit/s

17. 在GSM无线网络中,(　　)信道携带用于校正手机频率的消息。

A. BCCH　　B. SCH

C. FCCH　　D. CCCH

18. 在GSM无线网络中,(　　)信道用于基站对移动台的入网申请作出应答。

A. PCH　　B. SCH

C. RACH　　D. AGCH

19. GSM系统采用(　　)技术提高频谱的利用率,使得干扰减小。

A. 跳频　　B. 间断传输

C. 时分复用　　D. 频分复用

20. 下列哪项不属于 GSM 系统业务类别(　　)。

A. 数据业务　　B. 语音业务

C. 传真业务　　D. 补充业务

21. GSM 系统中的移动国家代码 MCC 由(　　)组成。

A. 3　　B. 8　　C. 2　　D. 16

22. 以下关于 GSM 系统中补充业务的描述正确的是(　　)。

A. 呼叫转移可以由用户来激活,也可以由运营商来激活。

B. 用户设置了 CLIR 是业务之后做主叫,则被叫一定不能看到主叫号码。

C. 多方通话业务的实现必须依赖于呼叫等待业务。

D. 以上都对。

23. 位置区识别码 LAI 不包含下列哪一部分(　　)

A. LAC　　B. MCC　　C. NDC　　D. NCC

24. 当移动台漫游到一个新的服务区时,由(　　)给它分配一个临时的漫游号码,并通知该移动台的(　　),用于建立通信路由。

A. VLR　HLR　　B. HLR　VLR

C. MSC　HLR　　D. VLR　MSC

25. 为了 GSM 系统的安全性,空中接口无线传输的识别码采用(　　)代替(　　)。

A. TMSI　IMSI　　B. TMSI　MNC

C. IMSI　TMSI　　D. MNC　IMSI

26. 以下描述的 GSM 系统业务中,哪个不属于电信业务(　　)。

A. 短信息　　B. 主叫显示

C. 可视图接入　　D. 紧急呼叫

27. 下面有关短消息的叙述正确的是(　　)。

A. 在主叫移动用户中设置有短消息中心号码。

B. 信息发送或接收必须在移动台处于空闲状态时才可以进行。

C. 被叫用户必须开机,否则主叫发送的短消息会丢失。

D. 发送短消息占用话务中继,发送完后,释放资源。

28. 关于 GSM 系统中补充业务，以下叙述错误的是：(　　)。

A. 呼叫转移业务提供即可激活。

B. 闭锁类业务的激活需要口令验证。

C. 当 CFU 业务处于激活状态时，不能激活 BAOC 业务。

D. 当用户已经登记了 CFB 业务后，再使用呼叫等待业务时，CFB 失效。

29. GSM 系统中，(　　)业务不要求建立端-端业务路径的业务。

A. 电话业务　　B. 短消息业务

C. 紧急呼叫业务　　D. 传真业务

30. 在 GSM 系统中，下面说法正确的是：(　　)。

A. 如果主叫和被叫在同一 MSC/VLR 内，则不需要进行路由查询操作。

B. 被叫用户关机的话，被叫的 HLR 就不会向被叫所在 VLR 发起 Provide Roaming Number 过程。

C. 被叫用户设置无条件前转的话，被叫的 HLR 就不会向被叫所在 VLR 发起 Provide Roaming Number 过程。

D. 无应答前转呼叫是由主叫关口 MSC 发起的。

31. 按照目前国内 GSM 的话路方案，MSC 对国际移动号码是无法发起取路由信息过程的，而是按照普通国际号码直接送到长途局，判断下列说法正确的是：(　　)。

A. 国际用户漫游到 A 地，则 A 地手机拨打该漫游手机不需要建立长途电路。

B. 国际用户漫游到 A 地，则该漫游用户拨打 A 地手机不需要建立长途电路。

C. 两个国际用户漫游到 A 地，则两用户互相拨打不需要建立长途电路。

D. A 地手机拨打漫游至国外的 A 地手机需要具有国际长途权限。

32. MAP 的功能主要是为 GSM 各网络实体之间为完成移动台的自动漫游功能而提供的一种信息交换方式，以下哪种流程与 MAP 无关：(　　)。

A. 位置更新　　B. 寻呼

C. 局间切换　　D. 以上都与 MAP 有关

33. GSM 系统中，MSISDN 为 861392280 * * * *，它对应的 IMSI 编码是：

(    )。

A. 4600028042＊＊＊＊　　B. 4600028002＊＊＊＊＊

C. 4600022804＊＊＊＊＊　　D. 4600022809＊＊＊＊＊

34. GSM 系统采用的调制方式是(    )。

A. QPSK　　B. QAM　　C. MSK　　D. GMSK

35. 一个 GSM 载波最多可以容纳(    )个用户。

A. 8　　B. 16　　C. 32　　D. 64

36. GSM 系统采用的语音编、解码类型是(    )。

A. CELP　　B. RPE-LTP　　C. ADPCM　　D. VSELP

37. GSM 系统语音信道的净编码速率为(    )。

A. 11kb/s　　B. 12kb/s　　C. 13kb/s　　D. 14kb/s

38. GSM 系统采用的是(    )。

A. TDMA/FDMA/FDD　　B. TDMA/FDMA/TDD

C. TDMA/CDMA/FDD　　D. FDMA/CDMA/FDD

39. CDMA 的上行频率和下行频率的差值为(    )MHz。

A. 35　　B. 40　　C. 45　　D. 50

40. CDMA 的频谱带宽为(    )。

A. 1.23MHz　　B. 250kHz　　C. 500kHz　　D. 2.5MHz

41. 每个小区可分配的 WALSH 码为(    )。

A. 32　　B. 48　　C. 56　　D. 64

42. 导频信道使用的 WALSH 码为(    )。

A. 0　　B. 1　　C. 7　　D. 32

43. PN 短码的码长为 2 的(    )次方。

A. 8　　B. 15　　C. 20　　D. 41

44. 现有网络是使用(    )速率的 EVRC。

A. 4.8K　　B. 9.6K　　C. 8K　　D. 13K

45. 单个 CBSC 最多可支持(    )个 Transcoder 机柜。

A. 5　　B. 6　　C. 7　　D. 8

46. CBSC 中是通过(    )板卡与基站和交换机相连。

A. EGPROC　　B. KSW　　C. CLKX　　D. MSI

47. CDMA系统满负荷工作时覆盖面积比空载时要小的现象被称为(　　)。

A. 多普勒效应　　B. 呼吸效应

C. 干扰效应　　D. 卷积效应

48. 同一基站不同扇区间的切换被称为(　　)。

A. Softer handoff　　B. Soft handoff

C. Hard handoff

49. 当导频信号强度大于(　　)时，它才有可能进入候选导频集或有效导频集。

A. T-ADD　　B. T-DROP

C. T-COMP　　D. T-TDROP

50. SC4812T 基站设备中一组 Trunked LPA 单元有(　　)个 LPA 模块。

A. 1　　B. 2

C. 4　　D. 6

51. 包含内置 GPS 接收机单元的模块是(　　)。

A. BBX　　B. CSM-1

C. CSM-2　　D. HSO

52. 哪一个单元不在 SC4812T C-CCP 机架中？(　　)

A. AMR　　B. MPC

C. MCC　　D. Combiner

53. 负责将数字基带信号调制成射频信号的是(　　)模块。

A. BBX　　B. MCC

C. HSO　　D. AMR

54. 为防止系统相互干扰，C网天线与G网天线的垂直隔离应大于(　　)。

A. 0.5米　　B. 1米

C. 2米　　D. 4米

55. 系统中每个小区导频信道功率的缺省值为(　　)dBm。

A. 23　　B. 33

C. 28　　D. 38

56. CBSC所采用的操作系统平台为(　　)。

A. WINDOWS　　B. ORACLE

C. UNIX　　D. C＋＋

57. 在上行链路中各个移动台到达基站的有用信号的功率（　）；在下行链路中，各个移动台接收到的基站信号的信号干扰比（　）。

A. 相等、相等　　B. 相等、不相等

C. 不相等、相等　　D. 不相等、不相等

58. CDMA 系统采用的是（　）。

A. TDMA/FDD　　B. CDMA/FDD

C. FDMA/TDD　　D. FDMA/FDD

59. IS-95(CDMA)系统采用的语音编、解码类型是（　）。

A. CELP　　B. RPE-LTP

C. ADPCM　　D. VSELP

**三、判断题**（每题 1 分，正确的打“√”，错误的打“×”）

1. 在数字电路中，半导体三极管工作在放大区。（　）
2. 共集电极电路输入电阻高，输出电阻低。（　）
3. 对于功率放大电路，可以通过增加集电极电流的流通角来提高能量转换效率。（　）
4. 甲类放大电路可以对输入信号进行无失真的放大。（　）
5. 乙类放大电路可以对输入信号进行无失真的放大。（　）
6. *LC* 振荡器与晶体振荡器相比，*LC* 振荡器的频率稳定度较高。（　）
7. *LC* 振荡器与 *RC* 振荡器相比，*LC* 振荡器的频率稳定度较高。（　）
8. *RC* 振荡器与晶体振荡器相比，*RC* 振荡器的频率稳定度较高。（　）
9. 在多级电路中，降低噪声系数的关键是降低第一级电路的噪声系数。（　）
10. 对于多级级联的放大器电路，减小第一级放大电路的增益可以减小整个电路的噪声系数。（　）
11. 反馈式振荡器是利用负反馈原理构成的振荡器。（　）
12. 反馈式振荡器是利用正反馈原理构成的振荡器。（　）
13. OFDM 允许不同载波频率之间互相混叠。（　）
14. OFDM 采用带通滤波器来分离各子载波的频谱。（　）

15. 语音编码中，波形编码的编码速率要低于参量编码的编码速率。（　）
16. 在硬切换的发起和执行过程中，用户不会与两个基站保持信道的通信。（　）
17. 在软切换的发起和执行过程中，用户不会与两个基站保持信道的通信。（　）
18. 专用呼叫信道方式适用于大容量的移动通信网。（　）
19. 移动台对基站的发射频率高，接收频率低。（　）
20. GSM 系统传输语音信号时，发送端将信号转换成代表语音信号的 13kbps 的数字信息流，经传输后，接收端处理得到的信息也是代表语音的 13kbps 的数字信号。（　）
21. GSM 的网络接口中，最重要最复杂的接口是 Abis 接口。（　）
22. GSM 系统中，移动台在采用高频段发射时，传输损耗较低，有利于补偿上、下行功率不平衡的问题。（　）
23. GSM 通信系统中，对整个工作频段 900MHz 分为 124 对载频，因此可用的最大频道数为 124。（　）
24. GSM 通信系统中的跳频技术是靠躲避干扰来达到抗干扰能力的。（　）
25. 在 GSM 中语音编码后的速率为 16kbps。（　）
26. 在 GSM 无线网络中，广播信道中的 FCCH 信道传输供移动台进行同步和对基站进行识别的消息。（　）
27. 在 GSM 无线网络中，RACH 是一个上行信道，用于移动台随机提出的入网申请。（　）
28. GSM 通信系统中，全速率语音业务信道的速率为 11.4kbps。（　）
29. 为了提高频谱利用率，GSM 系统采用语音激活技术，保证任何时间都打开发射机，从而保证传输效果。（　）
30. GSM 通信系统中，交织的实质是将突发错误分散开来，增强系统的抗干扰能力。（　）
31. GSM 通信系统中，频分多址信道上一个时隙中的信息格式称为突发脉冲序列。（　）
32. GSM 通信系统中，当 A 用户登记了呼叫等待业务后，A 和 B 通话中，此

时C呼叫A,C会听到振铃,并且A提示有电话接入。 ( )

33. GSM通信系统中,一个位置区只能对应一个VLR,一个VLR可以对应多个位置区。 ( )

34. GSM通信系统中,当基站收发信机天线采用定向天线时,基站区可分为若干个扇区。 ( )

35. GSM通信系统中,每个移动业务本地网中只设一个移动业务交换中心MSC(移动端局)。 ( )

36. GSM通信系统中,国际移动用户识别码在入网登记和后续呼叫中都要用到。 ( )

37. GSM通信系统中,位置区识别码LAI包含LAC、MCC、NDC和NCC四部分。 ( )

38. 为了GSM系统的安全性,空中接口无线传输的识别码采用IMSI代替TMSI。 ( )

39. GSM通信系统中,短消息业务属于GSM系统中的基本通信业务。 ( )

40. GSM通信系统中,呼叫转移业务属于GSM系统中的基本通信业务。 ( )

41. GSM通信系统中,传真业务属于GSM系统中的补充业务。 ( )

42. GSM通信系统中的移动国家代码MCC由2位数字组成,可以唯一地识别移动用户所属的国家。 ( )

43. GSM数字蜂窝移动通信网由NSS、BSS、OSS、MS四大部分构成。 ( )

44. GSM通信系统中,从地理位置来看,MSC可以包含多个位置区。 ( )

45. GSM系统中,唯一一项不要求建立端-端业务路径的业务是(短消息)业务。 ( )

46. GSM通信系统中的漫游号码组成格式与移动国际ISDN号码相同。 ( )

47. 在GSM系统中,TDMA帧中的一个时隙即是一个物理信道。 ( )

48. 在GSM系统中,TDMA帧中的物理信道就是逻辑信道。 ( )

49. 相比GSM 1800,GSM 900具有较远的工作距离。 ( )

50. 相比 GSM 1800,GSM 900 提供更高的通信容量。 ( )
51. 同一小区内,只要不使用相同的频率就不存在干扰。 ( )
52. 跳频系统的抗干扰原理与扩频系统相同。 ( )
53. GSM 蜂窝系统中同一区群的不同小区可以使用同一载频。 ( )
54. GSM 蜂窝系统中,不同区群的小区可以使用同一频率。 ( )
55. GSM 系统中,区群内小区数越大,该系统抗同频干扰性能越好。 ( )
56. 在不同频率的 CDMA 信道之间进行越区切换,可以采取软切换方式。 ( )
57. OFDM 技术在不同载波之间须保留一定的保护频段,以避免不同信道之间的干扰。 ( )
58. TD-SCDMA 采用的是时分双工模式。 ( )
59. TD-SCDMA 采用的是频分双工模式。 ( )
60. 对于相同的频率资源,CDMA 网的系统容量要大于 GSM 网。 ( )
61. CDMA 数字蜂窝系统的频率复用效率要高于 GSM 数字蜂窝系统。 ( )
62. CDMA 系统采用的直接序列扩频技术,是依靠躲避干扰获得抗干扰能力。 ( )

**四、简答题**(每题 3 分)

1. 数字通信与模拟通信相比具有哪几方面的显著优点?
2. 试列举数字通信的三个特点。
3. 结合 AMPS 和 GSM 手机,简述数字通信系统的优点。
4. 以流程图的形式,简述 Moto V998 手机的开机过程。
5. 以流程图的形式,简述 Nokia 5200 手机的开机过程。
6. 以流程图的形式,简述 Ericsson T28 手机的开机过程。
7. 试举出三个被摔过的手机容易发生的故障,及其修理措施。
8. 试举出三个掉入水中的手机较易发生的故障,及其修理措施。
9. 简述对掉入水中手机进行应急处理的基本步骤。
10. 简述无线通信系统的主要接入方式及其各自的特点。
11. 简述移动通信系统中语音编码的目的。
12. 简述移动通信信道的电波传播方式及特点。

13. 简述移动通信系统中信号衰落的产生过程。
14. 简述分集接收技术及其基本实现思想。
15. 简述分集接收技术的合并方式及其各自的优缺点。
16. 简述移动通信系统中的主要干扰类别。
17. 简述同频干扰及其产生原因。
18. 简述互调干扰的产生原因及其基本处理措施。
19. 简述 GSM 移动通信系统的语音编码技术及其特点。
20. 简述跳频扩频技术及其特点。
21. 简述 GSM 移动通信系统的语音信道编码是如何实现的。
22. 在 GSM 系统中采用跳频技术的目的是什么？
23. 在 GSM 系统中，采用语音间断传输方式的作用有哪些？
24. 简述我国 GSM 网络结构。
25. 简述 Moto V998 手机接收语音信号的基本流程。
26. 简述 Moto V998 手机发送语音信号的基本流程。
27. 简述 Moto V998 手机发送短信的基本流程。
28. 简述 Moto V998 手机接收短信的基本流程。
29. 简述 Nokia 5200 手机接收语音信号的基本流程。
30. 简述 Nokia 5200 手机发送语音信号的基本流程。
31. 简述 Nokia 5200 手机发送短信的基本流程。
32. 简述 Nokia 5200 手机接收短信的基本流程。
33. 简述 Ericsson T28 手机接收语音信号的基本流程。
34. 简述 Ericsson T28 手机发送语音信号的基本流程。
35. 简述 Ericsson T28 手机发送短信的基本流程。
36. 简述 Ericsson T28 手机接收短信的基本流程。
37. 简述 CDMA 移动通信系统的语音编码技术及其特点。
38. 某扩频系统输入信号在扩频前后的带宽分别为 4kHz、2MHz，若误码率小于 $10^{-5}$ 的信息数据最小解调输出信噪比 $(S/N)$out＜12dB，系统损耗 $L_s=3$dB，则干扰容限是多少？
39. 简述 CDMA 系统的基本特征。
40. 简述 CDMA 网络的同步方式。

41. 简述 CDMA 移动台的 UIM 卡及其存储的信息类别。

42. 简述 CDMA 移动通信系统的功率控制技术。

43. 简述 CDMA 移动通信系统的基本切换方式。

44. 简述 CDMA 移动台发起呼叫的过程。

45. 简述 CDMA 两基站间软切换的过程。

46. cdma2000 1X 与 IS-95 相比，在结构上有什么特点？

47. 简述 cdma2000 1X 中所采用的核心技术。

48. 简述从 IS-95 升级到 cdma2000 1X 系统的几种方案及其特点。

# 第 4 部分
# 实际操作部分

## 考评人员记录表

| 姓名 | | 考生编号 | |
|---|---|---|---|
| 手机型号 | 摩托罗拉□ | 爱立信□ | 诺基亚□ |
| 考评人员记录 | | | 得分□ |
| | | 监考人员签字：<br>记录时间： | |

## 考生维修记录表 1

<table>
<tr><td>姓名</td><td></td><td>考生编号</td><td colspan="2"></td></tr>
<tr><td>手机型号</td><td colspan="4">摩托罗拉□　　爱立信□　　诺基亚□</td></tr>
<tr><td>故障现象描述</td><td colspan="3"></td><td>得分</td></tr>
<tr><td>故障原因推断</td><td colspan="3"></td><td>得分</td></tr>
</table>

## 考生维修记录表 2

| 姓名 | | 考生编号 | | |
| --- | --- | --- | --- | --- |
| 手机型号 | 摩托罗拉□ | 爱立信□ | 诺基亚□ | |
| 使用测试仪器和设备 | | | | 得分 |
| 检测过程记录 | | | | 得分 |

## 考生维修记录表 3

<table>
<tr><td>姓名</td><td></td><td>考生编号</td><td colspan="2"></td></tr>
<tr><td>手机型号</td><td colspan="4">摩托罗拉□　　爱立信□　　诺基亚□</td></tr>
<tr><td>故障原因记录</td><td colspan="3"></td><td>得分</td></tr>
</table>

## 考生维修记录表 4

| 姓名 | | 考生编号 | |
| --- | --- | --- | --- |
| 手机型号 | 摩托罗拉□　爱立信□　诺基亚□ | | |
| 故障维修方法 | | | 得分 |

## 考生维修记录表 5

| 姓名 | | 考生编号 | |
|---|---|---|---|
| 手机型号 | 摩托罗拉□　爱立信□　诺基亚□ | | |
| 维修结果记录 | | 得分 | |

## 实际操作考试要求

| 项　目 | 要　求 | 说　明 |
|---|---|---|
| 维修指定手机机型 | 维修摩托罗拉 V998，爱立信 T28，诺基亚 5200 三种手机中的一种 | 根据实际发展情况可另行确定新出产的类型 |
| 实际操作考试时间 | 120 分钟 | |
| 考生维修记录表填写 | 考生在实际操作考试时间内必须如实填写《考生维修记录表》的表 1～表 5 | |
| 考评人员记录填写 | 考评人员在考生实际操作考试过程中，必须如实填写《考评人员记录表》 | |

# 第5部分 通信终端设备维修考试基础知识

## 第1章 移动通信基础

### 1.1 移动通信概述

#### 1.1.1 移动通信的定义

通信始终与人类社会的各种活动密切相关,它是人类信息交流的重要方式和途径。无论是古代的"烽火台",还是今天的移动电话,都属于通信的范畴。

随着人类社会对信息的需求,通信技术正在逐步走向智能化和网络化。人们对通信的理想要求是:任何人(Whoever)在任何时候(Whenever),无论在任何地方(Wherever)能够同任何人(Whoever)进行任何方式(Whatever)的交流。很明显,如果没有移动通信,上述愿望将永远无法实现,移动通信在现代通信领域中占有十分重要的地位。

所谓移动通信,就是指通信双方至少有一方处于运动状态中进行信息交换。例如,运动着的车辆、船舶、飞机或行走着的人与固定点之间进行信息交换,或者移动物体之间的通信都属于移动通信。这里所说的信息交换,不仅指双方的通话,还包括数据、传真、图像等多媒体业务。

移动通信是一门复杂的高新技术,尤其是蜂窝移动通信。它集中了无线通信、有线通信、网络技术和计算机技术的最新技术成果。

#### 1.1.2 移动通信的发展

移动通信的发展历史可以追溯到19世纪。1864年,Maxwell从理论上证明了电磁波的存在;这一理论于1876年被赫兹用电磁波辐射的实验证实,使人们认识到电磁波和电磁能量是可以控制发射的。接着1900年马可尼和波波夫等人利用电磁波作了远距离通信的实验获得了成功,从此通信进入了无线电通信的新时代。

然而,现代意义上的移动通信实验是发生在20世纪20年代初期。在美国的底特律,无线接收机被安装在移动的警车中接收从控制台发来的单向消息。当时面临的主要问题是通信接收机的可靠性。1928年,一名Purdue大学的学生发明了工作于2MHz的超外差无线电接收机,采用这种机器,底特律的警察局有了第一个可有效工作的移动通信系统。20世纪30年代初,第一部采用调幅的双向移动通信系统在美国新泽西(New Jersey)的Bayonne警察局投入使用。当时无线电通信设备占据了车辆的大部分空间。正是在这个时期,操作员观察到了移动通信环境中电波传输的变幻莫测,并且发现不同的传输路径有不同的传输特性。到了30年代末,美国Connecticut警察局安装了第一台调频移动通信系统。实验表明在移动通信环境下,调频系统比调幅系统要有效得多。因此到1940年,使用中的移动通信系统几乎都改成了调频系统。这个时期主要完成通信实验和电波传输的实验工作,在短波波段上实现了小容量专用移动通信系统,但其话音质量差,自动化程度低,一般不能与公众网络连接。

第二次世界大战极大地促进了移动通信的发展。各国武装部队大量采用了无线电系统。军事上的需求导致了移动通信事业的巨大变化,其中涉及了系统设计、可靠性和价格等。在20世纪50年代之后,各种移动通信系统相继建立,在技术上实现了移动电话系统与公众电话网的连接。例如美国建立的IMTS系统,实现了自动拨号和移动台信道的自动选择。在通信理论上先后形成了香农信息论、纠错码理论、调制理论、信号检测理论、信号与噪声理论、信源统计特性理论等,这些理论使现代移动通信技术日趋完善。尤其是晶体管、集成电路相继问世后,不仅更加促进像电话通信那样的模拟技术的高速发展,而且出现了具有广阔发展前景的数字通信,并相继出现了脉码通信、微波通信、卫星通信、光缆通信以及移动通信等新的通信手段。

从20世纪70年代中期开始,民用移动通信的用户数量增加,业务范围扩大,频率资源和可用频道数之间的矛盾日益尖锐。这个时期的移动通信发展重点在开发新的频段、论证新方案和有效利用频谱等方面的研究工作。

自20世纪70年代后期第一代蜂窝网(1G)在美国、日本和欧洲国家为公众开放使用以来,其他工业化国家也相继开发出蜂窝状公用移动通信网。

在20世纪80年代初期,针对当时欧洲模拟移动制式四分五裂的状态,欧洲邮电管理委员会(CEPT)于1982年成立了一个被称为移动特别小组(Group Special Mobile)的专题小组,开始制定用于欧洲各国的一种数字移动通信系统的技术规范。该小组于1988年确定了包括TDMA技术在内的主要技术规范并制定了实施计划。1989年,GSM工作组被接纳为欧洲电信标准协会组织成员。在欧洲电信标准协会的领导下,GSM被更名为全球移动通信系统(Global System for Mobile Communications),相应的工作小组也从GSM更名为SMG(Special Mobile Group)。该小组于1990年完成了GSM900的规范并开始在欧洲投入试运行,1991年,移动特别小组还制定了1800MHz频段的规范,命名为DCS1800系统。该系统与GSM900具有同样的基本功能特性。

我国自20世纪80年代中期开始,随着国家对外开放,对内搞活的经济政策的实施,移动通信事业有了蓬勃的发展。在模拟移动通信方面,我国引进的是900MHz频段的TACS制。随着数字移动通信系统的发展与普及,模拟蜂窝移动通信系统于2000年起开始封网,逐步退出中国电信发展的历史舞台,并将工作频率让给数字蜂窝移动通信系统。

## 1.2 蜂窝系统的概念

蜂窝系统的概念和理论20世纪60年代就由美国贝尔实验室等单位提了出来,是移动通信发展引发的构想,代表一种构造移动通信网的方法。蜂窝组网的目的是解决常规移动通信系统频谱匮乏、容量小、服务质量差及频谱利用率低等问题。蜂窝组网理论为移动通信技术的发展和新一代多功能设备的产生奠定了基础。

但蜂窝系统的控制系统十分复杂,尤其是实现移动台的控制直到70年代随着半导体技术的成熟,大规模集成电路器件和微处理器技术的发展以及表面贴装工艺的广泛应用，才为蜂窝移动通信的实现提供了技术基础。直到 1979 年美国在芝加哥开通了第一个 AMPS(先进的移动电话业务)模拟蜂窝系统，而北欧也于 1981 年 9 月在瑞典开通了 NMT(Nordic 移动电话)系统，接着欧洲先后在英国开通 TACS 系统，德国开通 C-450 系统等，如表 1.1 所示。

**表 1.1　1991 年欧洲主要蜂窝系统**

| 国　家 | 系　统 | 频　带 | 建立日期 | 用户数(千) |
|---|---|---|---|---|
| 英国 | TACS | 900 | 1985 | 1200 |
| 瑞典、挪威<br>芬兰、丹麦 | NMT | 450<br>900 | 1981<br>1986 | 1300 |
| 法国 | Radiocom2000 | 450,900 | 1985 | 300 |
| | NMT | 450 | 1989 | 90 |
| 意大利 | RTMS | 450 | 1985 | 60 |
| | TACS | 900 | 1990 | 560 |
| 德国 | C-450 | 450 | 1985 | 600 |
| 瑞士 | NMT | 900 | 1987 | 180 |
| 荷兰 | NMT | 450<br>900 | 1985<br>1989 | 130 |
| 奥地利 | NMT | 450 | 1984 | 60 |
| | TACS | 900 | 1990 | 60 |
| 西班牙 | NMT | 450 | 1982 | 60 |
| | TACS | 900 | 1990 | 60 |

蜂窝组网思想的特点如下：

(1) 低功率发射机和较小的覆盖范围

蜂窝组网放弃了点对点的传输和广播覆盖模式，将一个移动通信服务区域划分成许多以正六边形为基本几何图形的覆盖区域，即为蜂窝小区。一个较低功率的发射机服务一个蜂窝小区，在较小的区域内设置相当数量的用户。

根据不同制式系统和不同用户密度挑选不同类型的小区。基本的小区类型有如下几种($R_0$ 为小区半径)。

① 超小区($R_0$＞20km)：人口稀少的农村地区。

② 宏小区($R_0$＝1～20km)：高速公路和人口稠密地区。

③ 微小区($R_o$=0.1～1km):城市繁华区段。

④ 微微小区($R_o$<0.1km):办公室、家庭等移动应用环境。

当蜂窝小区用户增大到一定程度而使频道数不够用时,采用小区分裂将原蜂窝小区分裂成为更小的蜂窝小区,低功率发射和大容量覆盖的优势就十分明显。

而在实际中,蜂窝有可能是不一样的,覆盖区域也不一定是正六边形,具体的区域形状和区域大小与发射功率、电波传输环境以及系统信号接收灵敏度等有密切的关系。

(2) 频率复用

蜂窝系统的基站工作频率,由于传输损耗提供足够的隔离度,在相隔一定距离的另一个基站可以重复使用同一组工作频率,称为频率复用。例如,用户超过一百万的大城市,若每个用户都有自已的频道频率,则需要极大的频谱资源,且在话务量忙时也许还可能会饱和。频率复用大大地缓解了频率资源紧张的矛盾,大大地增加了用户数目或系统容量。频率复用能够从有限的原始频率资源分配中产生几乎无限的可用频率,这是实现无限系统容量的极好的方法。

频率复用与干扰和蜂窝之间的绝对距离无关,仅和使用相同信道组的蜂窝之间的距离 $D$ 与每个蜂窝的半径 $R$ 之比有关(即与 $D/R$ 有关)。由于其与发射机的功率、基站的天线高度、接收灵敏度和电波传输的环境有关,所以系统工程师能够决定每个蜂窝的信道配置数。一般地讲,如果干扰严重,就要降低每个蜂窝的信道数配置,这等效于增加了基本群的蜂窝数量,从而提高了 $D/R$ 值;反之,则增加了每个蜂窝的信道配置,降低了 $D/R$ 值,提高了蜂窝系统的频谱利用率。

(3) 蜂窝能够再组合并满足特定环境的通信容量

当一个特定地区达到容量极限,接通率明显下降时,系统可以根据具体情况,将该地区的蜂窝分割成更小的蜂窝,以提高频谱利用率,增加该地区的通信容量。

(4) 多波道共用和越区切换

由若干频道组成的移动通信系统,为更多的用户共同使用而仍能满足服务质量的技术称为多波道共用。多波道共用技术利用波道占用的间断性，使许多用户能够任意地、合理地选择波道，提高波道的使用效率。事实上不是所有的呼叫都能够在一个蜂窝小区内完成全部的接续业务的，蜂窝系统必须具有频道转接即越区切换的功能，即不挂断也不干扰通信进程。所以蜂窝系统本身应该具有系统级的交换和控制能力；系统应能通过对于信号强度或者其他指示性参数的连续监控，了解移动台是否正在蜂窝边界或者靠近蜂窝边界，并控制移动台在不间断通信的情况下进入下一个蜂窝。

(5) 移动通信优势与有线网络优势的理想互联

移动信息通过基站和交换机进入公众电信网或者其他移动网络，实现移动用户与市话用户、移动用户与移动用户以及移动用户与长途用户之间的通信。互联使移动无线网络适应公众网络的质量标准，突破业务限制；同时也使公众网络的服务范围得到了扩大和延伸。

蜂窝移动通信的出现可以说是移动通信的一次革命。其频率复用大大提高了频率利用率并增大系统容量，网络的智能化实现了越区转接和漫游功能，扩大了客户的服务范围。但上述模拟系统存在有四大缺点：

① 各系统间没有公共接口。

② 很难开展数据承载业务。

③ 频谱利用率低，无法适应大容量的需求。

④ 安全保密性差，易被窃听，易做“假机”。

## 1.3 无线服务区域的划分

在蜂窝技术出现以前，为了提高无线通信的容量，通常采用分割频率的方法获得更多的可用信道。然而这种做法缩小了指配给每个用户的带宽，造成服务质量下降。

蜂窝技术不是分割频率而是分割地理区域。就用将服务区分割成多个蜂窝小区的办法，以更加有效地使用无线频率资源。服务区通常划分为带状服务区和面状服务区两种。

带状服务区如图 1.1 所示，小区按纵向排列覆盖整个服务区。常用于铁路的列车无线电话、船舶无线电话等，带状服务区的基站可以使用定向天线(方向性强的天线)。

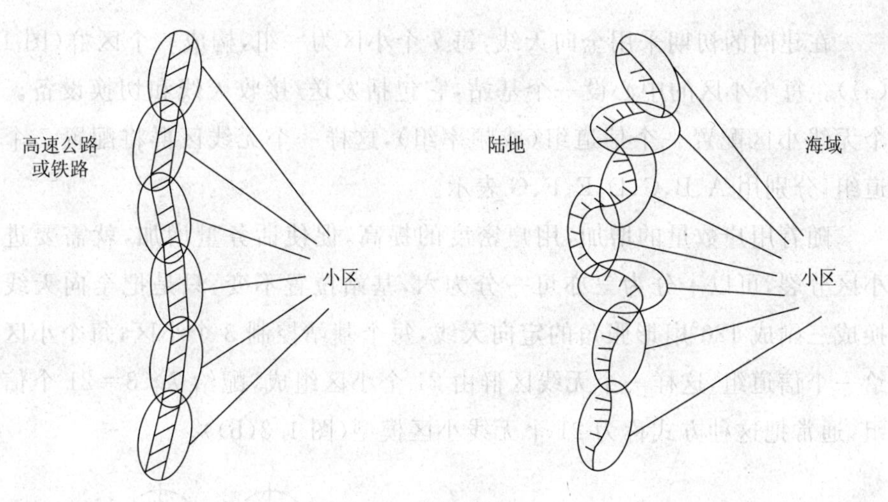


**图 1.1**　带状服务区

面状服务区如图 1.2 所示，可以采用正六边形、正三角形、正方形邻接构成整个服务区。根据从邻接小区的中心间距、单位小区的有效面积、交叠区域面积、交叠距离、所需最少无线频率的个数等几个方面加以比较，用正六边形无线小区邻接构成整个面状服务区是最好的。因此，它在现代移动通信网中得到了广泛的应用。由于这种面状服务区的形状很像蜂窝，所以又称蜂窝式网。

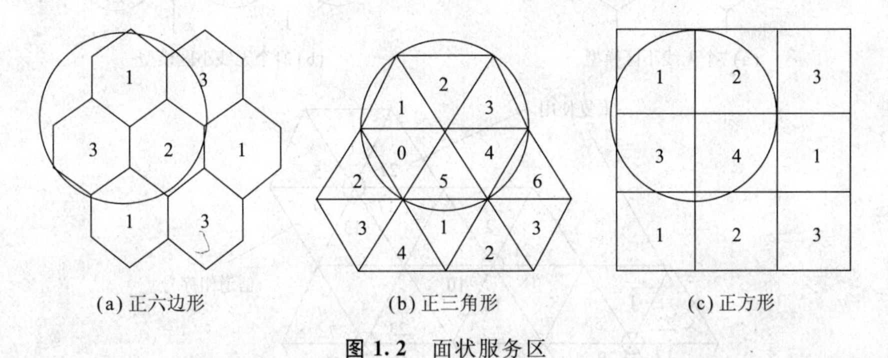

(a) 正六边形　(b) 正三角形　(c) 正方形

**图 1.2**　面状服务区

蜂窝系统可在不同的地理位置重复使用无线信道，即频率复用。

蜂窝式移动电话网通常是先由若干邻接的无线小区组成一个无线区群，再由若干无线区群构成整个服务区，为了防止同频干扰，要求每个区群(即单位无线区群)中的小区，不得使用相同频率，只有在不同无线区群中，才可使用相同的频率。

在建网的初期采用全向天线，每 7 个小区为一组，构成一个区群(图 1.3(a))。每个小区的中心设一个基站，它包括发送/接收天线和切换设备。每个无线小区配置一个信道组(或频率组)，这样一个无线区群将配置 7 个信道组，分别用 A、B、C、D、E、F、G 表示。

随着用户数量的增加，用户密度的提高，促使话务量增加，就需要进行小区分裂，可以一分为三亦可一分为六，基站位置不变，只是把全向天线变换成三副成 120°扇形张角的定向天线，每个基站控制 3 个小区，每个小区配给一个信道组，这样一个无线区群由 21 个小区组成，配给 7×3＝21 个信道组，通常把这种方式称为 21 个无线小区模型(图 1.3(b))。

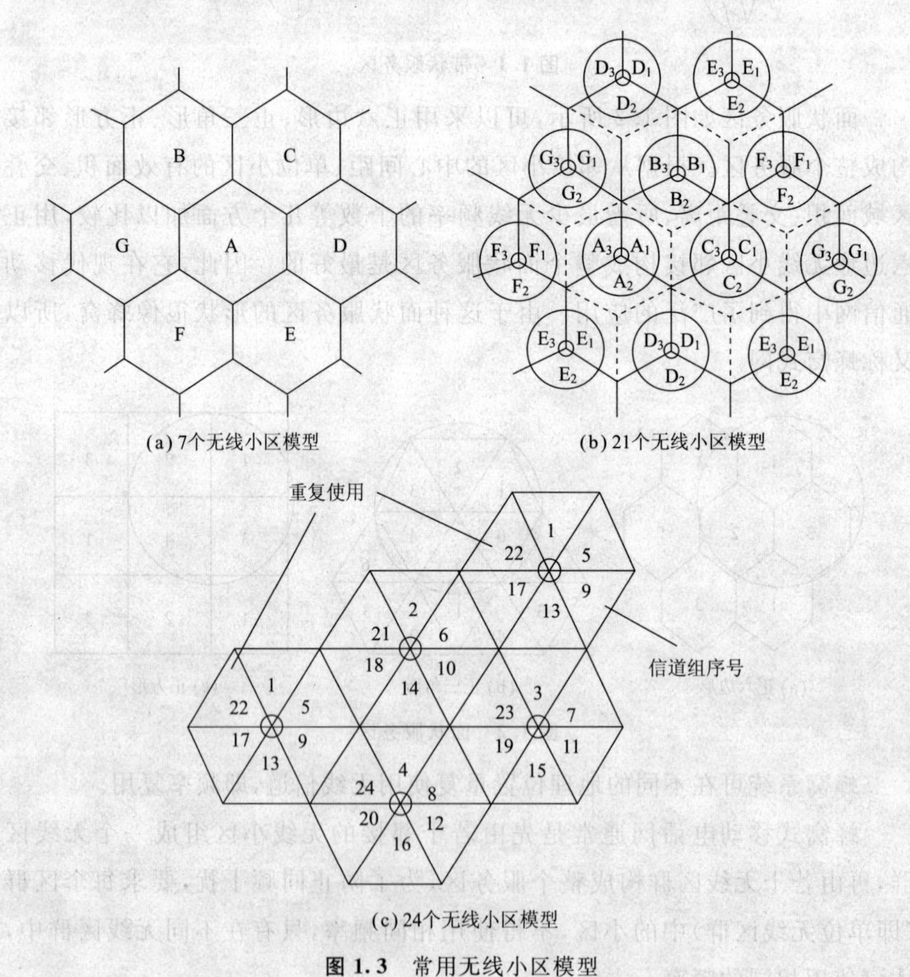


(a) 7个无线小区模型　(b) 21个无线小区模型

(c) 24个无线小区模型

**图 1.3　常用无线小区模型**

若基站位置不变，只是把全向天线变换成6副互相成60°扇形张角的定向天线，每个基站控制六个小区，每个小区配给一个信道组，这样每个无线区群由24个小区组成，配给24个信道组。通常把这种方式称为24个无线小区模型(图1.3(c))。

无论采用哪种模型，及使用不同小区模型一定要解决由于频率复用存在的相互干扰问题。

## 1.4　移动通信的体制

移动通信的体制可根据其服务区域覆盖方式分为：大区制和小区制两大类，小区制容量小，大区制容量大，大区制和小区制的示意图如图1.4所示。

### 1. 大区制

大区制就是在一个服务区域(如一个城市)内，只有一个基站，由它负责移动通信的联络和控制。通常为了扩大服务区域的范围，基站、天线架设得都很高(几十米至百余米)，发射机输出功率也较大(一般在200W左右)，覆盖半径为30～50km。用户数约为几十至几百，可以是车载台，也可是以手持台。它们可以与基站通信，也可通过基站与其他移动台及市话用户通信，基站与市站有线网连接。但由于电池容量有限，通常移动台的发射机的输出功率较小，故移动台距基站较远时，移动台可以收到基站发来的信号(即下行信号)，但基站却收不到移动台发出的信号(即上行信号)。为了解决两个方向通信不一致的问题，可以在适当地点设立若干个分集接收站，以保证在服务区内的双向通信质量。在大区制中，为了避免相互间的干扰，在服务区内，所有频道(一个频道包含收、发一对频率)的频率不能重复。例如，移动台MS1使用频率 $f_1$ 和 $f_2$，移动台MS2就不能同时使用这对频率，否则将产生严重的互相窜扰。因而大区制的频率利用率及通信的容量都受到了限制。大区制的优点是简单、投资少、见效快，所以在用户较少的地区，大区制得到广泛地应用。

### 2. 小区制

小区制就是把整个服务区域划分为若干个小区，每个小区分别设置一个基站，负责本区移动通信的联络和控制。各个基站通过移动交换中心相

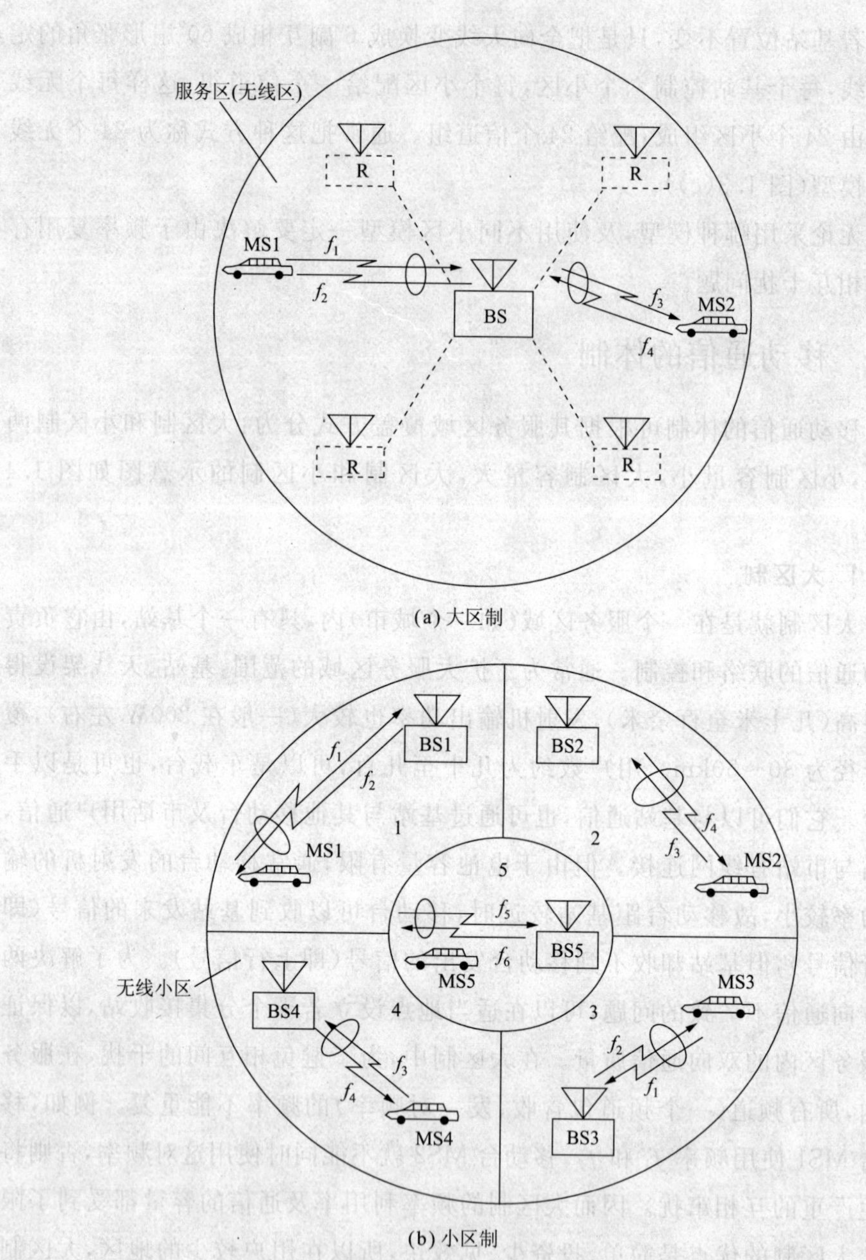


**图 1.4　大区制和小区制的示意图**

互联系，并与市话局连接。利用超短波电波传播距离有限的特点，离开一定距离的小区可以重复使用频率，使频率资源可以充分利用，每个小区的用户在 1000 户以上。

例如，把一个大区制覆盖的服务区域一分为五，每一个小区各设一个小功率基站(BS1～BS5)，发射功率一般为5～10W，以满足各小区移动通信的需要。若是这样安排，那么移动台MS1在1区使用频率$f_1$和$f_2$时，而在3区的另一个移动台MS3也可使用这对频率进行通信。这是由于1区和3区相距较远，且隔着2,5,4区，功率又小，所以即使采用相同频率也不会相互干扰。在这种情况下，只需3对频率(即3个频道)，就可与5个移动台通话。而大区制下要与5个移动台通话，必须使用5对频率。显然小区制提高了频率的利用率。无线小区的范围还可根据实际用户数的多少灵活确定。采用小区制，用户在四处移动时，系统可以自动地将用户从一个小区切换(转接)到另一个小区。这是使蜂窝用户具有移动性的最重要的特点。当用户到达小区的边界处，计算机通信系统就会自动地进行呼叫切换，与此同时，另一个小区就会给这个呼叫分配一条新的信道。当小区中话务量太高时，也会进行呼叫切换。遇到这种情况，基站将对无线电频道进行扫描，从邻近小区中寻找一条可利用的信道。如果这个小区内没有空闲的信道，那么用户在拨打电话时就会听到忙音信号。

采用小区制时，在移动通话过程中，从一个小区转入另一个小区的概率增加了，移动台需要经常地更换工作频道。无线小区的范围越小，通话过程中越过的小区越多，通话中转换频道的次数就越多。这样对控制交换功能的要求就提高了，再加上基站数量的增加，建网的成本就提高了，同时也会影响通信质量。所以无线小区的范围也不宜过小。那么实际工作中，无线小区的半径取多大合适呢？这要综合考虑(如日本800MHz汽车电话系统，无线小区确定为5～10km)。小区的大小取决于一个地区的用户密度。在人口密集的地区，可以通过缩小一个蜂窝小区的实际面积或者增加更多的部分重叠的小区来提高蜂窝网的容量。这样既可以增加可用的信道数，又无需增加实际使用的频率数量。

当用户拨打蜂窝电话时，从用户移动台发出的无线消息，通过低能量的无线电信号传送到离用户最近的基站。各小区的基站都通过陆地线路或者微波线路接至一个中心点，称之为移动电话交换局(MTSO)或移动控制中心(MSC)。MSC一般位于小区群的中心小区内，通常与公众电话网(PSTN)相连，如图1.5所示。

一个移动台可以与同一网内的另一个移动台进行通话，也可与别的网络中的移动台或固定电话用户进行通话。移动呼叫传送到各个目的地的方法取决于局间、网间互联法规和商业两方面的因素。例如：如果这家移动运营公司获准在MSC之间建立连接设施，同一个网内移动台到移动台的呼叫就可以在该公司的网络内完成。否则，就将通过公众网接到移动用户。呼叫另一个网上移动用户的电话或呼叫固定网上用户的电话可以直接传送，也可通过公众网传送。

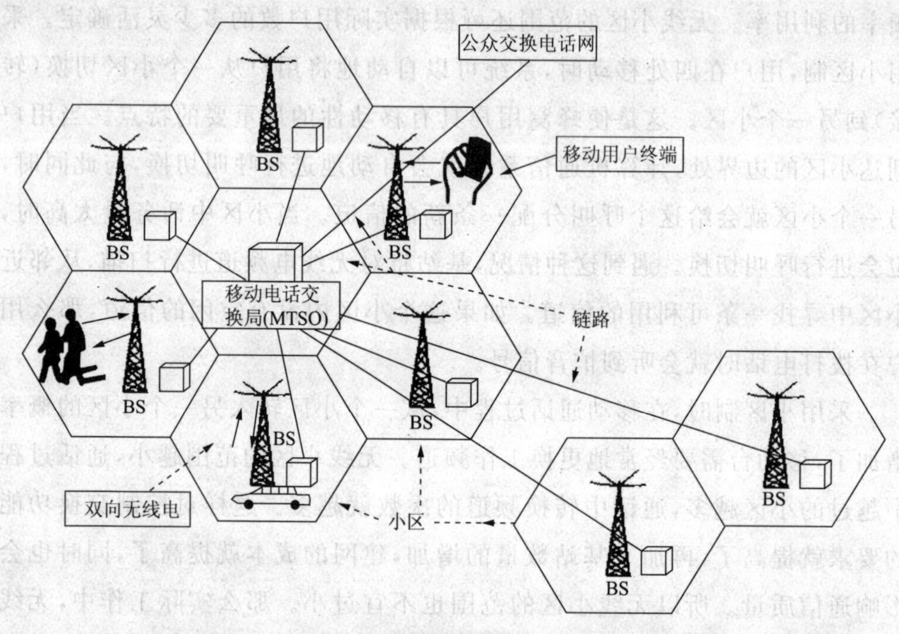


图 1.5 基本的蜂窝移动网

# 1.5 编码技术

## 1.5.1 语音编码

语音编码方法归纳起来可以分成三大类：波形编码、声源编码和混合编码。

波形编码比较简单，编码前采样定理对模拟语音信号进行量化，然后进行幅度量化，再进行二进制编码。解码器作数-模变换后再由低通滤波器恢复出原始的模拟语音波形，这就是最简单的脉冲编码调制(PCM)，也称为线性 PCM。可以通过非线性量化，前后样值的差分、自适应预测等方法实现数据压缩。波形编码的目标是让解码器恢复出的模拟信号在波形上尽量与编码前原始波形相一致，尽可能精确地再现原来的话音波形，也即失真要最小。波形编码的方法简单，数码率较高。对于电话通信来说，16kbit/s～64kbit/s的比特速率提供了很好的话音质量。但在16kbit/s比特速率以下，话音波形编码器的话音质量通常迅速下降。

声源编码又称为声码器，是根据人的发声机理，在编码端对语音信号进行分析，分解成有声音和无声音两部分。声码器每隔一定时间分析一次语音，传送一次分析的有/无声和滤波参数。在解码端根据接收的参数再合成声音。声码器编码后的码率可以做得很低，可以把数字话音信号压缩到2～4.8kbit/s的比特速率范围，甚至于更低，但仅达到普通的话音质量，往往清晰度可以而自然度没有，难于辨认说话人是谁，其次是复杂度比较高。

混合编码是将波形编码和声码器的原理结合起来，数码率在4～16kbit/s，音质比较好，这种编码技术将波形编码技术和声源编码技术结合在一起，保持了两种编码技术的优点，尤其是8～16kbit/s的范围内达到了良好的话音质量。最近有个别算法所取得的音质可与波形编码相当，复杂程度介乎与波形编码器和声码器之间。

上述的三类语音编码方案还可以分成许多不同的编码方案。

由于现行的GSM系统是一种全数字系统，话音或其他信号都要进行数字化处理，因而首先要把话音模拟信号转换成数字信号。语音信号有多种编码方式，但最基本的是脉冲编码调制PCM，典型的脉冲编码调制过程如图1.6所示。

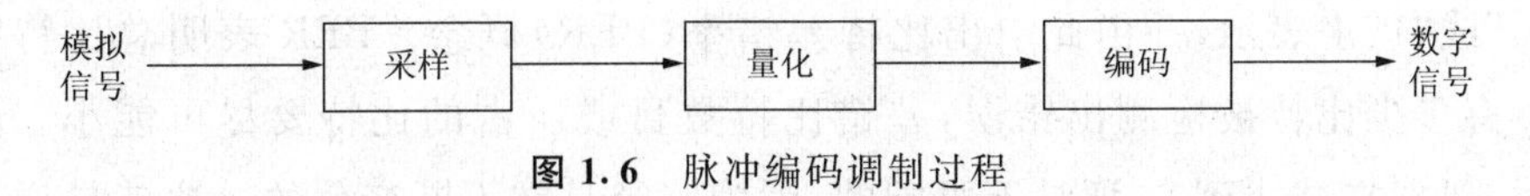


**图1.6**　脉冲编码调制过程

PCM编码采用A律波形编码，编码过程分为三步：

① 采样。在某瞬间测量模拟信号的值。采样速率8kHz/s。

② 量化。对每个样值用8个比特的量化值来表示对应的模拟信号瞬间值，即为样值指配256($2^8$)个不同电平值中的一个。

③ 编码。每个量化值用8个比特的二进制代码表示，组成一串具有离散特性的数字信号流。

用这种编码方式,数字链路上的数字信号比特速率为64kbit/s。如果GSM系统采用此种方式进行话音编码,那么每个话音信道是64kbit/s,8个话音信道就是512kbit/s。考虑实际可使用的带宽,GSM规范中规定载频间隔是200kHz。因此要把它们保持在规定的频带内,就必须大大地降低每个话音信道的编码的比特率,这就要靠改变话音编码的方式来实现。

综前所述,因此GSM系统话音编码采用混合编码器,全称为线性预测编码-长期预测编码-规则脉冲激励编码器(LPC-LTP-RPE编码器),如图1.7所示。LPC+LTP为声码器,RPE为波形编码器,再通过复用器混合完成模拟话音信号的数字编码,每话音信道的编码速率为13kbit/s(LPC+LTP为3.6kbit/s;RPE为9.4kbit/s,因此话音编码器的输出比特速率是13kbit)。

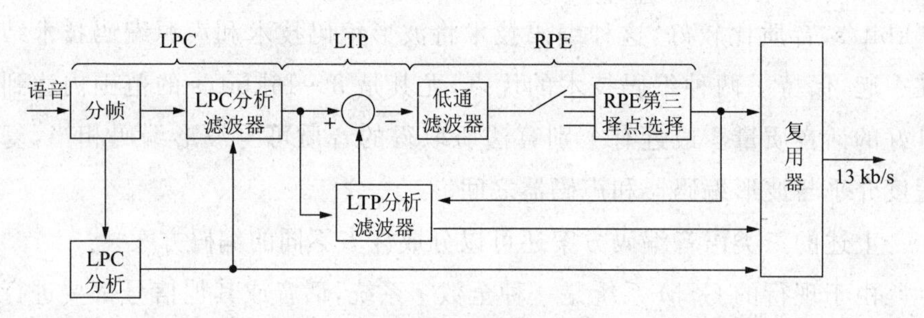


**图1.7** GSM话音编码器框图

## 1.5.2 信道编码

采用数字传输时,所传信号的质量常常用接收比特中有多少是正确的"0"或"1"来表示,并由此引出比特差错率(BER)概念。BER表明总比特率中有多少比特被检测出错误,差错比特数目或所占的比特要尽可能小。然而,要把它减小到0,那是不可能的,因为路径是在不断变化的。这就是说必须允许存在一定数量的差错,但还必须能恢复出原信息,或至少能检测出差错,这对于数据传输来说特别重要,对话音来说只是质量降低。

为了有所补益,可使用信道编码。信道编码能够检出和校正接收比特流中的差错。这是因为加入一些冗余比特,把几个比特上携带的信息扩散到更多的比特上。为此付出的代价是必须传送比该信息所需要的更多的比特,但可有效地减少差错。

为了便于理解，下面举一简单例子加以说明。

假定要传输的信息是一个“0”或是一个“1”，为了提高保护能力，各添加 3 个比特：

| 信息 | 添加比特 | 发送比特 |
|---|---|---|
| 1 | 111 | 1111 |
| 0 | 000 | 0000 |

对于每一比特(0 或 1)，只有一个有效的编码组(0000 或 1111)。如果收到的不是 0000 或 1111，就说明传输期间出现了差错。

接收编码组可能为：0000　0010　0110　0111　1111

判决结果：　　　　0　　0　　X　　1　　1

如果 4 个比特中有 1 个是错的，就可以校正它。例如发送的是 0000，而收到的却是 0010，则判决所发送的是 0。如果编码组中有两个比特是错的，则能检出它，如 0110 表明它是错的，但不能校正。最后如果其中有 3 个或 4 个比特是错的，则既不能校正它，也不能检出它来。所以说这一编码能校正 1 个差错和检出 2 个差错。

图 1.8 表示了数字信号传输的这一过程，其中信源可以是话音、数据或图像的电信号“S”，经信源编码构成一个具有确定长度的数字信号序列“N”，人为地在按一定规则加进非信息数字序列，以构成一个一个码字“C”(信道编码)，然后再经调制器变换为适合信道传输的信号。经信道传输后，在接收端经解调器判决输出的数字序列称为接收序列“R”，再经信道译码器译码后输出信息序列“N”，而信源译码器则将“N”变换成客户需要的信息形式“S”。

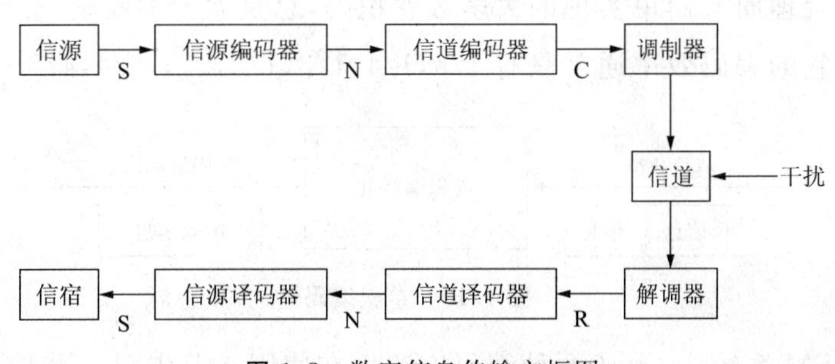


**图 1.8**　数字信息传输方框图

移动通信的传输信道属变参信道，它不仅会引起随机错误，而更主要的是造成突发错误。随机错误的特点是码元间的错误互相独立，即每个码元的错误概率与它前后码元的错误与否是无关的。突发错误则不然，一个码元的错误往往影响前后码元的错误概率。或者说，一个码元产生错误，则后面几个码元都可能发生错误。因此，在数字通信中，要利用信道编码对整个通信系统进行差错控制。差错控制编码可以分为分组编码和卷积编码两类。

分组编码的原理框图如图 1.9 所示。分组编码是把信息序列以 $k$ 个码元分组，通过编码器将每组的 $k$ 元信息按一定规律产生 $r$ 个多余码元(称为检验元或监督元)，输出长 $n=k+r$ 的一个码组。因此，每个码组的 $r$ 个检验元仅与本组的信息元有关而与别组无关。分组码用$(n,k)$表示，$n$ 表示码长，$k$ 表示信息位数目，$R=k/n$ 称为分组编码的效率，也称编码率或码率。

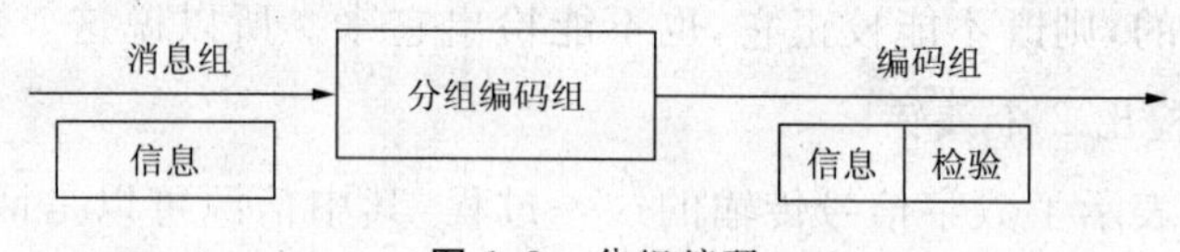


**图 1.9** 分组编码

卷积编码的原理框图如图 1.10 所示。卷积编码就是将信息序列以 $k_o$ 个码元分段，通过编码器输出长为 $n_o$ 的一段码段。但是该码的 $n_o-k_o$ 个检验码不仅与本段的信息元有关，而且也与其前 $m$ 段的信息元有关，故卷积码用$(n_o,k_o,m)$表示，称 $n_o=(2n+1)n_o$ 为卷积编码的编码约束长度。与分组编码一样，卷积编码的编码效率也定义为 $R=k_o/n_o$，对于具有良好纠、检错性能并能合理而又简单实现的大多数卷积码，总是 $k_o=1$ 或是$(n_o-k_o)=1$，也就是说它的编码效率通常只有 1/5，1/4，1/3，1/2，2/3，3/4，4/5…。

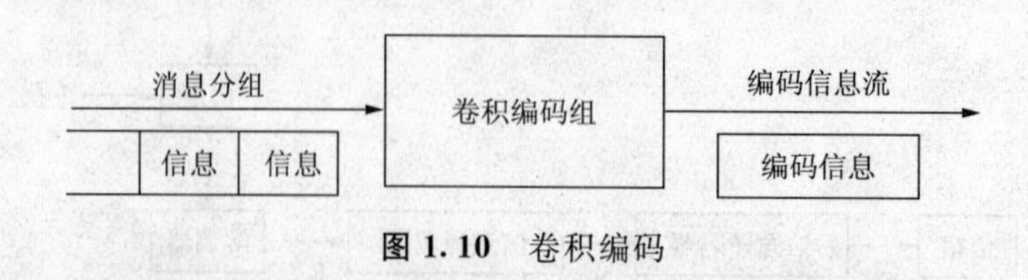


**图 1.10** 卷积编码

在 GSM 系统中，上述两种编码方法均在使用。首先对一些信息比特进行分组编码，构成一个“信息分组＋奇偶(检验)比特”的形式，然后对全部比特做卷积编码，从而形成编码比特。采用“两次”编码的好处是：在有差错时，能校正的校正（利用卷积编码特性），能检测的检测（利用分组编码特性）。

GSM系统首先是把语音分成20ms的音段，这20ms的音段通过语音编码器被数字化和语音编码，产生260个比特流，并被分成：

① 50个最重要比特。

② 132个重要比特。

③ 78个不重要比特。

如图1.11所示，对上述50个最重要比特添加3个奇偶检验比特（分组编码），这53个比特同132个重要比特与4个尾比特一起卷积编码，比率1∶2，因而得378个比特，另外78个比特不予保护。

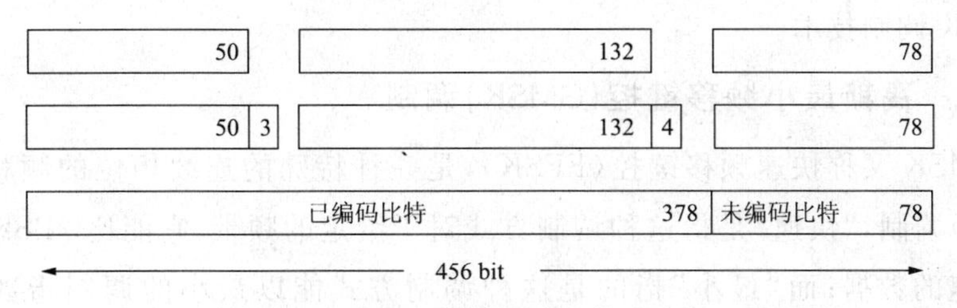


**图1.11**　GSM数字话音的信道编码

## 1.6　调制与解调技术

数字调制技术按基带数字信号对载波的振幅、频率和相位不同参数所进行的调制，可分为ASK、FSK和PSK。也有同时改变载波振幅和相位的调制技术，如正交调幅（QAM）。

目前，数字蜂窝移动通信系统调制技术主要有两大类，它们着重于不同的设计目标：一类调制技术是针对频谱利用率；另一类是恒定包络调制，并力求达到窄的功率谱。

第一类是线性调制技术。因为从基带频率变换到无线电载频，以及放大到发射电平，这些技术都需要高度的线性，即低的失真。目前要达到足够的线性，在设计移动台时通常涉及更高的成本。采用线性功率放大器的移动台比不采用线性功率放大器的移动台成本要高出5%～25%。此外，在其他条件（功率、比特差错率、信噪比等）相同时，线性调制的方法比非线性调制方法有希望达到更高的频谱利用率。最重要的线性调制技术是以 PSK 调制为基础的，尤其是差分 PSK 调制。

第二类调制技术是恒定包络调制技术，也叫连续相位调制技术。恒定包络调制技术避开了线性的要求，可以使用功率效率高的 C 类放大器，这就降低了放大器的成本。从恒定包络调制技术中选择出来的调制技术往往具有十分窄的功率谱，因而频谱利用率较低。目前研究的重要恒定包络调制技术是最小频移键控（MSK），尤其是高斯滤波最小频移键控（GMSK）。

1986 年国际会议上讨论数字移动通信系统时，由于 GMSK 的窄功率谱和不需要线性功率放大器在成本上带来的好处，当时 GMSK 调制是普遍受欢迎的。到 1987 年中期，如 QPSK（正交相移键控调制）等线性调制技术就流行起来了，欧洲决定采用 GMSK 调制技术，而美国和日本则计划采用 π/4QPSK 调制技术。

### 1.6.1 高斯最小频移键控（GMSK）调制

MSK 又称快速频移键控（FFSK），是一种特殊的连续相位的频移键控（FSK）调制，“快速”是指这种调制方式对于给定的频带，它能比 2PSK 传输更高速的数据；而“最小”指的是这种调制方式能以最小的调制指数（$h=0.5$）获得正交的调制信号。

MSK 是一种高效的调制方法，特别适合在移动通信系统中使用。MSK 信号调制器框图如图 1.12 所示。

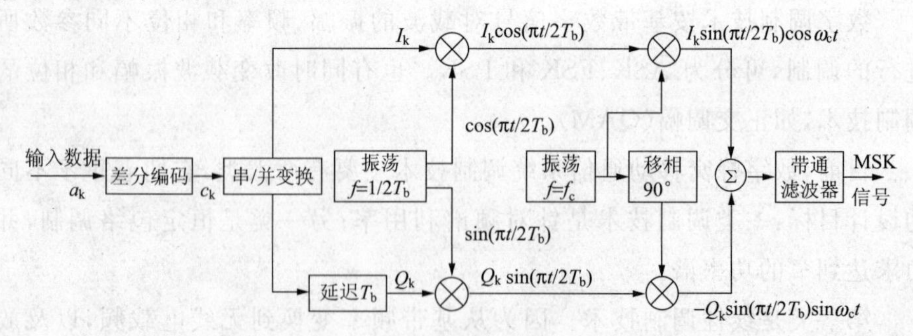


**图 1.12** MSK 信号调制器框图

MSK 信号可以采用鉴频器解调，也可以采用相干解调。相干解调的框图如图 1.13 所示。

GMSK 是由 MSK 演变来的一种简单的二进制调制方法，我们将输

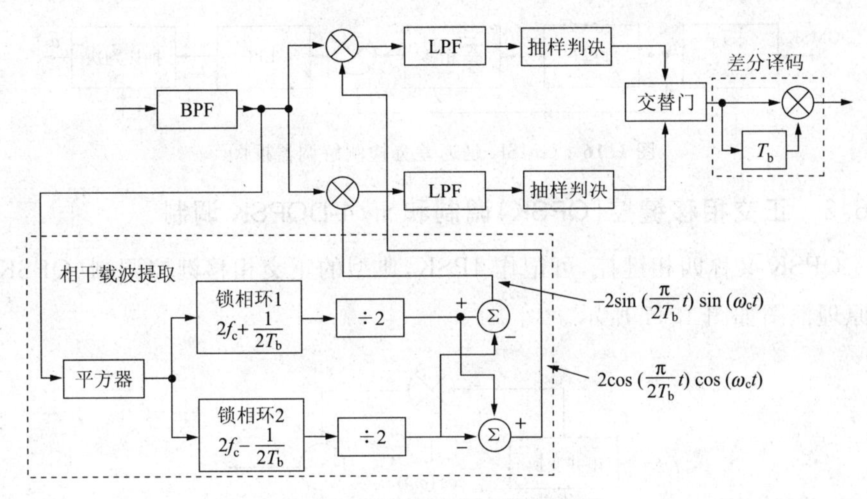


**图1.13**　MSK相干解调器框图

入端接有高斯低通滤波器的MSK调制器称为高斯最小频移键控(GMSK)。GMSK信号产生原理如图1.14所示，GMSK调制器框图如图1.15所示。

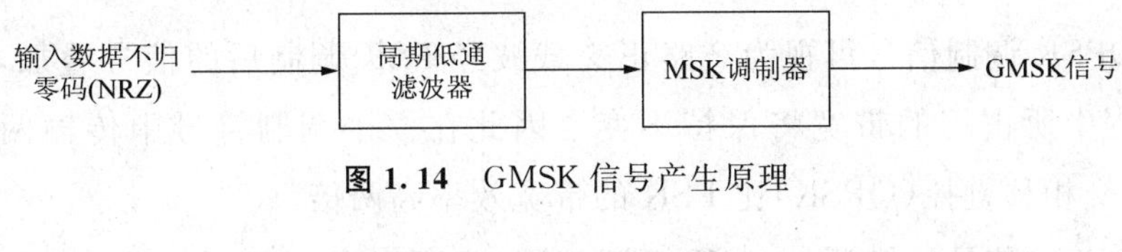


**图1.14**　GMSK信号产生原理

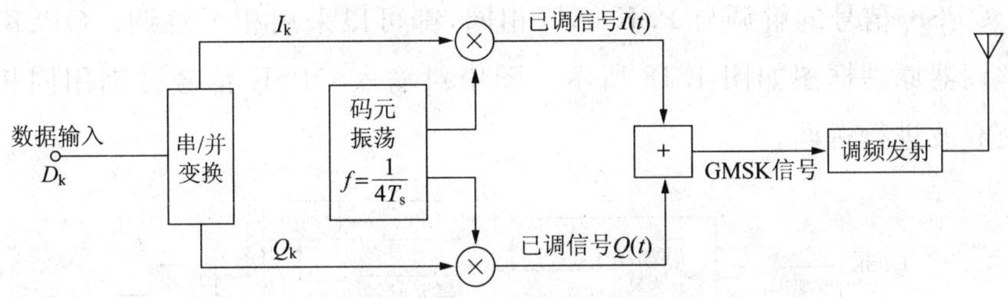


**图1.15**　GMSK调制器框图

GMSK信号的解调可以用同MSK一样的正交相干解调。在相干解调中最为重要的是相干载波的提取，这在移动通信的环境中是比较困难的，因而移动通信系统通常采用差分解调和鉴频器解调等非相干解调的方法。图1.16所示的就是1bit延迟差分检测解调器的原理框图。

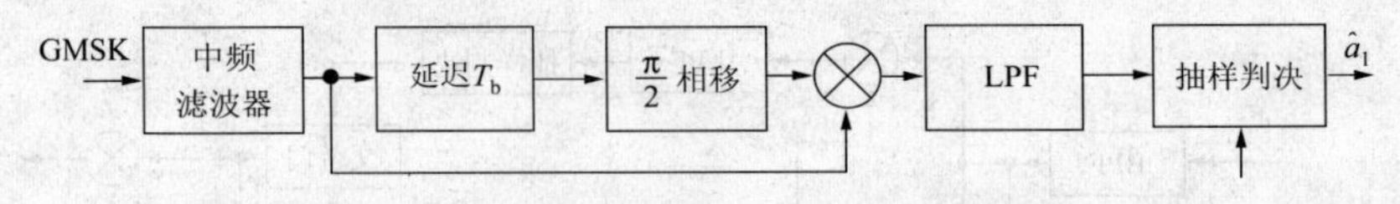


图 1.16　GMSK 延迟差分检测解调器框图

## 1.6.2　正交相移键控(QPSK)调制和 π/4-DQPSK 调制

QPSK 又称四相键控，可记作 4PSK，典型的正交相移键控调制（QPSK）的原理框图如图 1.17 所示。

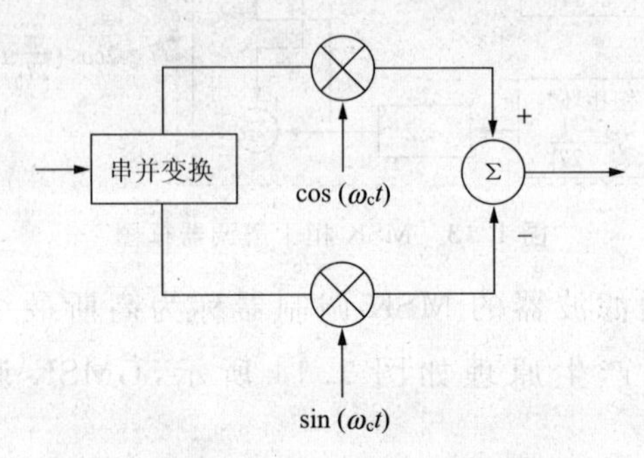


图 1.17　QPSK 信号的产生

QPSK 调制信号可视为 2 路正交载波经 PSK 调制后的信号叠加，在叠加过程中所占用的带宽将保持不变。因此在一个调制符号中传输两个比特，正交相移键控（QPSK）比 PSK 的带宽效率高两倍。

QPSK 信号的解调与 PSK 解调相同，都可以采用相干解调。QPSK 系统解调器原理框图如图 1.18 所示。图中对输入 QPSK 信号分别用同相和正交载波进行解调。

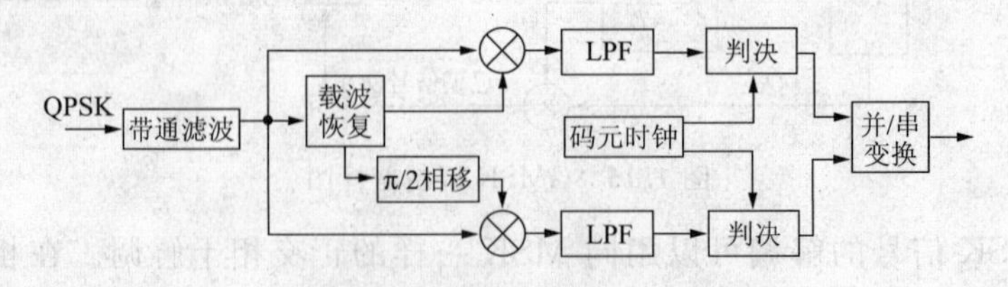


图 1.18　QPSK 相干解调器

π/4-DQPSK 调制是一种正交相移键控调制技术，是对 QPSK 信号的特性进行改进的一种调制方式。改进之一是将 QPSK 的最大相位跳变从 ±π 降为 ±3π/4，从而改善了 π/4-DQPSK 的频谱特性。改进之二是解调方式，QPSK 只能用相干解调，而 π/4-DQPSK 既可以用相干解调，也可以用非相干解调，这就使接收机的设计大大简化。π/4-DQPSK 已用于美国的 IS—136 数字蜂窝通信系统和个人接入通信系统(PCS)中。

π/4-DQPSK 调制器的结构框图如图 1.19 所示。π/4-DQPSK 信号的解调可采用相干检测、差分检测或鉴频器检测。中频差分检测框图如图 1.20 所示。其优点是用两个鉴相器而不需要本地振荡器。

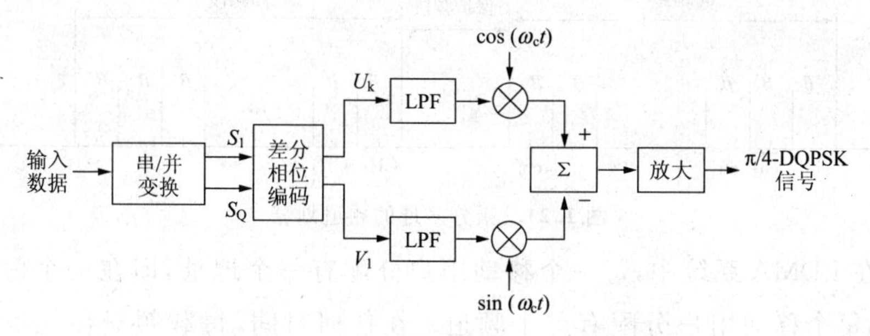


**图 1.19**　π/4-DQPSK 调制器的结构框图

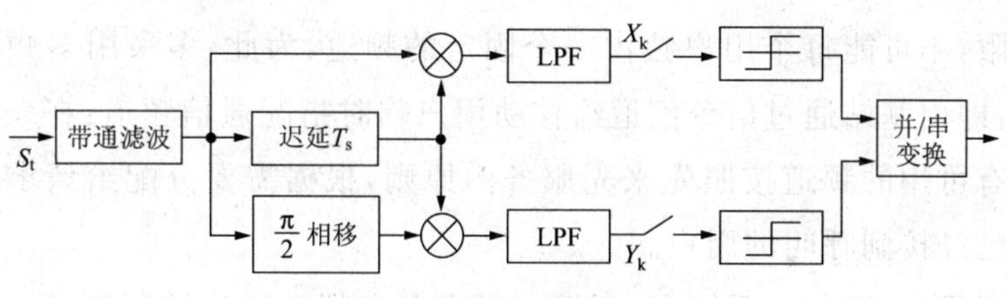


**图 1.20**　中频差分检测框图

## 1.7　多址技术

多址技术就是众多的客户共用公共通信信道所采用的一种技术。在移动通信系统中，通常有很多移动台同时通过基站和其他用户进行通信，因而必须对不同的移动台和基站发出的信号赋予不同的特征，使基站能从众多移动台的信号中区分出是哪一个移动台发出的信号，而每个移动台也能识别出基站发出的信号中哪个是发给自己的信号。

实现多址的方法基本上有四种，即采用频率、时间、码元或空间的多址方式，人们通常称它们为频分多址(FDMA)、时分多址(TDMA)、码分多址(CDMA)、空分多址。选择什么样的多址方式取决于通信系统的应用环境的要求，多址方式直接影响到通信系统的容量，所以多址技术一直是研究和开发的重点。

### 1.7.1 频分多址(FDMA)

FDMA是将给定的频谱资源划分为若干个等间隔的频道(又称信道)供不同的用户使用,如图1.21所示。这些频道互不交叠,其宽度应能传输一路话音或数据信息,而且相邻频道之间无明显的串扰。

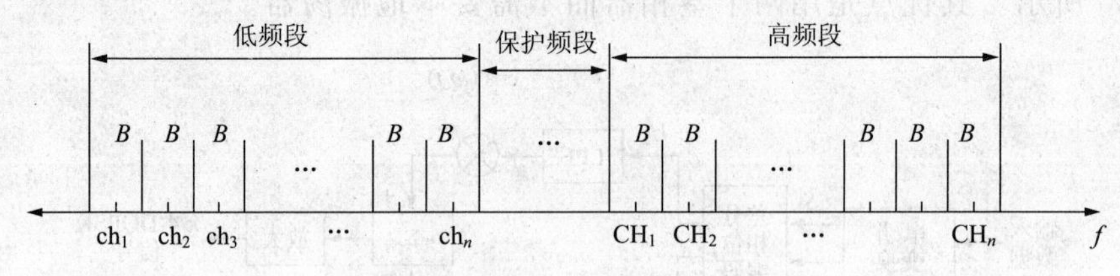


**图1.21** 频分多址的频道划分

在FDMA系统中,每一个移动用户分配有一个地址,即在一个射频频带内,每个移动用户分配有一个频道。在任何时间,每载频只传送一路电话。任一用户在任何一次通话中都可以分配到任一可用的频道。由于频道资源有限,不可能每个用户独占一个固定的频道,为此,多采用多频道共用的方式,即由基站通过信令信道给移动用户临时指配通信频道:在一定的小区内所有可用的频道按照先来先服务的原则,根据需要分配给请求呼叫的用户或已经接到呼叫的用户。

在现代的FDMA系统中,可把一个或多个频道留作控制频道。在移动台启动呼叫的情况下,呼叫的请求包括拨号数字以及其他启动信息,都在这种控制频道上传送到基站。基站也在控制频道上发送指令,使移动台发出特定的频率以完成通信,如图1.22所示。

数字FDMA技术具有以下特性:

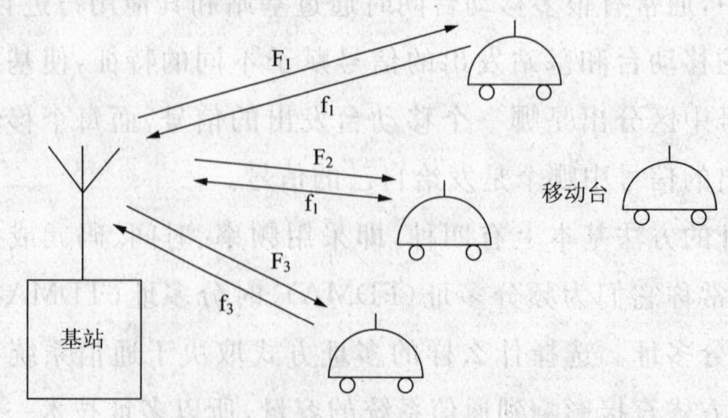


**图1.22** FDMA系统工作示意图

### 1. 每载波单路

每一 FDMA 频道只传送一路电话。

### 2. 连续传输

一旦给移动台分配了 FDMA 频道，移动台和基站同时连续传输。

### 3. 带宽较窄

FDMA 频道的带宽比较窄，一般在 30kHz 或以下，并向着更窄的带宽发展，将来还可采用 5kHz 带宽。

### 4. 移动台较简单

FDMA 系统不需要与 TDMA 系统突发脉冲序列(burst)传输有关的均衡或复杂的成帧和同步，所以 FDMA 移动台较 TDMA 移动台简单。

### 5. 传输费用少

在一个 FDMA 频道上向移动台或自移动台传输都是连续的，可以像数字电话信号在有线上或微波线路上传输那样，把少数的特殊比特插留其中，以便提供同步、成帧和某些控制信息。例如频道切换指令必须在话音频道中传输，因为频道切换是在通话中发生的。由于传输是连续的，与 TDMA 系统相比，FDMA 系统用相对少的比特就会保持良好的同步。从效果上看，更多的比特可以用于话音传输，或者为了提高信号的抗干扰强度而用于纠错编码。这是 FDMA 系统的一个主要优点。

### 6. 共同设备的成本高

所有的 FDMA 系统，无论是模拟的还是数字的，都有一个严重的缺点，那就是为了满足给定数量的用户通信需求，在基站需要相当多的共同设备，这是由于每载波单路的设计造成的。例如，假定给定的小区中有 100 个用户，需要有 100 条频道满足用户的需求，一个 FDMA 系统在基站上就需要 100 个频道的设备，即 100 台发信机、100 台收信机等。但是每载波复用 4 路的 TDMA 系统，只需要 25 个频道的设备，即只需 25 台发信机 25 台收信机等就可以为同样数量的用户服务，与 FDMA 系统相比只需要 1/4 的基站无线电设备。每台 TDMA 设备可能更贵一些，但是共用设备的每用户平均成本肯定会低得多。

### 7. 需要双工器

因为发信机和收信机必须同时工作，所以 FDMA 系统的移动台必须安装双工器,防止移动台发信机干扰移动台收信机。对于双工器中滤波器的要求是相当严格的,这使得 FDMA 系统移动台的成本增加多达约 10%。与 FDMA 系统相比,TDMA 系统移动台是不需要双工器的。这是 FDMA 系统的一大缺点。

#### 8. 越区频率切换的复杂性

因为 FDMA 系统传输是连续的,所以把频率切换到另一小区的另一频率时,FDMA 系统比 TDMA 系统困难一些,在 TDMA 系统的情况下,越区频率切换指令可以在空闲的时隙传送。在当代的模拟 FDMA 系统中,由于需要在话音频道中传输频率切换的指令,因而产生了棘手的"抹掉一部分话音而传输突发脉冲序列"技术。

美国摩托罗拉公司和美国电报电话公司曾建议美国数字蜂窝系统采用 FDMA 技术,但因其有诸多缺点,未被采纳。目前,FDMA 技术主要用于模拟移动系统中。

### 1.7.2 时分多址(TDMA)

#### 1. 时分多址(TDMA)概念

TDMA 将每个频带信道分割成周期性的时帧,每时帧再分割成若干个时隙(时隙都互不重叠),然后把每个时隙再分配给每个用户,根据一定的时隙分配原则,使各个移动用户在每帧内只能按指定的时隙向基站发送信号,在满足定时和同步的条件下,基站可以分别在各时隙中接收到各个移动用户的信号而不混扰。TDMA 信道的划分如图 1.23 所示。现在正广泛使用的 GSM 数字移动通信系统采用的就是 TDMA/FDMA 相结合的方式。

通常在每一时隙的前面插入一定数量的位同步信息,或设置一个特定的时隙同步码。

时隙内常包含一些标志符号,这些标志符号可以不止一种,可以有不同的用途,也常常采用不同的名称。有的是为了区分基站的身份;有的是为了标明该时隙及时帧的(防止接收机同步时,错误地锁定到别的时隙上);有的只是区分业务信息的类型等。

TDMA 通信系统的工作示意图如图 1.24 所示。其中图 1.24(a)是基站向移动台传输，常称正向传输或下行传输；图1.24(b)是移动台向基站传输，常称反向传输或上行传输。

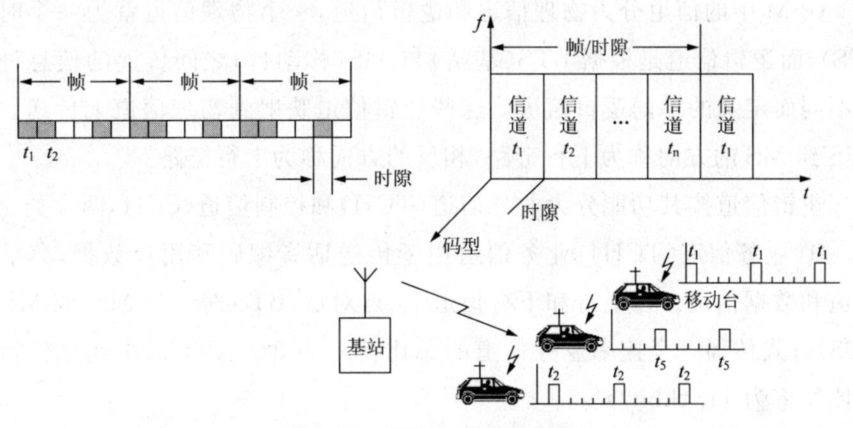


**图1.23** TDMA信道的划分

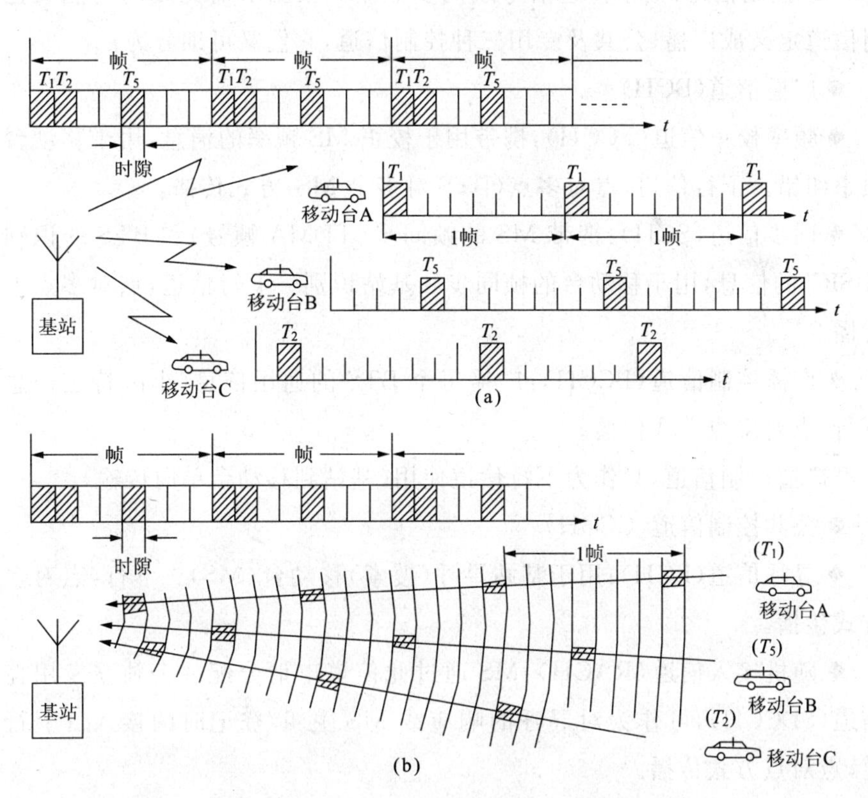


**图1.24** TDMA通信系统的工作示意图

### 2. 时分多址(TDMA)帧结构

(1) TDMA 信道概念

GSM 中的信道分为物理信道和逻辑信道，一个物理信道就为一个时隙(TS)，而逻辑信道是根据 BTS(基站)与 MS(移动台)之间传递的信息种类的不同而定义的不同逻辑信道。这些逻辑信道映射到物理信道上传送。从 BTS 到 MS 的方向称为下行链路，相反的方向称为上行链路。

逻辑信道按其功能分为业务信道(TCH)和控制信道(CCH)两大类。

① 业务信道(TCH)：业务信道用于传送话音编码和用户数据，分话音信道和数据信道。在上行和下行信道上，点对点(BTS 对一个 MS，或 MS 对 BTS)方式传播。全速率业务信道的总比特率为 22.8kbit/s；半速率信道的总比特率为 11.4kbit/s。

② 控制信道：用于传送信令或同步数据。根据所需完成的功能又把控制信道定义成广播、公共及专用三种控制信道，它们又可细分为：

● 广播信道(BCH)

◆ 频率校正信道(FCCH)：携带用于校正 MS 频率的消息，用于移动台的频率纠错。下行信道，点对多点(BTS 对多个 MS)方式传播。

◆ 同步信道(SCH)：携带 MS 的帧同步(TDMA 帧号)和 BTS 的识别码(BSIC)的信息，用于移动台的帧同步和基站识别。下行信道，点对多点方式传播。

◆ 广播控制信道(BCCH)：广播每个 BTS 的通用信息(小区特定信息)。下行，点对多点方式传播。

广播控制信道，只作为下行信道使用(基站到移动台单向传输)。

● 公共控制信道(CCCH)

◆ 寻呼信道(PCH)：用于基站寻呼(搜索)移动台(MS)。下行，点对多点方式传播。

◆ 随机接入信道(RACH)：MS 通过此信道申请分配一个独立专用控制信道(SDCCH)，可作为对寻呼的响应或 MS 主叫/登记时的接入。上行信道，点对点方式传播。

◆ 允许接入信道(AGCH)：用于为 MS 分配一个独立专用控制信道(SD-CCH)。下行信道，点对点方式传播。

● 专用控制信道(DCCH)

◆ 独立专用控制信道(SDCCH):用于传送连接移动台与基站和分配信道的信令。例如登记和鉴权在此信道上进行。上行和下行信道,点对点方式传播。

◆ 慢速随路控制信道(SACCH):与一条业务信道或一条SDCCH联合使用,用来传送某些特定信息,例如传送移动台接收到的关于服务及邻近小区的信号强度的测试报告。这对实现移动台参与切换功能是必要的。它还用于MS的功率管理和时间调整。上行和下行信道,点对点方式传播。

◆ 快速随路控制信道(FACCH):与一条业务信道联合使用,携带与SDCCH同样的信令,但只在没有分配SDCCH的情况下才分配FACCH,通过从业务信道借取的帧来实现接续。它工作于借用模式,即在话音传输过程中如果突然需要以比SACCH所能处理的高得多的速度传送信令信息,则借用20ms的话音(数据)来传送。这一般在切换时发生。由于语音译码器会重复最后20ms的话音,因此这种中断不被用户察觉。

控制信道的配置是依据每小区(BTS)的载频(TRX)数而定的。在使用6MHz带宽的情况下,每小区最多两个控制信道,当某小区配置一个载频时,仅需一个控制信道。

(2) TDMA帧

在TDMA中,每个载频被定义为一个TDMA帧,相当于FDMA系统中的一个频道,每帧包括8个时隙(TS0～7),要有TDMA帧号,这是因为GSM的特性之一是客户保密性好,是通过在发送信息前对信息进行加密实现的。计算加密序列的算法是以TDMA帧号为一个输入参数,因此每一帧都必须有一个帧号。有了TDMA帧号,移动台就可判断控制信道TS0上传送的是哪一类逻辑信道。

TDMA帧号是以3.5小时(2715648个TDMA帧)为周期循环编号的。每2715648个TDMA帧为一个超高帧,每一个超高帧又可分为2048个超帧,一个超帧持续时间为6.12s,每个超帧又是由复帧组成。复帧分为两种类型。

① 26帧的复帧:它包括26个TDMA帧,持续时长120ms,51个这样的复帧组成一个超帧。这种复帧用于携带TCH(和SACCH加FACCH)。

② 51帧的复帧:它包括51个TDMA帧,持续时长3060/13ms。26个这样的复帧组成一个超帧。这种复帧用于携带BCH和CCCH。

(3) 突发脉冲序列(Burst)

TDMA信道上一个时隙中的信息格式称为突发脉冲序列,共有五种类型。

① 普通突发脉冲序列(NB)。

用于携带TCH及除RACHA,SCH和FCCH以外的控制信道上的信息。普通突发脉冲序列结构如图1.25所示。“57个加密比特”是客户数据或话音,再加“1”个比特用作借用标志。借用标志是表示此突发脉冲序列是否被FACCH信令借用。“26个训练比特”是一串已知比特,用于供均衡器产生信道模型(一种消除时间色散的方法)。

“TB”尾比特总是000,以帮助均衡器判断起始位和中止位。“GP”保护间隔,8.25个比特(相当于大约30μs),是一个空白空间。由于每载频最多8个客户,因此必须保证各自时隙发射时不相互重迭。尽管使用了时间调整方案,但来自不同移动台的突发脉冲序列彼此间仍会有小的滑动,因此8.25个比特的保护可使发射机在GSM建议许可范围内上下波动。

**图1.25** 普通突发脉冲序列

② 频率校正突发脉冲序列(FB)。

用于移动台的频率同步,它相当于一个带频移的未调载波。此突发脉冲序列的重复称为FCCH,见图1.26。图中“固定比特”全部是0,使调制器发送一个未调载波。“TB”和“GP”同普通突发脉冲序列中的“TB”和“GP”。

**图1.26** 频率校正突发脉冲序列

③ 同步突发脉冲序列(SB)。

用于移动台的时间同步,它包括一个易被检测的长同步序列并携带有TDMA帧号和基站识别码(BSIC)信息。这种突发脉冲序列的重复称为

SCH,如图 1.27 所示。

**图 1.27**　同步突发脉冲序列

④ 接入突发脉冲序列(AB)。

用于随机接入,它有一个较长的保护间隔,这是为了适应移动台首次接入(或切换到另一个 BTS)后不知道时间提前量而设置的。移动台可能远离 BTS,这意味着初始突发脉冲序列会迟一些到达 BTS,由于第一个突发脉冲序列中没有时间调整,为了不与下一时隙中的突发脉冲序列重叠,此突发脉冲序列必须短一些。

⑤ 空闲突发脉冲序列(DB)。

此突发脉冲序列在某些情况下由 BTS 发出,不携带任何信息。它的格式与普通突发脉冲序列相同,其中加密比特改为具有一定比特模型的混合比特。

**3. TDMA 系统的特性**

(1) 每载波多路

所有的 TDMA 系统都是时分多路复用的,至少 2 路,通常为 4 路、8 路或者 16 路。

TDMA 系统形成频率时间矩阵,在每一频率上产生多个时隙,这个矩阵中的每一点都是一个信道,在基站控制分配下,可为任意一移动客户提供电话或非话业务。

(2) 突发脉冲序列传输

在 TDMA 系统中,移动台信号功率的发射是不连续的,只是在规定的时隙内发射脉冲序列,这对于电路设计和系统控制都有很大的影响。它也可能影响到同信道干扰的情况,因为在任何给予的瞬间,正在通话中的移动台仅有一部分在反射信号功率。

(3) 不同的频谱利用率

选用何种调制技术是影响所需带宽的因素之一,如果选用频谱利用率低的调制技术,则需要更宽的带宽来发射同样速率的比特率。例如欧洲

GSM 标准应用 200kHz 的信道带宽，总的信道速率约为 270kbit/s，频谱利用率略高于 1bit/s。相比之下，美国国际移动机器公司的 TDMA 系统，每载波复用 4 路电话，每话路 16kbit/s 的速率，应用多状态的调制技术，在 20kHz 的带宽内可以传送 64kbit/s 的数据流，频谱利用率约为 3.2bit/s。

(4) 传输速率高，自适应均衡

每载频含有时隙多，则频率间隔宽，传输速率高，但数字传输带来了时间色散，使时延扩展量加大，则务必采用自适应均衡技术。

(5) 移动台较复杂

TDMA 系统的移动台比 FDMA 系统的移动台要完成更多的功能，需要复杂的数字信号处理。

(6) 传输开销大

TDMA 系统时隙传输，使得收信机在每一突发脉冲序列上都得重新获得同步。为了把一个时隙和另一个时隙分开，防护段也是必要的，以防止因移动台与基站的距离不同而传播时延不相等，使得离基站远的移动台的突发脉冲序列"滑入"到离基站近的移动台的相邻时隙。因此，TDMA 系统比 FDMA 系统通常需要更多的开销。

(7) 共用设备的成本低

由于每一载频为许多客户提供业务，每一无线信道为许多用户有效地使用，基站设备的成本大大地降低了。用快速开关代替双工器，在适当的时刻开关收、发信机，这会使得移动台的价格降低。

(8) 越区频道切换更有效

因为在空闲时隙期间，TDMA 系统的发信机是不发射的，所以 TDMA 系统移动台有机会进行有效的切换过程，尤其是可以避免"抹掉话音而传输突发脉冲序列"的问题，以保持数据传输的完整性。

(9) 对于新技术是开放的

当由于话音编码算法的改进而比特速率降低时，TDMA 系统的信道更容易重新配置以接纳新技术。在现在的信道速率不改变的条件下，时隙结构可以重新规定，以支持更低比特速率的可变比特速率。例如：如果信道速率是 64kbit/s，分成 4 个 16kbit/s 的时隙，那么分成 8 个时隙，就可以容纳 8kbit/s 的话音编码器。如果按照 TDMA 系统结构上的其他条件来进行这种修改，那么在基站上的现有设备就很可能被利用。TDMA系统的信道格式可以容纳不同的比特速率、不同的时隙长度。因为信道速率、带宽以及无线传输的其他特性仍然是相同的，所以可以引入这种变化而不改变蜂窝系统的频率配置方案。

在TDMA系统中，改变调制技术也是可能的。

相比之下，在FDMA系统中接纳新技术就不那么容易了。为了通过降低话音编码速率来提高频谱利用率，就必须重新设计FDMA系统，以工作于更窄的频道。除了对整个系统的影响之外，载干比和频率再用模式也发生了变化。原来的频率再用模式可能由于重新划分频道而遭到破坏，基站上的很多无线电设备也不得不被改变或更换，这会涉及相当大的投资。

总之，TDMA系统对于不断的技术进展是开放的。因为TDMA系统完全工作于数字领域，所以许多改进可以通过改变软件的方式来实现，对于昂贵的无线电设备只有很小的影响，而FDMA系统只能拆散无线电信道本身来改进，它的灵活性就差得多了。

### 1.7.3　码分多址(CDMA)

#### 1. 码分多址(CDMA)概述

CDMA是码分多址的英文缩写(Code Division Multiple Access)，它是在数字技术的分支——扩频通信技术上发展起来的一种崭新而成熟的无线通信技术。CDMA技术的原理是基于扩频技术，即将需传送的具有一定信号带宽信息数据，用一个带宽远大于信号带宽的高速伪随机码进行调制，使原数据信号的带宽被扩展，再经载波调制并发送出去。接收端使用完全相同的伪随机码，与接收的带宽信号作相关处理，把宽带信号换成原信息数据的窄带信号即解扩，以实现信息通信。

在码分多址CDMA通信系统中，不同用户传输信息所用的信号不是靠频率不同或时隙不同来区分的，而是用不同的编码序列来区分的，即给不同的用户分配一个不同的编码序列以共享同一信道。或者说，靠信号的不同波形来区分。如果从频率域或时间域来观察，多个CDMA信号是互相重叠的。

在CDMA系统中，每个用户被分配给一个唯一的伪随机码序列(扩频序列)，各个用户的码序列相互正交，因而相关性很小，由此可以区分出不同的用户。与 FDMA 划分频带和 TDMA 划分时隙不同，CDMA 既不划分频带又不划分时隙，而是让每一个频道使用所能提供的全部频谱，因而 CDMA 采用的是扩频技术，它能够使多个用户在同一时间、同一载频以不同码序列来实现多路通信。CDMA 示意图如图 1.28 所示。

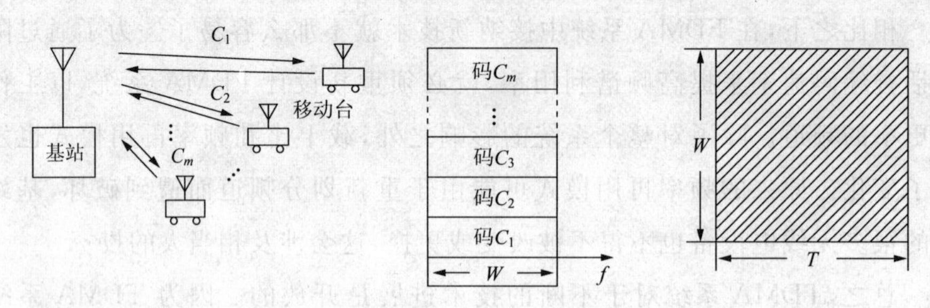


**图 1.28** CDMA 示意图

目前中国联通、中国移动所使用的 GSM 移动电话网采用的便是 FDMA 和 TDMA 两种方式的结合。GSM 比模拟移动电话有很大的优势，但是，在频谱效率上仅是模拟系统的 3 倍，容量有限；在话音质量上也很难达到有线电话水平；TDMA 终端接入速率最高也只能达到 9.6kbit/s；TDMA 系统无软切换功能，因而容易掉话，影响服务质量。因此，TDMA 并不是现代蜂窝移动通信的最佳无线接入，而 CDMA 多址技术完全适合现代移动通信网所要求的大容量、高质量、综合业务、软切换等，正受到越来越多的运营商和用户的青睐。

CDMA 技术的出现源自于人类对更高质量无线通信的需求。第二次世界大战期间因战争的需要而研究开发出 CDMA 技术，其思想初衷是防止敌方对己方通信的干扰，在战争期间广泛应用于军事抗干扰通信，后来由美国高通公司更新成为商用蜂窝电信技术。1995 年，第一个 CDMA 商用系统运行之后，CDMA 技术理论上的诸多优势在实践中得到了检验，从而在北美、南美和亚洲等地得到了迅速推广和应用。全球许多国家和地区，包括中国香港、韩国、日本、美国都已建有 CDMA 商用网络。在美国和日本，CDMA 成为国内的主要移动通信技术。在美国 10 个移动通信运营公司中有 7 家选用 CDMA。到今年 4 月，韩国有 60%的人口成为 CDMA 用户。在澳大利亚主办的第 28 届奥运会中，CDMA 技术更是发挥了重要作用。

据统计，1996年底CDMA用户仅为100万；到1998年3月已迅速增长到1000万；1999年9月超过4000万；2000年突破5000万；2006年突破1亿；CDMA作为新世纪的移动通信方式将会得到更全面发展。

**2. CDMA的技术优势**

（1）话音清晰

CDMA采用了先进的扩频技术和数字话音编码技术，使通话噪声大大降低。其系统的声码器可以动态调整数据传输速率，并根据适当的门限值选择不同的电平级发射。同时门限值根据背景噪声的改变而变化，这样即使在背声噪声较大的情况下，也可以得到较好的通话质量，打电话时几乎没有杂音。特别是在嘈杂的背景中，对方也能清晰听到声音。

（2）辐射小

普通的手机（GSM和模拟手机）功率一般能控制在600mW以下，而CDMA手机的问世，给人们带来了“绿色”手机的曙光，因为与GSM手机相比，CDMA手机的发射功率尚不足其一个小小的零头。CDMA系统发射功率最高只有200mW，普通通话功率可控制在零点几毫瓦，其辐射作用可以忽略不计，对健康没有不良影响。基站和手机发射功率的降低，将大大延长手机的通话时间，意味着电池、话机的寿命长了，对环境起到了保护作用，故称之为“绿色手机”。

（3）掉线率低

基站是手机通话的保障，当用户移动到基站覆盖范围的边缘时，基站就应该自动“切换”以免掉线。CDMA系统切换时的基站覆盖是“单独覆盖-双覆盖-单独覆盖”，而且是自动切换到相邻较为空闲的基站上，也就是说，在确认手机已移动到另一基站单独覆盖地区时，才与原先的基站断开，这样就保障了手机不会掉话。

（4）保密性好

客户在使用移动电话时，往往担心自己的移动电话被别人监听或盗打，但是要窃听通话，必须要找到码址。CDMA手机的用户每次通话时，系统都将在$2^{42}$个码中随机分配任意一个码给该手机用户，共有4.4万亿种可能的排列，要想破解密码或窃听简直不可想象。而且CDMA采用的扩频通信技术使通信具有天然的保密性，其消息在空中信道上被截获的概率几乎为零。

另外,CDMA 系统的鉴权、数字格式、扩频处理等通话保护措施,可提供最佳的保密特性,防止通信过程中的盗听和手机密码的盗用。

(5) 接通率高

上网的人都有经验,找人少的时候上网,这样网塞少,就容易接通。打手机也是同样道理。CDMA 源于军用抗干扰系统,其中"处理增益"的参数远远高于其他系统;再加上 CDMA 的信号占用整个频段,几乎是普通窄带调制效率的 7 倍,因此综合来看,对于相同的带宽,CDMA 系统是 GSM 系统容量的 4~5 倍,网塞大大下降,接通率自然就高了。

(6) 覆盖广

联通 CDMA 网络的一期工程开通后,总容量将达到 1515 多万门。网络将覆盖全国 31 个省(市)、自治区的 300 多个地市。另外,中国联通目前是世界上少数同时运营 CDMA 和 GSM 两大制式网络的公司之一,可以提供 GSM 网络无法实现漫游的韩国、日本、墨西哥等采用 CDMA 制式的国家和地区的国际漫游服务。GSM/CDMA 双模手机现也已推出,同时拥有两个网络的中国联通,将会更加显示出可以全球漫游的特色和优势。

以上三种多址技术相比较,CDMA 技术的频谱利用率最高,所能提供的系统容量最大,它代表了多址技术的发展方向;其次是 TDMA 技术,目前技术比较成熟,应用比较广泛;FDMA 技术由于频谱利用率低,将逐渐被 TDMA 和 CDMA 所取代,或者与后两种方式结合使用,组成 TDMA/FDMA、CDMA/FDMA 方式。

### 1.7.4 空分多址(SDMA)

随着通信业务的迅猛发展和移动通信用户的不断增加,现有通信体制(FDMA、TDMA、CDMA)的容量已渐趋饱和,如何提高无线资源的利用率,成为人们思考的重点。随着阵列信号处理技术的发展,空分多址(SDMA: Spatial Division Multiple Access)技术可以显著改善通信系统的性能,其在移动通信领域的应用已引起人们的极大关注。

空分多址是利用空间分割构成不同的信道。它使用阵列天线,通过在角度域提供虚信道来控制空间。它使用定向波束服务于不同的用户,控制了基站和用户的空间辐射能量,引导能量沿用户方向发送。SDMA 技术允许在一个小区内,用相同的频率、相同的时隙、相同的扩频码,通过不同的波束为不同的用户服务。空分多址还可以和其他多址方式相互兼容,从而实现组合的多址技术,例如"空分-码分多址"(SD-CDMA)。

一个理想的SDMA系统应能够为每一个用户形成一个波束,基站跟踪用户的位置移动,始终使用户处于波束的中心处,如图1.29所示。在SDMA系统中的所有用户,将能够用同一信道在同一时间实现双向通信。

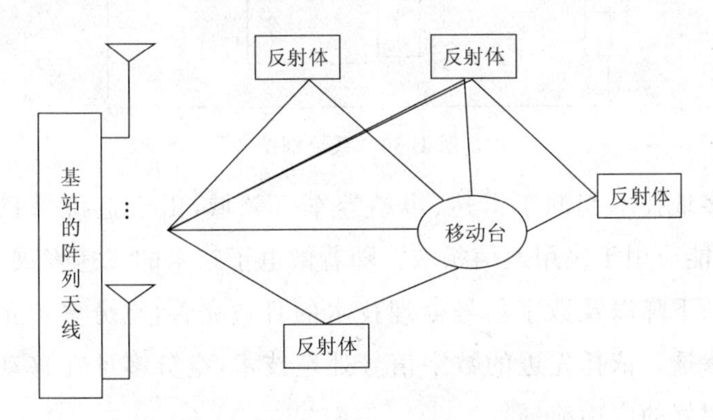


**图1.29** 用户处于波束的中心处

固定多波束系统的波束数目是固定的,方向图也是固定不变的。系统利用多个并行波束覆盖整个用户区,每个波束的指向都是固定的,波束宽度也随阵元数目的确定而确定。多波束切换算法仅有一个波束转换开关函数,该函数实现各个波束之间的切换。波束切换算法和射频信号处理算法整合在智能天线里。对于每一个用户的通信呼叫,系统为其选择一个可以提供最佳信号的波束,然后系统持续跟踪该用户,及时切换天线波束,确保在整个连接期间满足用户的需要。系统连续扫描波束的输出,选择输出功率最大的一个。窄带定向波束的应用,减少了对基站造成影响的干扰源的数量。当用户移动时,系统连续检测信号质量,以决定选择哪个波束,使接收信号最强。系统框图如图1.30所示。

SDMA在提高通信服务质量、扩大系统容量、提高无线资源的利用率、提高系统的可靠性以及降低系统成本等方面有卓越的优点。若在一颗卫星上使用多个天线,各个天线的波束射向地球表面的不同区域。这样,地面上不同地区的地球站,即使在同一时间使用相同的频率进行工作,也不会彼此形成干扰。

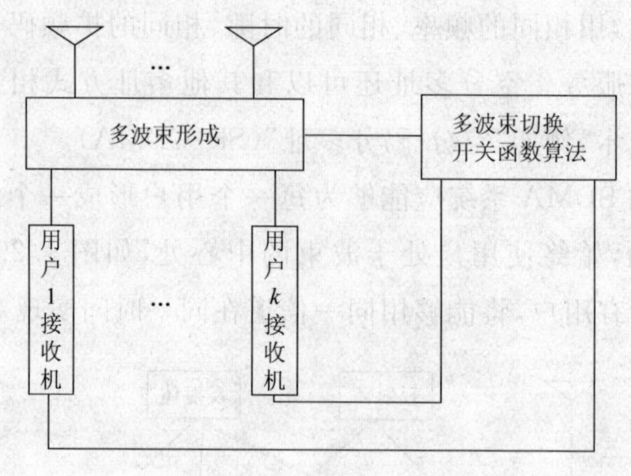


图 1.30　系统框图

空分多址技术起源于雷达、声纳等军事领域，由于造价昂贵及其他因素，一直未能应用于民用通信领域。随着微电子技术的飞速发展，DSP 芯片的价格不断下降以及数字信号处理技术的日益完善，空分多址正在向民用通信系统渗透。依托先进的数字信号处理技术，空分多址在移动通信系统中将会有很好的应用前景。

## 1.8　跳频扩频技术

### 1.8.1　跳频技术

#### 1. 引入跳频技术的目的

随着数字移动通信网络的飞速发展，移动用户的急剧增加，网络中单位面积的话务量也在不断地增加。在某些大城市的市中心等繁华地段，在忙时甚至出现严重的话务拥塞情况，面对日益增长的话务需求，需要对网络进行扩容以满足容量和覆盖的要求。

在网络建设的初期，由于用户数量不多，因此网络规划中首先考虑的是覆盖问题，但是随着网络的不断扩容，覆盖的不断完善，容量问题成为制约网络进一步发展的瓶颈。对于我国现在采用的 GSM 网络由于受到频段的限制，在经过这么多年的快速扩容之后，容量上的限制表现得越来越明显。

网络扩容通常可以采用以下几种方法：小区分裂，增加新的频段以及提高频率复用度来增加每个小区配置等方法。很显然在网络建设的初期通常采用小区分裂，通过不断增加新的基站（宏蜂窝和微蜂窝基站）来达到扩容的目的，但是随着站距的不断接近，网络的干扰也在不断的增加，因此当宏蜂窝基站的站距达到一定程度之后就很难在网络中增加新的基站。那么在这种情况下就出现了在GSM900网络的基础上引入DCS1800网络，通过引入这一新的频段来解决网络瓶颈问题。但是由于GSM900/DCS1800频段有限而且各个运营商所分配到的频率资源不同，而且考虑到引入双频网的成本很高，因此可以考虑通过在现有的双频网络中通过提高频率复用度，增加单位面积的容量配置来达到节省网络成本和提高容量的目的。通过引入跳频、功率控制、不连续发射等无线链路控制技术来达到扩容的目的。

**2. 跳频系统工作原理**

跳频技术是一种扩频通信技术，跳频技术具有通信保密和对抗干扰等优点，因此它首先被应用于军事通信。

跳频是指载波频率在很宽频带范围内按某种图案(序列)进行跳变。信息数据$D$经信息调制成带宽为$B_d$的基带信号后，进入载波调制。载波频率受伪随机码发生器控制，在带宽$B_{ss}$($B_{ss} \gg B_d$)的频带内随机跳变，实现基带信号带宽$B_d$扩展到发射信号使用的带宽Bss的频普扩展。跳频的载频受一个伪随机码的控制，在其工作带宽范围内，其频率合成器按PN码的随机规律不断改变频率。在接收端，接收机频率合成器受伪随机码控制，并保持与发射端变化规律相同。

跳速的高低直接反映跳频系统的性能，跳速越高抗干扰的性能越好，军事上的跳频系统可以达到每秒上万跳。实际上移动通信GSM系统也是跳频系统，其规定的跳速为每秒217跳。出于成本的考虑，商用跳频系统跳速都很慢，一般在50跳/秒以下。由于慢跳跳频系统可以简单地实现，因此低速无线局域网产品常常采用这种技术。

**3. 跳频系统的特点**

跳频系统具有以下特点：

① 跳频系统大大提高了通信系统抗干扰、抗衰减能力。

② 能多址工作而尽量不互相干扰。

③ 不存在直接扩频通信系统的远近效应问题，即可以减少近端强信号干扰远端弱信号的问题。

④ 跳频系统的抗干扰性严格说是“躲避”式的，外部干扰的频率改变跟

不上跳频系统的频率改变。

⑤跳频序列的速率低，通常情况，码元速率小于或等于信息速率。在TDMA系统中，跳频速率往往等于每秒传输的帧数。

### 1.8.2 扩频技术

扩展频谱通信最早始于军事通信，由于扩频通信在提高信号接收质量，抗干扰，保密性，增加系统容量方面都有突出的优点。20世纪80年代末扩频通信迅速地在民用、商用通信领域普及。

常规无线通信，其载波频谱宽度集中在其载频附近的窄带带宽内。而扩频通信采用专门的调制技术，即将调制后的信息扩展到很宽的频带上去。常用的商用扩展频谱技术分为两种：即直接序列扩频技术（直扩技术）和跳频技术。需要注意的是，即使采用同样的扩频技术，各种产品实现的方法也是不相同的。用户可以根据实际应用需要，选用不同的扩频技术。

#### 1. 直扩技术

直扩技术使用伪随机码对数据进行处理，得到扩频序列，然后将扩频序列调制通过不同的信道同时进行传输，信号接收装置收到信号后将信号解码并按照特定的算法重组信息，以还原成可以识读的信息。应用这种技术，系统占用功率频谱密度（在单位频段上的发射功率）大大降低，信息扩展到一个比较宽的频率范围内传输，达到可抵抗其他特定频率干扰的目的。我国的无线电委会规定的开放频段与欧洲标准一致，参照欧洲标准，直频技术可以从13个信道（中心频点）中选用，为了免除自身干扰，选用的互相关联的不同信道之间，两两之间频率至少间隔30MHz。这13个频点的设定从2.412～2.472GHz，共有60M带宽，通常直频系统只能选择2～3个信道进行数据传播，在一定程度上不能充分利用频带资源，影响了数据的传播速度。另外，由于使用同一功率支持多个信道的数据传输，一个信道上载波的波幅就比较小，信息传输的距离受到限制。

直扩系统的接收一般采用相关接收，分为两步，即解扩和解调。在接收端，接收信号经过放大混频后，用于发射端相同且同步的伪随机码对中频信号进行相关解扩，把扩频信号恢复成窄带信号，然后再解调，恢复原始信息序列。对于干扰和噪声，由于与伪随机码不相关，接收机的相关解扩相当于一次扩频，将干扰和噪声进行频谱扩展，降低了进入频带内的干扰功率，同时使得解调器的输入信噪比和载干比提高，提高了系统的抗干扰能力。

对于直扩系统最好是先解扩再解调，因为无线信号在空间传输中会有很大的信号衰减。未解扩前的信噪比很低，甚至信号淹没在噪声中。一般解调器很难在很低的信噪比下正常解调，导致高误码率。

2. CDMA 扩频方式

在码分多址CDMA通信系统中，不同用户传输信息所用的信号不是靠频率不同或时隙不同来区分的，而是用不同的编码序列来区分的，或者说，靠信号的不同波形来区分。如果从频率域或时间域来观察，多个CDMA信号是互相重叠的。

CDMA的关键是所用扩频码有多少个不同的互相正交的码序列，就有多少个不同的地址码，也就有多少个码分信道。

按照CDMA采用的扩频调制方式的不同，可以分为直接序列扩频(DS)、跳频扩频(FH)、跳时扩频(TH)和复合式扩频，如图1.31所示。

直接序列扩频(DS－SS)CDMA发射和接收电路构成如图1.32所示。

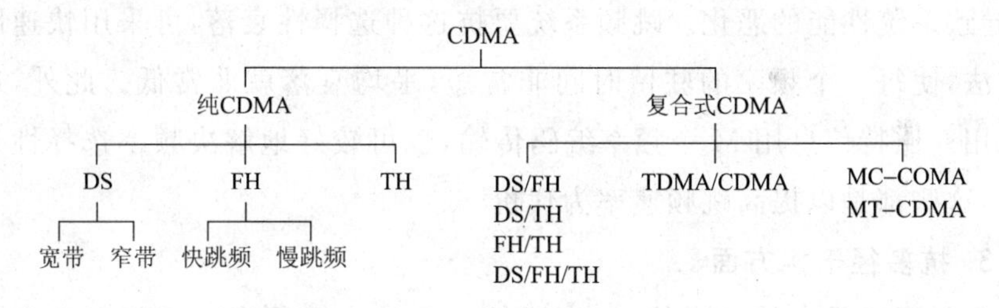


**图1.31**　CDMA扩频调制方式

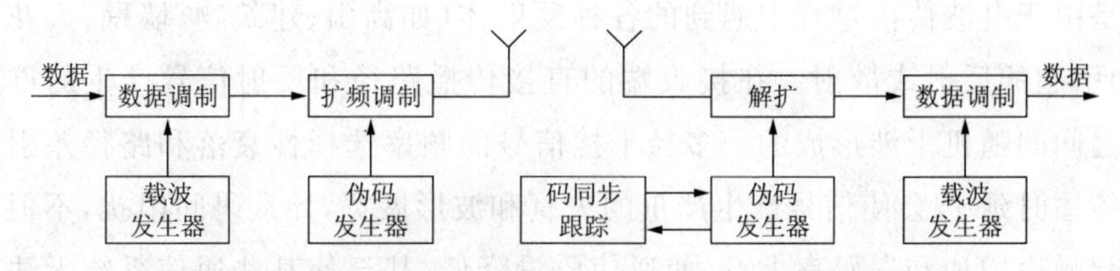


**图1.32**　直接序列扩频(DS－SS)发射和接收电路构成框图

## 1.8.3　直序扩频技术和跳频技术比较

扩频技术的最大优点在于较强的抗干扰能力，以及保密、多址、组网、抗多径等，直扩和跳频技术的抗干扰机理不同，直扩系统靠伪随机码的相关处理，降低进入解调器的干扰功率来达到抗干扰的目的；而跳频系统是靠载频的随机跳变，躲避干扰，将干扰排斥在接收通道以外来达到抗干扰的目的。因此，这两者都具有很强的抗干扰的能力，也各有自己的特点，更存在自身的不足，下面将直扩和跳频技术的性能作比较。

**1. 抗强的定频干扰方面**

由直扩抗干扰的机理可知，直扩抗干扰是通过相关解扩取得处理增益来达到抗干扰目的的，但超过了干扰容限的定频干扰将会导致直扩系统的通信中断或性能急剧恶化。而跳频系统是采用躲避的方法抗干扰，强的定频干扰只能干扰跳频系统的一个或几个频率，若跳频系统的频道数很大，则对系统性能的影响是不严重的。因此，在抗强的定频干扰上，跳频系统比直扩系统优越。

**2. 抗衰落方面**

抗衰落，特别是频率选择性衰落，这是室内通信环境下必须解决的问题。由于直扩系统的射频带宽很宽，小部分频谱衰落不会使信号频谱产生严重的畸变，而对跳频系统而言，频率选择性衰落将导致若干个频率受到影响，导致系统性能的恶化。跳频系统要抗这种选择性衰落，可采用快速跳频的方法，使每一个频率的驻留时间非常短，平均衰落就非常低。此外，还可以采用一比特信息用 M 个频率编码传输，也可较好地解决频率选择性衰落问题，这些都是以提高跳频速率为代价。

**3. 抗多径干扰方面**

多径问题是在移动通信、室内通信等系统中必须考虑的问题。多径干扰是由于电波传播过程中遇到的各种反射体（如高山、建筑物、墙壁、天花板等）引起的反射或散射。在接收端的直接传播路径和反射信号产生的群反射之间的随机干涉形成的。多径干扰信号的频率选择性衰落和路径差引起的传播时延 $\tau$，会使信号产生严重的失真和波形展宽，导致码间串扰，不但能引起噪声增加和误码率上升，使通信质量降低，甚至使某些通信系统无法工作。由于直扩系统采用伪随机码的相关解扩，只要多径时延大于一个伪随机码的切谱宽度，这种多径就不能对直扩系统形成干扰，直扩系统甚至可以利用这些干扰能量来提高系统的性能。而跳频系统则不然，跳频系统要抗多径干扰，则要求每一跳的驻留时间很短，即要求快跳频，在多径信号没有到来之前接收机已开始接收下一跳信号。

4. 组网能力方面

直扩系统用不同的伪随机码可组成不同的网，跳频系统用不同的跳频图案组成不同的网。从频谱利用率上来看，直扩系统和跳频系统的频谱利用率比单频单信道系统还要高。就直扩和跳频系统而言，跳频系统的组网能力和频谱利用率略高于直扩系统。

5. 与窄带系统的兼容性方面

直扩系统是一个宽带系统，虽然可与窄带系统电磁兼容，但不能与其建立通信。另外，对模拟信源(如话音)需作预先处理(如语声编码后)，才可接入直扩系统。而对跳频系统而言，由于它是瞬时窄带系统，它易于与目前的窄带通信系统兼容。目前的通信系统不论是模拟调制还是数字调制的，通常都是窄带的通信系统。因此兼容的好处在于，先进的跳频电台可以与常规的电台互通，或者，将常规电台加装抗干扰的跳频模块就可以变成跳频电台。而且，跳频系统对模拟信源和数字信源均适用。

## 1.9　分集接收技术

影响通信质量的主要因素是衰落，为提高系统抗多径衰落的性能，最有效的方法是对信号采用分集接收技术，即通过两条或两条以上途径传输同一信息，以减轻衰落影响的一种技术。快衰落信道中接收的信号是到达接收机的各条路径分量的合成。如果在接收端同时获得几个不同路径的信号，将这些信号适当合并构成总的接收信号，则能够大大减小衰落的影响。分集接收技术包括有两个方面内容：

① 分散传输，使接收到的多径信号分离成独立的、携带同一信息的多路信号。

② 集中处理，将接收到的这些多路分离信号的能量按一定规则合并起来(包括选择与组合)，使接收的有用信号能量最大，以降低衰落的影响。

### 1.9.1　分集方式

分集方式在移动通信系统中一般分“宏分集”和“微分集”两类。

“宏分集”也称为“多基站”分集，主要用于蜂窝通信系统中。这是一种减小衰落影响的分集技术,其做法是把多个基站设置在不同的地理位置上(如蜂窝小区的对角上)和在不同方向上,同时和小区内的一个移动台进行通信(可以选用其中信号最好的一个基站进行通信)。显然,只要在各个方向上的信号传播不是同时出现严重衰落,这种办法就能保持通信不会中断。

"微分集"也是一种减小衰落影响的分集技术,在各种无线通信系统中都经常使用。理论和实践都表明,在空间、频率、极化、场分量、角度及时间等方面分离的无线信号,都呈现互相独立的衰落特性。

### 1.9.2 分集接收的分类

互相独立或基本独立的一些接收信号,一般可利用不同路径或不同频率、不同角度、不同极化等接收手段来获取。于是大致有如下几种分集方式。

**1. 空间分集**

空间分集的依据在于衰落的空间独立性,即在任意两个不同的位置上接收同一个信号,只要两个位置的距离大到一定程度,则两处所收信号的衰落是不相关的(独立的)。为此,空间分集在接收端架设几副天线,各天线的位置间要求有足够的间距,以保证各天线上获得的信号基本互相独立。

**2. 频率分集**

由于频率间隔大于相关带宽的两个信号所遭受的衰落可以认为是独立的,因此可以用两个以上不同的频率传输同一信息,以实现频率分集。这样频率分集用多个不同载频传送同一个消息,如果各载频的频差相隔比较远,则各载频信号也互不相关。并用两部以上的独立接收机来接收信号。频率分集不仅使设备复杂,而且在频谱利用方面也很不经济。

**3. 角度分集**

角度分集是利用天线波束指向不同使信号毫不相关的原理构成的一种分集方法。电波通过几个不同路径,并以不同角度到达接收端,而接收端利用多个方向性尖锐的接收天线能分离出不同方向来的信号分量。角度分集在较高频率时容易实现。

**4. 极化分集**

极化分集是分别接收水平极化和垂直极化波而构成的一种分集方法，一般说，这两种波是相关性极小的，因而缩短了天线间的距离。

由于两个不同极化的电磁波具有独立的衰落特性，所以发送端和接收端可以用两个位置很近但为不同极化的天线分别发送和接收信号，以获得分集效果。

上述分集方式中，空间分集和频率分集用得较多，当然还有其他的分集方法，需要指出的是，分集方法均不是互相排斥的。在实际使用时可以是组合式的。比如，可以采用二重空间分集、二重频率分集来构成四重分集。

### 1.9.3　分集接收合并技术

分集接收合并分以下几种。

**1. 最大比合并**

最大比合并指控制各合并支路的增益，使它们分别与本支路的信噪比成正比，然后再相加，获得接收信号。在接收端由 $N$ 个分集支路，经过相位调整后，按照适当的增益系数，同相相加，再送入检测器进行监测。

**2. 等增益合并**

等增益合并指将几个分散信号以相同的支路增益进行直接相加，相加后的信号作为接收信号。在接收端由 $N$ 个分集支路，经过相位调整后，按照相等的增益系数，同相相加，再送入检测器进行监测。

**3. 选择性合并**

在 $N$ 个分集支路中选择具有最大信噪比的支路作为输出。最大比合并和等增益合并的效果相差 1dB 左右，选择性合并效果最差。

以上各合并方式改善总接收信噪比的能力不同，如图 1.33 所示。图中 $n$ 为分集的重数，$r$ 为合并后输出信噪比的平均值。从图中可以看出，最大比值合并方式性能最好，等增益相加方式次之，最佳选择方式最差。

从总的分集效果来说，分集接收除了能提高接收信号的电平外，主要是改善了衰落特性，使信道的衰落平滑了、减小了。例如，如果不分集时，误码率为 $10^{-2}$，如果采用四重分集时，误码率可降至 $10^{-7}$。由此可见，采用分集接收方法对随参信道特性的改善是十分有效的。

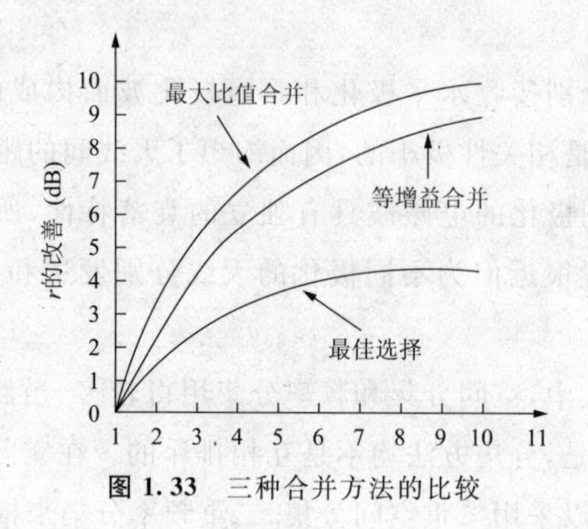


图 1.33 三种合并方法的比较

## 1.10 交织技术

### 1. 交织原理

在移动通信系统中,由于传输特性不理想及各种干扰和噪声影响,将产生传输差错。信道编码(分组编码和卷积编码)只能纠正随机比特的错误或连续有限个比特的错误。但在陆地移动通信系统中,由于信号经常在传输信道中发生瑞利深度衰落,因此大多数误码的产生并非是随机离散的,而更可能是长突发形式的成串比特错误。此时,再依靠信道编码来保证系统的误码率就不太现实了。必须要在信道编码的基础上,再采用交织技术。交织是无线通信系统中配合前向纠错编码不可缺少的环节。

针对以上问题,交织技术是将已编码的信号比特按一定规则重新排列,这样,即使在传输过程中发生了成串差错,在接收端进行解交织(交织的反过程)时,也会将成串差错分散成单个(或长度很短)的差错,再利用信道编码的纠错功能纠正差错,就能够恢复出原始信号。总之,交织的目的就是使误码离散化,使突发差错变为信道编码能够处理的随机差错。

下面介绍交织技术的一般过程:

假定由一些 4 比特组成的消息分组,把 4 个相继分组中的第 1 个比特取出来,并让这 4 个第 1 比特组成一个新的 4 比特分组,称作第一帧,4 个消息分组中的比特 2~4,也作同样处理,如图 1.34 所示。

然后依次传送第 1 比特组成的帧,第 2 比特组成的帧,…。在传输期间,帧 2 丢失,如果没有交织,那就会丢失某一整个消息分组,但采用了交织，仅每个消息分组的第2比特丢失，再利用信道编码，全部分组中的消息仍能得以恢复，这就是交织技术的基本原理。概括地说，交织就是把码字的$b$个比特分散到$n$个帧中，以改变比特间的邻近关系，因此$n$值越大，传输特性越好，但传输时延也越大，所以在实际使用中必须作折中考虑。

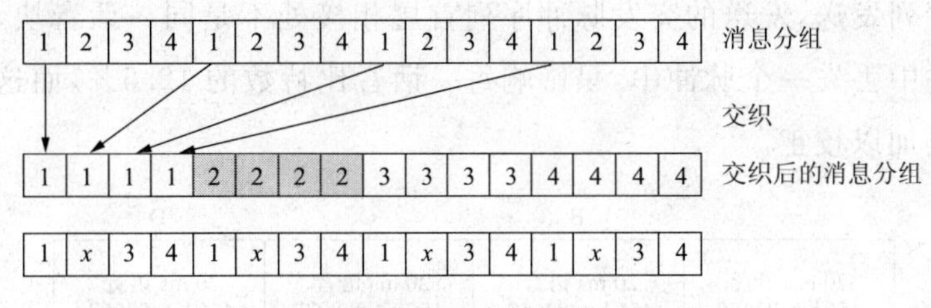


**图 1.34** 交织原理

### 2. GSM系统中交织方式

在GSM系统中，信道编码后进行交织，交织分为两次，第一次交织为内部交织，第二次交织为块间交织。

话音编码器和信道编码器将每一20ms话音数字化并编码，提供456个比特。首先对它进行内部交织，即将456个比特分成8帧，每帧57比特，如图1.35所示。

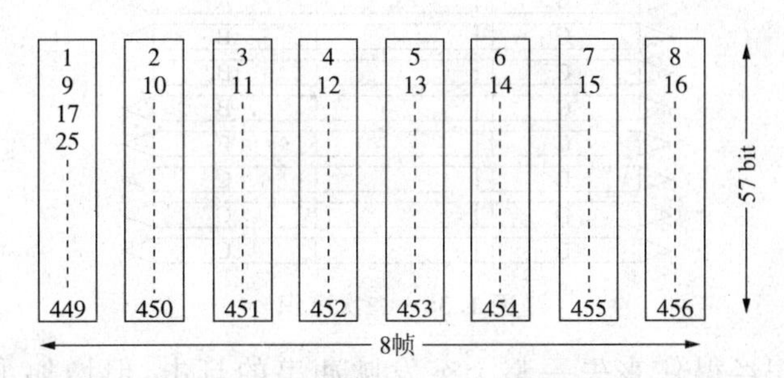


**图 1.35** GSM 20ms话音编码交织

如果将同一20ms话音的两组57比特插入到同一普通突发脉冲序列中，如图1.36所示，那么该突发脉冲串丢失则会导致该20ms的话音损失25%的比特，显然信道编码难以恢复这么多丢失的比特。因此必须在两个话音帧间再进行一次交织，即块间交织。

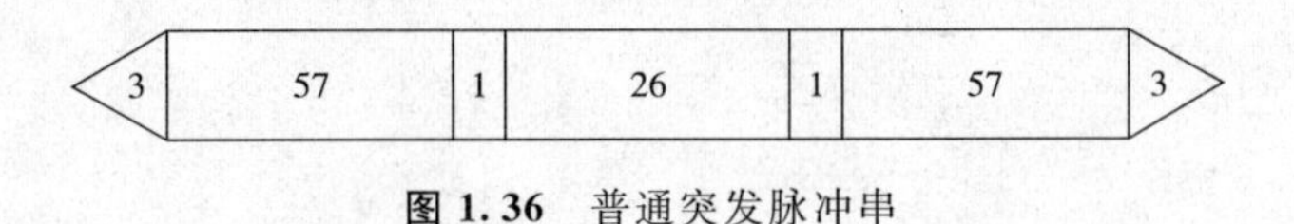


**图 1.36** 普通突发脉冲串

把每20ms话音456比特分成的8帧为一个块，假设有A、B、C、D四块，如图1.37所示，在第一个普通突发脉冲串中，两个57比特组分别插入A块和D块的各1帧(插入方式如图1.38所示，这就是二次交织)，这样一个20ms的话音8帧分别插入8个不同普通突发脉冲序列中，然后一个一个突发脉冲序列发送，发送的突发脉冲序列首尾相接处不是同一话音块，这样即使在传输中丢失一个脉冲串，只影响每一话音比特数的12.5%，而这能通过信道编码加以校正。

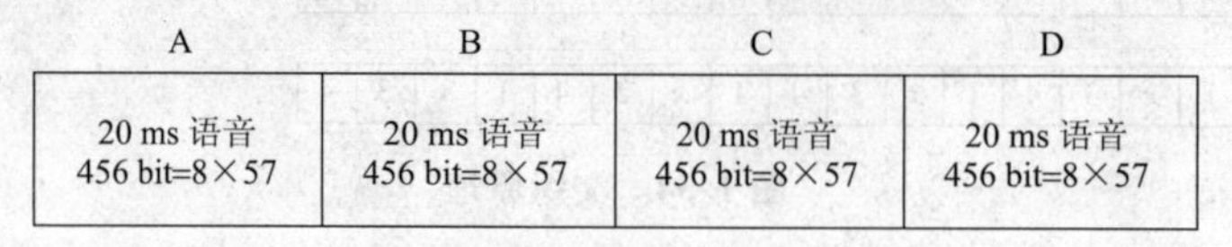


**图1.37** 话音信道编码

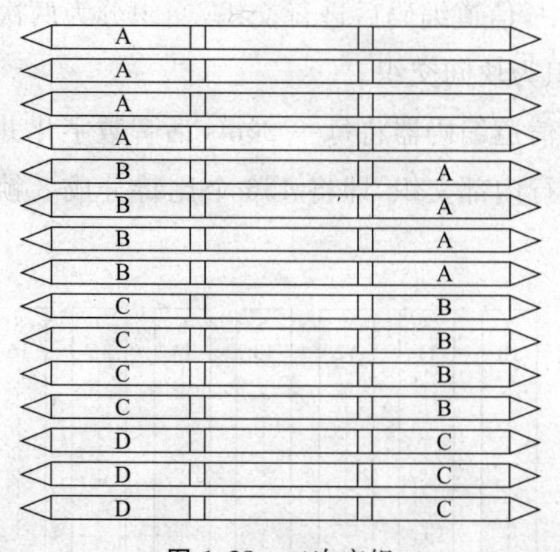


**图1.38** 二次交织

二次交织经得住丧失一整个突发脉冲串的打击，但增加了系统时延。因此，在GSM系统中，移动台和中继电路上增加了回波抵消器，以改善由于时延而引起的通话回音。

# 第2章　移动通信系统

## 2.1　移动通信系统的发展

移动通信是当今通信领域内最为活跃、发展最为迅速的领域之一，也是将在新世纪对人类生活和社会发展有重大影响的科学技术领域之一。其发展过程如下。

### 1. 第一代蜂窝移动通信系统(1G)——模拟蜂窝移动通信系统

1971年12月，Bell公司向美国联邦通信委员会(FCC)提交了蜂窝移动通信系统HCMTS的建议，FCC接受了这个建议，并在850MHz频段提供了40MHz的通信资源。HCMTS在1978年安装，1983年开始商业服务。该系统在频率复用、多波道共用技术、全自动地接入公共电话网的小区制、大容量蜂窝式等方面发展了蜂窝和移动通信技术，并在20世纪80年代演变成了美国模拟系统的国家标准——先进的移动电话业务(AMPS)。

与此同时，基于不同标准的其他模拟蜂窝移动通信系统也得到了很大的发展，例如，英国的全接入通信系统(TACS)、日本的电报和电话系统(NAMTS)、北欧移动电话系统(NMTS)和原联邦德国的NETZ-C等，其中AMPS与TACS非常接近。

这些系统均采用了频分多址(FDMA)接入技术，在移动通信信道中传输调制模拟电话信号，所以它们具有很多相似的特征，但是并没有发展出一个全球的共同标准。各个国家和地区都选择了与其国情相适应的系统进行研究和无线网络配置。包括各个国家采用不同的通信频段。

理论上讲，只要不断地分割蜂窝和进行信道动态重组，利用蜂窝技术就可以有效地避开有限频率资源的问题，因为由此而产生的蜂窝移动通信系统的区域容量可以无限制地提高。也就是说，只要给出一定的频率资源，就可以满足所有的移动通信的需要，甚至是多媒体移动通信的需要。但是实际上随着无线蜂窝在数量上的上升，在单蜂窝覆盖面积缩小时，由于人们不能精确地控制蜂窝系统，包括发射功率、高速切换等问题，所以工程技术界遇到了实际的限制：即当蜂窝很小的时候，基站的选择和信号的控制变得越来越复杂、越来越困难，并且伴随着昂贵的系统投资。

此外，对于模拟 FDMA 系统而言，随着蜂窝的变小，来自多方面的干扰也变得难以排除，从而实际上也限制了蜂窝无限缩小的设计理想。

除了容量瓶颈以外，第一代模拟移动通信系统还受限于不同的系统标准，这使得用户不可能在不同国家漫游。

所有这些都在推动着第二代无线移动通信系统的发展：实现更大的容量和全球统一的系统标准。

**2. 第二代蜂窝移动通信系统(2G)——数字蜂窝移动通信系统**

为解决模拟蜂窝系统阻塞概率增高、呼叫中断率增高、蜂窝系统的干扰大等问题及模拟蜂窝系统本身的缺陷（例如，频谱效率低、保密性能差等），1982 年，欧洲邮电管理委员会（CEPT）成立了移动通信特别小组（GSM），开发数字蜂窝式移动通信技术，即全球通移动通信系统（GSM：Global System for Mobile Communication）。1991 年，GSM 数字蜂窝式移动通信系统在欧洲问世，紧接着以 TDMA 标准为基础的其他第二代数字蜂窝移动通信系统如 DAMPS、JDC 等也相继投入使用。同时以 IS-95 技术标准为基础的 CDMA 商用系统已分别在香港、韩国等地区和国家投入使用，取得了良好的效果。

第二代数字蜂窝移动通信系统最引人的优点之一就是抗干扰能力和潜在的大容量。数字信号处理和数字通信技术的发展，使一些新的无线应用业务开始出现，例如移动计算、移动传真、电子邮件、金融管理、数据服务、移动商务、语音和数据的保密编码以及综合业务（ISDN）、宽带综合业务（B—ISDN）等新业务。

由于数字处理技术和大规模集成电路及其加工技术的发展，因而伴随数字系统综合处理能力不断提高，使得系统成本、价格和功耗也在不断地下降，使得数字蜂窝移动通信系统取得了长足的发展，占据了主要的移动通信市场。

第二代移动通信在发展的过程中没有形成全球统一的标准系统。所以这些系统无法实现全球漫游，并且其主要是话音服务和短消息，同时还面临严重的通信容量不足等问题。

**3. 第三代蜂窝移动通信系统(3G)——宽带蜂窝移动通信系统**

第三代移动通信系统最初的研究工作开始于 1985 年，ITU-R（CCIR）成立临时工作组，提出了未来公共陆地移动通信系统（FPLMTS）。1996 年，FPLMTS 被正式更名为 IMT-2000，即国际移动通信系统。IMT-2000 是全球的卫星和陆地通信系统，它能提供包括声音、数据和多媒体的各种业务，而在不同的射频环境下质量和固定电信网的一样好，甚至更好。IMT-2000 的目标是提供一个全球的覆盖，使得移动终端能在多个网络间无缝漫游。

## 2.2　移动通信系统的分类

移动通信按用途、制式、频段以及入网方式等的不同，可以有不同的分类。常见分类如下：

① 按使用对象可分为民用通信和军用通信。

② 按使用环境可分为空中通信、海上通信和陆地通信。

③ 按多址方式可分为频分多址（FDMA）、时分多址（TDMA）、码分多址（CDMA）和空分多址（SDMA）。

④ 按接入方式可分为频分双工（FDD）和时分双工（TDD）。

⑤ 按业务类型可分为电话网、数据网和综合业务网。

⑥ 按工作方式可分为同频单工、异频单工、异频双工和半双工。

⑦ 按服务范围可分为专用网和公用网。

⑧ 按信号形式可分为模拟网和数字网。

随着移动通信应用范围的扩大，移动通信系统的类型也越来越多。常用移动通信系统有蜂窝移动通信系统、无线电寻呼系统、无绳电话系统、集群移动通信系统和卫星通信系统等。下面对这几种典型的移动通信系统进行简要介绍。

### 1. 集群移动通信系统

集群移动通信系统又称集群调度系统。它实际上是把若干个原各自用单独频率的单工工作调度系统，集合到一个基台工作。这样，原来一个系统单独用的频率现在可以为几个系统共用，故称集群系统。它是专用调度无线通信系统的一种新体制，是专用移动通信系统的高级发展阶段。

### 2. 无线寻呼系统

寻呼系统是一种单信道的单向无线通信系统，主要起寻人呼叫的作用。当有人寻找配有寻呼机的个人时，可用一般电话拨通寻呼中心，中心的操作员将被寻呼人的寻呼机号码由中心台的无线寻呼发射机发出，只要被寻呼人在该中心台的覆盖范围之内，其所配的寻呼机收到信号即发出 Bi—Bi 响声（俗称 BP 机或 BB 机）。

**3. 无绳电话系统**

无绳电话是一种接入市话网的无线话机。它将普通话机的机座与手持收发话器之间的连接导线取消，而两者之间用传送电磁波的无线信道进行连接，故称之为无绳电话。为了控制无线电频率的相互干扰，它对无线电信道的发射功率作出了限制，通常可在 50～200m 的范围内接收或拨打电话。

**4. 汽车调度通信**

出租汽车公司或大型车队建有汽车调度台，车上有汽车电台，可以随时在调度员与司机之间保持通信联系。

**5. 蜂窝移动通信**

也称小区制移动通信。它的特点是把整个大范围的服务区划分成许多小区，每个小区设置一个基站，负责本小区各个移动台的联络与控制，各个基站通过移动交换中心相互联系，并与市话局连接。利用超短波电波传播距离有限的特点，离开一定距离的小区可以重复使用频率，使频率资源可以充分利用。每个小区的用户在 1000 以上，全部覆盖区最终的容量可达 100 万用户。

**6. 卫星移动通信**

利用卫星转发信号也可实现移动通信，对于车载移动通信可采用赤道固定卫星，而对手持终端，采用中低轨道的多颗星座卫星较为有利。

**7. 个人通信**

个人在任何时候、任何地点与其他人通信，只要有一个个人号码，不管其人身在何处，都可以通过这个个人号码与其通信。

## 2.3 模拟移动通信系统

### 2.3.1 模拟移动通信系统的组成

模拟移动通信系统一般由移动台（MS）、基站（BS）、移动业务交换中心（MSC）以及与市话网（PSTN）相连接的中继线等组成，如图 2.1 所示。

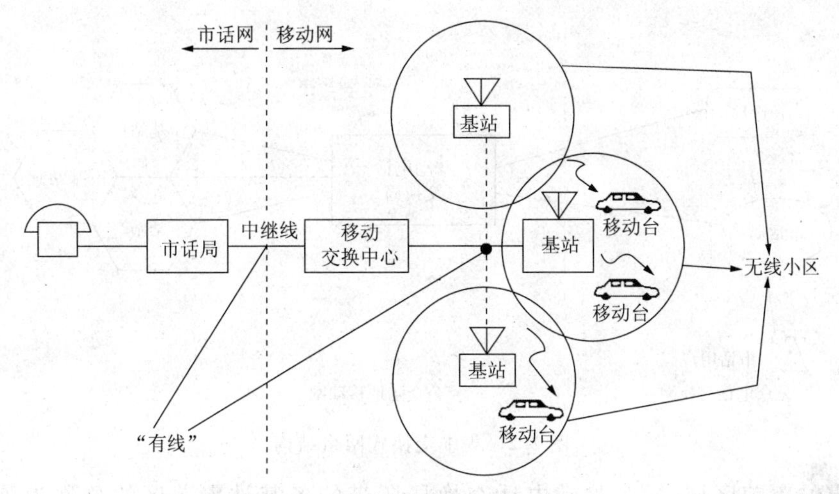


**图 2.1** 模拟移动通信系统的组成

基站和移动台设有收、发信机和天馈线等设备。每个基地站都有一个可靠通信的服务范围,称为无线小区。无线小区的大小,主要由发射功率和基地站天线的高度决定。移动业务交换中心主要用来处理信息的交换和整个系统的集中控制管理。

大容量移动电话系统可以由多个基站构成一个移动通信网,通过基站、移动业务交换中心就可以实现在整个服务区内任意两个移动用户之间的通信;也可以经过中继线与市话局连接,实现移动用户和固定用户之间的通信,从而构成有线与无线综合的移动通信系统。

### 2.3.2 模拟蜂窝式移动电话 TACS 系统的网络结构

由一个移动电话交换局组成的蜂窝式移动电话系统的网络结构如图 2.2 所示。多个基站集中于一个移动通信交换局进行交换接续,再接入公众电话交换网。该网络是集中交换式网络(单局多站制),便于集中维护,可提高交换接续质量,多与小区制配合使用。用户容量可达 10 万户以上。

(1) 移动电话交换局

它是无线系统和公众交换网的接口,它与公众交换网一般采用 PCM2Mbit/s 链路连接,使用 1 号或 7 号信令系统。主要负责移动用户的呼出及呼入、话务统计、话费计算、用户参数管理和故障诊断等。

(2) 基 站

它是移动电话网和移动台(即移动用户)联系的纽带。每一个基站都有

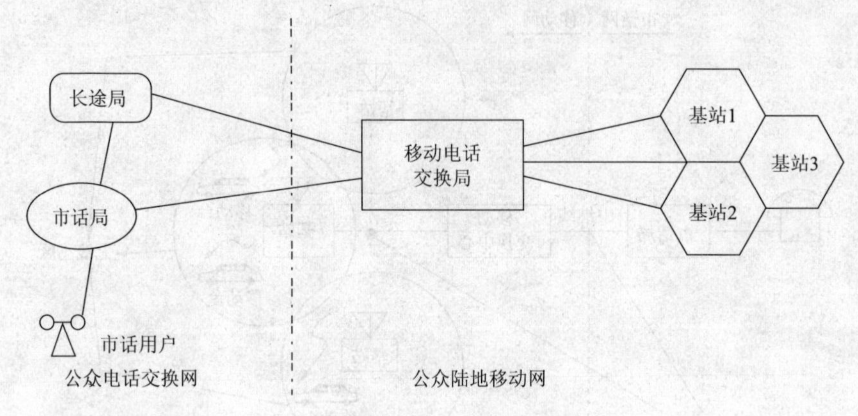


图 2.2 集中交换式网络结构

一定的覆盖区域,一个移动电话交换局所带的各基站覆盖区的总称为该移动电话交换局的服务区。

(3) 移动台

移动台是手持或者置于车船等移动载体上的用户电话终端设备。

由几个移动电话交换局组成的区域连网结构如图 2.3 所示。多个移动电话交换局之间用数据专线和电话专线连接,组成公众陆地移动网(PLMN),它除了具有单个移动电话交换局的功能之外,尚有下列的一些主要功能。

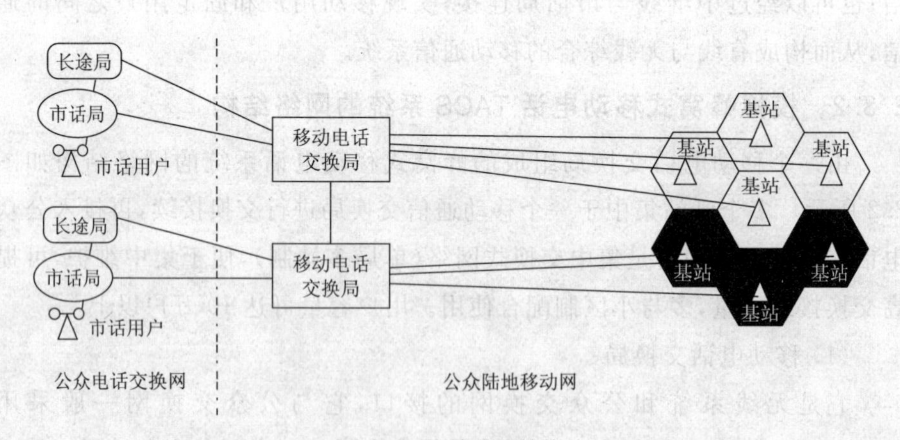


图 2.3 区域连网结构

① 漫游功能。所谓漫游,是指一个移动用户离开它原来登记的移动电话交换局的服务区,而至其他移动电话交换局的服务区时,仍能使用移动电话的功能。不管两个移动电话交换局的服务区域是否紧靠,多个移动电话

交换局网络有一种漫游功能。

② 越局频道转换。若两个移动电话交换局之间有自动漫游功能，当一个移动用户在通话时，从一个基站的覆盖区移动到不同的移动电话交换局的另一个基站的覆盖区，不用再拨号而能保持继续通话。

## 2.4 GSM移动通信系统

### 2.4.1 GSM移动通信系统的发展

GSM数字移动通信系统始源于欧洲。早在1982年，欧洲已有几大模拟蜂窝移动系统在运营，例如北欧多国的NMT(北欧移动电话)和英国的TACS(全接入通信系统)，西欧其他各国也提供移动业务。当时这些系统是国内系统，不可能在国外使用。为了方便全欧洲统一使用移动电话，需要一种公共的系统，1982年北欧国家向CEPT(欧洲邮电行政大会)提交了一份建议书，要求制定900MHz频段的公共欧洲电信业务规范。在这次大会上就成立了一个在欧洲电信标准学会(ETSI)技术委员会下的“移动特别小组”(Group Special Mobile)简称“GSM”，来制定有关的标准和建议书。

1986年在巴黎，该小组对欧洲各国及各公司经大量研究和实验后所提出的8个建议系统进行了现场实验。

1987年5月GSM成员国就数字系统采用窄带时分多址(TDMA)、规则脉冲激励线性预测RPE-LTP话音编码和高斯滤波最小移频键控GMSK调制方式达成一致意见。同年，欧洲17个国家的运营者和管理者签署了谅解备忘录，相互达成履行规范的协议，致力于GSM标准的发展。

1990年完成了GSM900的规范，共产生大约130项的全面建议书，不同建议书经分组而成为一套12系列。

1991年在欧洲开通了第一个系统，同时为该系统设计和注册了市场商标，将GSM更名为“全球移动通信系统”(Global System for Mobile Communications)。从此移动通信跨入了第二代数字移动通信系统。同年，移动特别小组还完成了制定1800MHz频段的公共欧洲电信业务的规范，名为DCS1800系统。该系统与GSM900具有同样的基本功能特性，因而该规范只占GSM建议的很小一部分，仅将GSM900和DCS1800之间的差别加以描述，绝大部分二者是通用的。目前，GSM包括了三个并行的系统：GSM900、DCS1800、PCS1900，使得GSM系统容量大大增加。这三个系统结构都是相同的，重要区别是工作频率不同。

我国于1992年引入欧洲的GSM系统进行实验，并于1995年投入商用。

### 2.4.2 GSM移动通信系统组成

GSM移动通信系统由移动台（MS：Mobile Station）、基站子系统（BSS：Base Station Subsystem）和网络交换子系统（NSS：Network and Switching Subsystem）和操作维护中心（OMC：Operation Maintenance Center）四大部分组成，如图2.4所示。

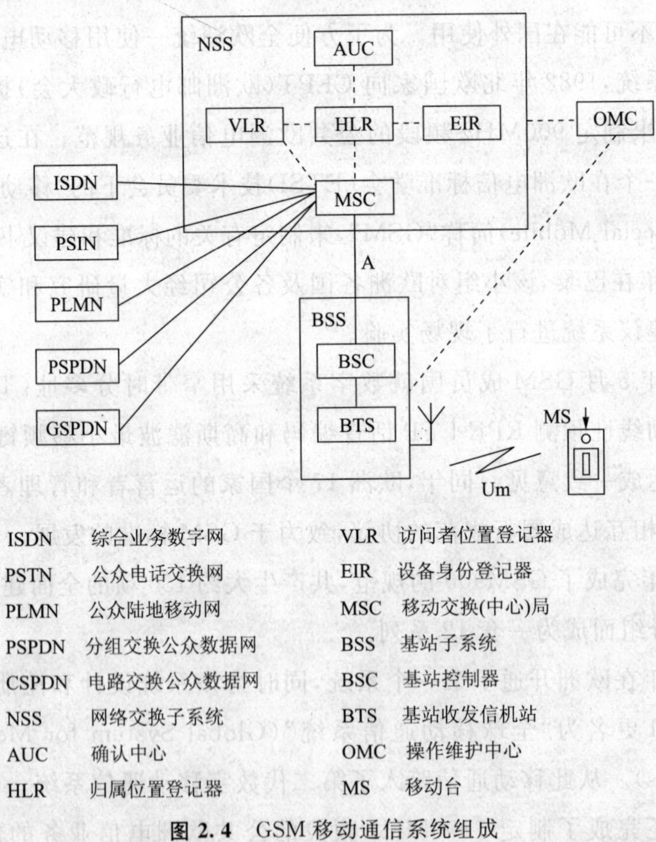


图2.4 GSM移动通信系统组成

NSS与BSS之间的接口为“A”接口，BSS与MS之间的接口为“Um”接口。在模拟移动通信系统中，TACS规范只对Um接口进行了规定，而未对

A 接口做任何的限制。因此，各设备生产厂家对 A 接口都采用各自的接口协议，对 Um 接口遵循 TACS 规范。也就是说，NSS 系统和 BSS 系统只能采用一个厂家的设备，而 MS 可用不同厂家的设备。GSM 规范对系统的各个接口都有明确的规定，各接口都是开放的。

在 GSM 网上还配有短信息业务中心(SC)，即可开放点对点的短信息业务，类似数字寻呼业务，实现全国联网，又可开放广播式公共信息业务。另外配有语音信箱，可开放语音留言业务，当移动被叫客户暂不能接通时，可接到语音信箱留言，提高网络接通率，给运营部门增加收入。

**1. 移动台(MS)**

移动台通常代表用户从整个系统看到的唯一设备，也是 GSM 移动通信系统中直接由用户使用的设备，分手持式(手机)和车载式两种。根据应用与服务情况，移动台可由移动终端(MT)、终端适配器(TA)和终端单元(TA)或它们的各种组合所构成。移动台是 GSM 的重要组成部分，由于移动通信是双向通信，因此有些基站子系统的性能，移动台也应具有，因而技术上相当复杂。

GSM 移动台可以分成两大部分：一部分包括与无线接口有关的硬件和软件(俗称“机”)，它可完成话音编码、信道编码、信息加密、信息的调制和解调、信息发射和接收功能；另一部分包括用户特有的数据，即用户识别模块(Subscriber Identity Module)，即 SIM 卡。SIM 卡就是移动台“身份卡”，它类似于我们现在所用的 IC 卡，SIM 卡上储存认证客户身份所需的所有信息，并能执行一些与安全保密有关的重要信息，以防止非法客户进入网络。SIM 卡还存储与网络和客户有关的管理数据，SIM 卡对一个用户来说是唯一的，当 SIM 卡插入任意一部手机时，就组成了该用户的移动台。没有 SIM 卡，除紧急业务外移动台不能接入 GSM 网络。

移动台按功能应用分类如表 2.1 所示。

图 2.5 说明了三种类型的移动台与其他终端相连的情况。

移动台必须提供与使用者之间的接口，比如完成通话呼叫所需要的话筒、扬声器、显示屏和按键，或者提供与其他一些终端设备之间的接口，比如与个人计算机或传真机之间的接口，或同时提供这两种接口。因此，根据应用与服务情况，移动台可以是单独的移动终端(MT)、手持机、车载台，或者是由移动终端(MT)直接与终端设备(TE)传真机相连接而构成，或者是由移动终端(MT)通过相关终端适配器(TA)与终端设备(TE)相连接而构成。

表 2.1　移动台按功能应用分类

| 类　型 | 说　明 |
| --- | --- |
| MS-0 型<br>(基本型) | 此类移动台主要用于常规电话业务，即只能打电话。移动台通过无线信道与基站构成传输链路，再由基站经移动交换中心将移动台接入公用交换网。移动台能像公用交换网中的有线用户一样获得应有的各种电信业务。基本型移动台主要提供电话业务，最终通过送、受话器送出或接受话音，同时，移动台还产生与普通电话一样的振铃音、忙音、回铃音等信号音，向用户指示接续情况，这一点与模拟移动电话相同 |
| MS-1 型 | 此类移动台可用于 ISDN 业务(综合数字业务网)。机上直接提供 S 接口，与 ISDN 标准终端相连(窄带 ISDN 标准中 2B＋D 的 B 信道为 64kbit/s)，显然无法在 GSM 系统的无线信道中传输，该传输信道最大容纳 9.6kbit/s。因此，在 MS-1 型移动台中具备码率调整功能，将 2B＋D 变换成 9.6kbit/s＋Dm |
| MS-2 型 | 此类移动台可用于非 ISDN 标准的终端，接口符合 V 系列、X 系列建议书规定的接口标准，最高速率为 9.6kbit/s。非 ISDN 标准的终端设备也可通过终端适配器接到 MS-1 型移动台 |

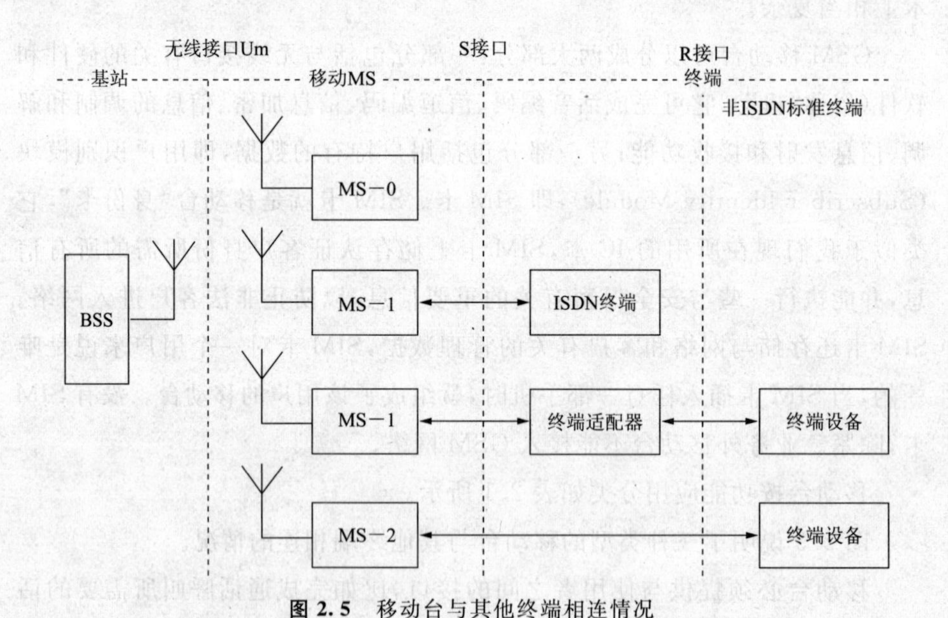


图 2.5　移动台与其他终端相连情况

移动台按使用情况分类如表 2.2 所示。

**表 2.2　移动台按使用情况分类**

| 类　型 | 说　明 |
|---|---|
| 车载台 | 车载台是安装在车辆上的设备，其天线与设备分离，安装在车外。车载台可以在较大功率下使用 |
| 便携台 | 便携台是用户手提携带的设备，其天线与设备安装在一起。便携台可支持系统要求的所有功率电平，它也可以安装在车辆上，并且通常都具备车辆安装时所用的接头 |
| 手持机 | 手持机通常简称为手机，是用户握在手中所使用的设备，其天线安装在设备之中 |

## 2. 基站子系统(BSS)

基站子系统又称无线子系统，从整个 GSM 网络来看，基站子系统(简称基站)介于网络交换子系统和移动台之间，起中继作用。一方面，基站通过无线接口直接与移动台相接，负责空中无线信号的发送、接收和集中管理；另一方面，它与网络交换子系统中的移动业务交换中心(MSC)采用有线信道连接，以实现移动用户之间或移动用户与固定用户之间的通信，传送系统信号和用户信息等。

基站子系统主要由基站收发信机(BTS)和基站控制器(BSC)构成，如图 2.6 所示。通常一个 BSS 只包括一个 BSC，而一个 BSC 根据话务量的需要可以控制一个或多个 BTS。BTS 可以与 BSC 直接相连，从而构成一个整体基站系统，其覆盖区为包含若干相邻小区的单一区域；BTS 与 BSC 也可以通过基站接口设备(BIE)采用远端控制方式相连。

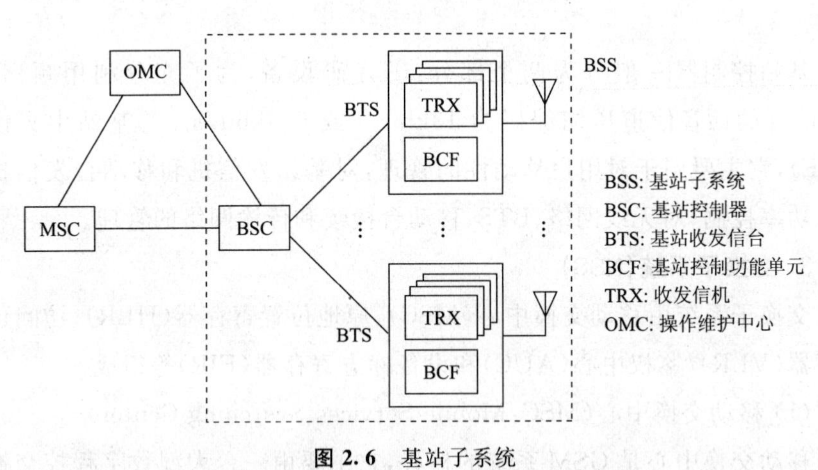


**图 2.6　基站子系统**

(1) 基站收发信机(BTS：Base Transfer and Receive Station)

它包括无线传输所需的各种硬件和软件，如发射机、接收机、支持各种小区结构(如全向、扇形、星状、链状等)所需要的天线、连接基站控制器的接口电路以及收发信机本身所需要的检测和控制装置等。

BTS属于基站子系统的无线接口设备,完全由BSC控制,主要负责无线电发送和接收、完成无线与有线的转换、无线分集、无线信道加密、无线调制、编码等功能。具体来说,它可以接收来自移动台的信号,也可以把BSC提供的信号发送给移动台,从而完成BSC与无线信道之间的信号转换。

一般情况下,每个BTS覆盖面积约1km$^2$。基站收/发信机不能覆盖的地区也就是手机信号的盲区,基站收/发信机发射和接收信号的范围直接关系到网络信号的好坏以及手机是否能在这个区域内正常使用。1个BTS的最大容量在16个载频左右。也就是说,它能够支持上百个通信(一个载频包括8个时隙)同时进行。

(2) 基站控制器(BSC:Base Station Control)

基站控制器负责控制和管理若干个基站收发信机(BTS),其主要任务是进行无线信道管理,实施呼叫和通信链路的建立和拆除,并控制本区内移动台的越区切换等,是一个很强的功能实体。

基站控制器(BSC)是基站收发信机(BTS)和移动交换中心(MSC)之间的连接点,BSC向下连接一系列BTS,向上连接移动交换中心(MSC)。它同时也为基站收发信机(BTS)和操作维护中心(OMC)之间提供信息交换接口。

基站控制器一般分为两个部分:①译码设备,为了充分利用频谱,将64kbit/s的话音信道压缩编码为13kbit/s或6.5kbit/s。②基站中央设备(BCE),它主要用于对用户移动性的管理,对基站发信机和移动台发信机的动态功率控制,对无线网络、BTS、移动台接续和传输网络的管理。

**3. 交换子系统(NSS)**

交换子系统由移动交换中心(MSC)、原地位置寄存器(HLR)、访问位置寄存器(VLR)、鉴权中心(AUC)和设备标志寄存器(EIR)等组成。

(1) 移动交换中心(MSC:Mobile Services Switching Center)

移动交换中心是GSM系统的核心,它主要由一台大型数字程控交换机及支持呼叫建立所需的几个数据库组成。MSC是对位于它所覆盖区域中的移动台进行控制、管理和完成话路交换的功能实体,也是GSM网和公共电话交换网PSTN(包括市话网、国内长途网、国际长途网等)之间的接口。MSC的主要功能如下：

① MSC可从三种数据库(HLR、VLR和AUC)中获取处理用户位置登记和呼叫请求所需的全部数据。反之,MSC也可根据其最新得到的用户请求信息(如位置更新,越区切换等)更新数据库的部分数据。

② MSC作为网络的核心,能完成位置登记、越区切换和自动漫游等移动管理工作。同时具有电话号码存储编译、呼叫处理、路由选择、回波抵消、超负荷控制等功能。

③ MSC还支持信道管理、数据传输以及包括鉴权、信息加密、移动台设备识别等安全保密功能。

MSC可为移动用户提供以下服务：

① 电信业务。例如,通话、紧急呼叫、传真和短信息服务等。

② 承载业务。例如,3.1kHz电话,同步数据0.3～2.4kbit/s及分组组合和分解(PAD)等。

③ 补充业务。例如,呼叫转移、呼叫限制、呼叫等待、电话会议和计费通知等。

对于容量比较大的GSM系统,一个网络子系统NSS可包括若干个MSC、VLR、HLR,当固定网用户呼叫GSM移动用户时,无需知道移动用户所处的位置,此呼叫首先被接入到入口移动业务交换中心(亦称移动关口局,简称GMSC)中,入口交换机负责从HLR中获取移动用户位置信息,且把呼叫转接到移动用户所在的MSC那里。

(2) 原地位置寄存器(HLR:Home Location Register)

它是管理移动用户的主要数据库,每个移动用户都应在某原地位置寄存器注册登记,在GSM系统中,每个移动网有一个HLR,每个用户都必须在某个原地位置寄存器中登记。HLR主要存储两类信息数据:一类是永久性的参数,例如用户号码、移动设备号码、接入的优先等级、电信业务、承载业务、补充业务以及保密参数等;另一类是有关用户当前位置的临时性参数,也就是说当用户漫游到HLR所服务的区域外,HLR同样需要登记由该区传送来的位置信息。这样做的目的是保证当呼叫任何一个不知处于哪一个地区的移动用户时,均可以由该移动用户的原地位置寄存器获知它当时处于哪一个具体地区，进而建立起通信链路。存储在 HLR 的数据由授权维护人员设置。

(3) 访问位置寄存器(VLR:Visitor Location Register)

它也是一个用户数据库，用于存储当前位于该 MSC 服务区域内所有移动台的动态信息。即存储与呼叫处理有关的一些数据，如用户的号码、所处位置区的识别、向用户提供的服务等参数，因此每个 MSC 都有一个它自己的 VLR。HLR 和 VLR 除位置信息不同外(HLR 存储的是移动用户目前所在的 MSC/VLR 位置信息，而 VLR 存储的是移动用户目前所在位置区域信息)，其余均相同。

当需要寻呼某移动用户时，首先通过入口 MSC(GMSU)或网关移动电话交换局向该用户登记的 HLR 询问该用户现在的 MSC/VLR 位置，然后 HLR 向该 VLR 索取该用户在该 MSC 的移动用户漫游号码(MSRN)，经 HLR 送至 GMSC，这样 GMSC 局可以根据该用户的漫游号码(MSRN)，确定路由，接至该移动用户现在所处的 MSC，然后根据 VLR 内存储的位置区域信息，在该位置区域寻呼该移动用户，如图 2.7 所示。

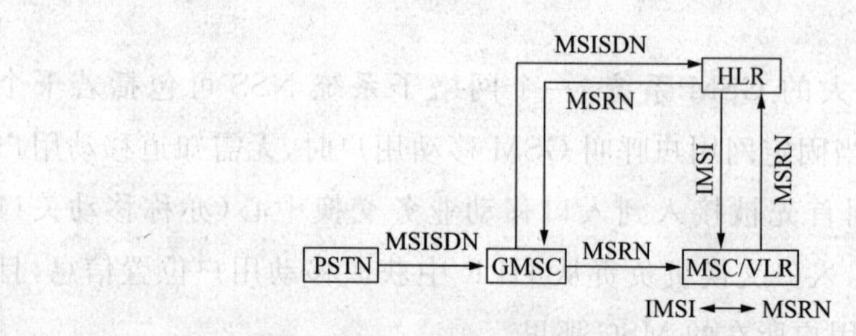


图 2.7 漫游寻呼

(4) 鉴权中心(AUC:Authentication Center)

AUC 也是一个数据库，保存着关于用户的三个参数(随机号码 RAND、响应数 SRES 和密钥 Kc)。鉴权中心的作用是可靠地识别用户的身份，只允许有权用户接入网络并获得服务，还能够进一步满足用户的保密性通信等要求。它给每一个在相关 HLR 登记的移动用户安排了一个识别字，该识别字用来产生用于鉴别移动用户身份的数据及用来产生用于对移动台与网络之间无线信道加密的另一个密钥。AUC 存储鉴权(A3)和加密(A8)算法，AUC 只与 HLR 通信。

(5) 设备标志寄存器(EIR:Equipment Identity Register)

设备标志寄存器是存储有关移动台设备参数的数据库,用于对移动台设备进行识别、监视、闭锁等功能。每个移动台有一个唯一的国际移动设备身份标志(IMEI),以防止被偷窃的、有故障的或未经许可的移动设备非法使用本GSM系统,移动台的IMEI要在EIR中登记。对移动台身份的核准包括三个组成部分:入网许可证的核准号码、装配工厂号和手机专用号。

通常HLR,AUC合设于一个物理实体中,VLR,MSC,EIR合设于一个物理实体中,MSC,VLR,HLR,AUC,EIR也可都设置于一个物理实体中。

(6) 操作和维护中心(OMC)

操作和维护中心的任务是对整个GSM网络进行管理和监控。例如,系统的自检、报警与备用设备的激活,系统的故障诊断与处理,话务量的统计,计费数据的记录与传递,各种资料的收集、分析与显示等。

以上概括地介绍了数字蜂窝系统中各个部分的主要功能。在实际的通信网络中,由于网络规模的不同、营运环境的不同和设备生产厂家的不同,以上各个部分可以有不同的配置方法,比如把MSC和VLR合并在一起,或者把HLR、EIR和AUC合并在GSM系统遵循CCITT建议的公用陆地移动通信网(PLMN)接口标准,采用7号信令支持PLMN接口进行所需的数据传输。这些接口如图2.8所示,共分为:

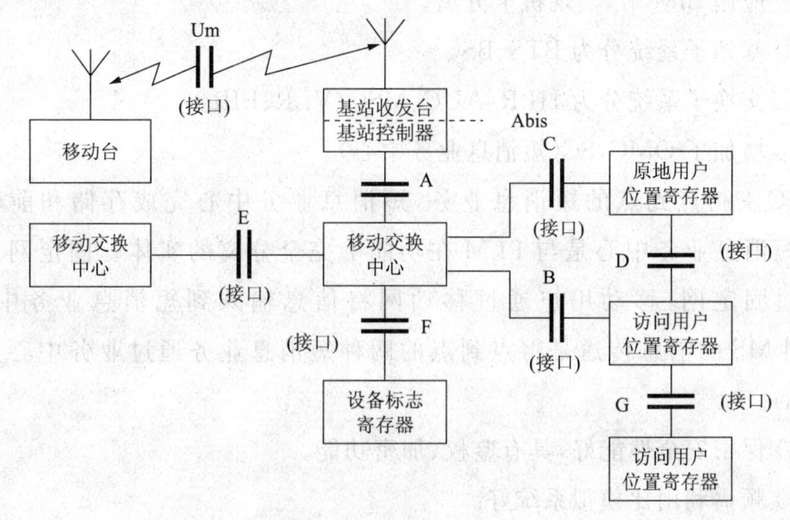


图2.8　PLMN接口

① 移动台与基站之间的接口(Um)。

② 基站与移动交换中心之间的接口(A)。

③ 基站收发台与基站控制器之间的接口(Abis)(基站收发台与基站控制器不配置在一起时,使用此接口)。

④ 移动交换中心与访问位置寄存器之间的接口(B)。

⑤ 移动交换中心与原地位置寄存器之间的接口(C)。

⑥ 原地位置寄存器与访问位置寄存器之间的接口(D)。

⑦ 移动交换中心之间的接口(E)。

⑧ 移动交换中心与设备标志寄存器之间的接口(F)。

⑨ 访问位置寄存器之间的接口(G)。

有关接口标准的详细规定可查阅 GSM 有关标准。

### 2.4.3 GSM 移动通信系统特点

① 标准化程度高,接口开放,联网能力强,能国际漫游。如移动台与基站间的接口为 Um 接口(无线接口);基站与移动交换中心间的接口为 A 接口。这些 GSM 规范均有明确规定,因此可以根据需要购买不同厂家的设备,不像模拟移动电话系统那样非买一家的产品不可。

② 能提供准 ISDN 业务:电信业务、承载业务、补充业务。

③ 应用 SIM 卡,实现机卡分离。

④ 基站子系统分为 BTS、BSC。

⑤ 交换子系统分为 HLR/AUC、MSC/VLR、EIR。

⑥ 增加了 OMC,SC(短消息业务中心)。

SC 支持点到点的短消息业务,短消息业务中心完成存储和前转功能。短消息业务中心是与 PLM 在功能上完全分离的实体。固定网用户可通过固定网,移动用户通过移动网将信息输入到短消息业务中心。MS 到 MS 的消息传送是将点到点的两种短消息业务通过业务中心连接完成的。

⑦ 保密安全性能好,具有鉴权、加密功能。

⑧ 频谱利用比模拟系统好。

⑨ 价格便宜。

### 2.4.4 GSM的频率特征

(1) 工作频段

我国陆地公用蜂窝数字移动通信网GSM通信系统采用900MHz频段:

① 905～915(移动台发、基站收)。

② 950～960(基站发、移动台收)。

③ 可用频带为10MHz。

随着业务的发展,可视需要向下扩展,或向1.8GHz频段的DCS1800过渡,即1800MHz频段:

① 1710～1785(移动台发、基站收)。

② 1805～1880(基站发、移动台收)。

(2) 频道间隔

相邻两频道间隔为200kHz,每个频道采用时分多址接入(TDMA)方式,分为8个时隙,即8个信道(全速率),每信道占用带宽200kHz/8=25kHz,同模拟网TACS制式每个信道占用的频率带宽。从这点看,二者具有同样的频谱利用率。

GSM采用半速率话音编码后,每个频道可容纳16个半速率信道。

(3) 双工收发间隔

双工收发间隔为45MHz,与模拟TACS系统相同。

主载波调制方式:调频。

调制主载波的信号性质:包含量化或数字信息的双信道或多信道。

被发送信息的类型:电报传真数据、遥测、遥控、电话视频的组合。

(4) 频道配置

采用等间隔频道配置方法。频道序号为76～124,共49个频道,频道序号和频道标称中心频率的关系为:

$f_L(n)=890.200\text{MHz}+(n-1)\times 0.200\text{MHz}$　　移动台发　基站收

$f_H(n)=f_L(n)+45\text{MHz}$　　基站发　移动台收

其中,$n=76\sim124$。

900MHz频段TDMA数字移动通信的频道配置如表2.3所示。

表 2.3 900MHz 频段的频道配置

| 频道组号 | 1 | 2 | 3 | 4 | 5 | 6 | 7 | 8 | 9 | 10 | 11 | 12 |
|---|---|---|---|---|---|---|---|---|---|---|---|---|
| 各频道组的频道号 | 76 | 77 | 78 | 79 | 80 | 81 | 82 | 83 | 84 | 85 | 86 | 87 |
| | 88 | 89 | 90 | 91 | 92 | 93 | 94 | 95 | 96 | 97 | 98 | 99 |
| | 100 | 101 | 102 | 103 | 104 | 105 | 106 | 107 | 108 | 109 | 110 | 111 |
| | 112 | 113 | 114 | 115 | 116 | 117 | 118 | 119 | 120 | 121 | 121 | 123 |
| | 124 | | | | | | | | | | | |

(5) 频率复用方式

频率复用是指在不同的地理区域上用相同的载波频率进行覆盖。这些区域必须隔开足够的距离,以致所产生的同频道及邻频道干扰的影响可忽略不计。

频率复用方式就是指将可用频道分成若干组,若所有可用的频道 $N$(如49)分成 $F$ 组(如 9 组),则每组的频道数为 $N/F$($49/9\approx 5.4$),即有些组的频道数为 5 个,有些为 6 个,如图 2.9 所示。

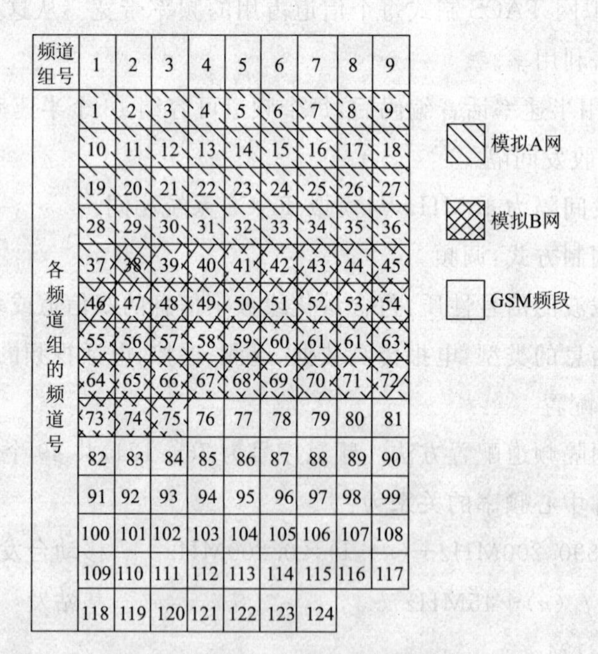


图 2.9 900MHz 3/9 方式频道分配图

因总的频道数 $N$ 是固定的,所以分组数 $F$ 越少则每组的频道数就越多。但是,频率分组数的减少也使同频道复用距离减小,导致系统中平均

$C/I$(载波干扰保护比)值降低。因此,在工程实际使用中是把同频干扰保护比 $C/I$ 值加 3dB 的冗余来保护,采用 12 分组方式,即 4 个基站,12 组频率,如图 2.10 所示。

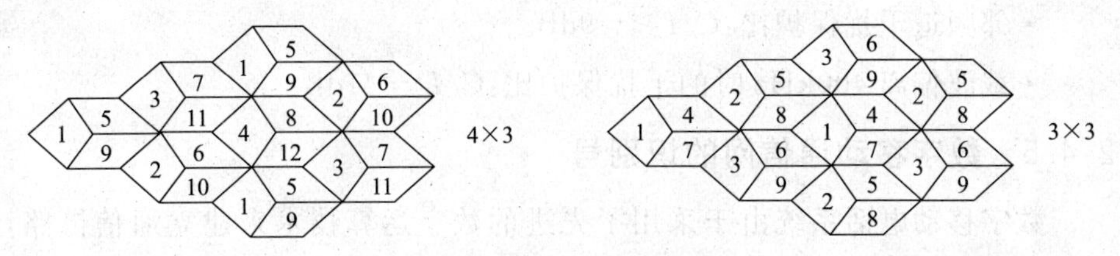


**图 2.10** 频率复用方式

对于有向天线而言,天线可采用 120°或 60°的定向天线,形成三叶草小区,即把基站分成 3 个扇形小区。如采用 4/12 复用方式,每个小区最大可用到 5 个频道,一般的也可用到 4 个频道。如采用 3/9 复用方式,则每个小区可用到 6 个或 5 个频道。

对于无方向性天线,即全向天线建议采用 7 组频率复用方式,其 7 组频率可从 12 组中任选,但相邻频率组尽量不在相邻小区使用(见图 2.11)。业务量较大的小区可借用剩余的频率组,如使用第 9 组的小区可借用第 2 组频率等。

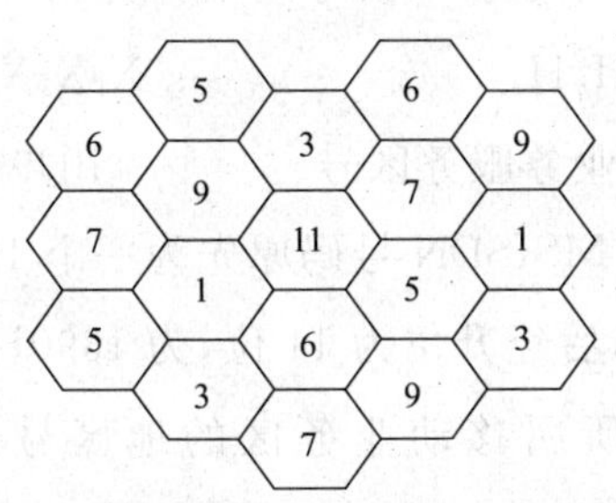

**图 2.11** 7 小区分组

(6) 保护带宽

当一个地区数字移动通信系统与模拟移动通信系统共存时,两系统之间(频道中心频率之间)应有约 400kHz 的保护带宽。

(7) 干扰保护比

载波干扰保护比(C/I)就是指接收到的希望信号电平与非希望信号电平的比值,此比值与 MS 的瞬时位置有关。这是由于地形不规则性及本地散射体的形状、类型及数量不同,以及其他一些因素如天线类型、方向性及高度,站址的标高及位置,当地的干扰源数目等所造成的。

GSM 规范中规定:

·同频道干扰保护比:$C/I \geqslant 9dB$。

·邻频道干扰保护比:$C/I \geqslant -9dB$。

·载波偏离 400kHz 时的干扰保护比:$C/I$ $-41dB$。

### 2.4.5 数字移动通信网的识别号

数字移动电话系统由于采用了先进的数字运算技术来建立通信链路,所以在系统内部有许多数据和号码以保证通信的保密性和安全性,现简要介绍如下。

#### 1. 移动用户号码(MSISDN)

用户向电信经营部门申请数字移动电话使用权时,电信部门就会给每位用户指定一个移动用户号码,对于数字移动用户来说,这个号码是最直观的,也是最具有实际使用意义的号码。现在我国邮电"全球通"数字蜂窝移动用户号码是由 11 个十进制数字组成的。早期的用户号由 10 个十进制数字组成,现作为主要介绍。每一个数字移动用户号码在全国范围内是唯一的,不会有重复的,如采用网号 139,号码结构为:

| 139 | $H_1H_2H_3$ | $X_1X_2X_3X_4$ |
| --- | --- | --- |
| 网号 | 移动业务服务区号 | 用户号 |

国内有效移动用户 MSISDN 号码原先为一个 10 位数字的等长号码,即 $139H_1H_2H_3X_1X_2X_3X_4$,后经升位为 11 位,为 $1390H_1H_2H_3X_1X_2X_3X_4$。

"$H_1H_2H_3$"是用户所属移动业务区的地区号。在覆盖范围上,虽然"全球通"数字蜂窝移动电话本地网与固定电话本地网是一致的,但 $H_1H_2H_3$ 与固定电话网中的长途区号不同。因为固定电话网中每个本地电话网的长途区号是唯一的,而每个"全球通"数字蜂窝移动电话本地网的地区号(即 $H_1H_2H_3$)却不是唯一的。$H_1H_2H_3$ 在 100 至 999 之间,一个"全球通"数字蜂窝移动电话本地网可以有几组 $H_1H_2H_3$。其中 $H_1H_2$ 由信息产业部分配给各省、自治区、直辖市,而 H3 则由各省、自治区分配给省(区)内各地区。每个地区应至少有一组 $H_1H_2H_3$,具体分配情况如表 2.4 所示。

**表 2.4　$H_1H_2H_3$ 具体分配情况**

| $H_1$ \ $H_2$ | 0 | 1 | 2 | 3 | 4 | 5 | 6 | 7 | 8 | 9 |
|---|---|---|---|---|---|---|---|---|---|---|
| 1 | 北京 | 北京 | 北京 |  | 江苏 | 江苏 | 上海 | 上海 | 上海 |  |
| 2 | 天津 | 天津 | 广东 | 广东 | 广东 | 广东 | 广东 | 广东 | 广东 | 广东 |
| 3 |  | 河北 | 河北 | 河北 | 山西 | 山西 |  | 河南 | 河南 | 河南 |
| 4 | 辽宁 | 辽宁 | 辽宁 | 吉林 | 吉林 | 黑龙江 |  | 内蒙古 |  | 辽宁 |
| 5 | 福建 | 江苏 | 江苏 | 山东 | 山东 | 安徽 | 安徽 | 浙江 | 浙江 | 福建 |
| 6 | 福建 | 江苏 | 江苏 | 山东 | 山东 |  |  | 浙江 | 浙江 | 福建 |
| 7 | 江西 | 湖北 | 湖北 | 湖南 | 湖南 | 海南 | 海南 | 广西 | 广西 | 江西 |
| 8 | 四川 | 四川 | 四川 | 四川 | 湖南 | 贵州 | 湖北 | 云南 |  | 西藏 |
| 9 |  | 陕西 | 陕西 | 甘肃 |  | 宁夏 |  | 青海 |  | 新疆 |

## 2. 用户识别号(IMSI)

每一个用户，当他申请 GSM 使用权时，就被指配了一个与他的移动用户号码相对应的唯一的国际移动用户识别码(IMSI)。实际上 IMSI 是一小段信息。IMSI 和与之对应的一个密钥(Ki)被分别储存在 SIM 卡和系统的“鉴权中心”(AUC)中。这个密钥是在极保密的情况下按一定的保密算法产生的，不同的用户具有不同的个人识别号码和密钥。当用户鉴权中心对用户进行身份鉴别时，首先产生一个随机数自已作鉴别运算，同时也送给移动台，因为 SIM 卡具有运算功能，而且它内存的数据和算法与鉴别中心相同，所以如果是有权用户，计算的结果数一定和鉴别中心一致，否则就反之，因此，其他的无线电接收设备即使侦听到了用户被鉴权过程中的信号，也不可能破译。

在数字公用陆地蜂窝移动通信网中，唯一地能识别一个移动用户的号码的为一个 15 位数字组成的号码。号码结构为：

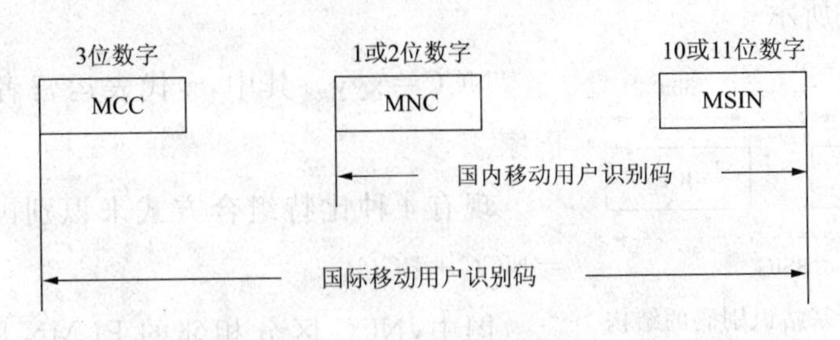

号码由3部分组成。

移动国家号码(MCC):由3位数字组成,唯一地识别移动用户所属的国家,如中国为460。

移动网号(MNC):识别移动用户所归属的移动网。例如,我国GSM(900MHz,TDMA)数字公用蜂窝移动通信网为00。

移动用户识别码(MSIN):唯一地识别国内的(900MHz,TDMA)GSM数字蜂窝移动通信网中移动用户,为 $H_1H_2H_{39}X_1X_2X_3X_4X_5X_6$,其中 $H_1H_2H_3$ 与移动用户MSISDN号中的 $H_1H_2H_3$ 相同。

3. 移动用户漫游号码(MSRN)

MSRN是当呼叫一个移动用户时,为使网络进行路由选择,VLR临时分配给移动用户的一个号码。它表示该用户目前路由或呼叫位置信息,即139后第一位为零的MSISDN号码,即 $1390M_1M_2M_3X_1X_2X_3X_4$。其中 $M_1$,$M_2$,$M_3$ 为MSC号码。$M_1$、$M_2$ 的分配与 $H_1$、$H_2$ 的分配相同。

4. 国际移动台识别码(IMEI)

国际移动台识别码用于唯一地识别一个移动台设备,为一个15位的十进制数字,其构成为:

$$\underset{(6\text{位数字})}{\text{TAC}} + \underset{(2\text{位数字})}{\text{FAC}} + \underset{(6\text{位数字})}{\text{SNR}} + \underset{(1\text{位数字})}{\text{SP}}$$

· TAC(型号批准码):由欧洲型号认证中心分配。
· FAC(工厂装配码):由厂家编码,表示生产厂家及其装配地。
· SNR(序号码):由厂家分配。
· SP:备用。

5. 基站识别码(BSIC)

BSIC用于移动台识别不同的相邻基站。BSIC采用6bit编码,其结构如图2.12所示。

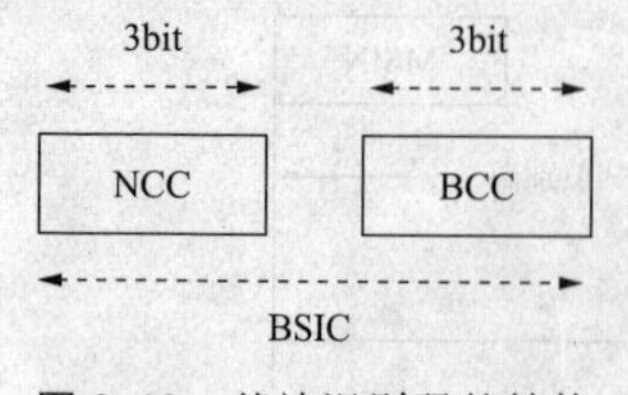

图2.12 基站识别码的结构

NCC=xyy。其中,x代表运营者;yy代表国家。

现有4种比特组合方式来识别国家:BSIC=NCC+BCC。

图中,NCC区分相邻的PLMN网,x为营运者，yy共有4种组合方式(00、01、10、11)，可以区分4个相邻国家的基站(相邻国家应进行协调，使得边界地区的PLMN具有不同的NCC。)，BCC为基站编码。

6．位置识别码(LAI)

位置识别码用于移动用户的位置更新，其结构如图2.13所示。

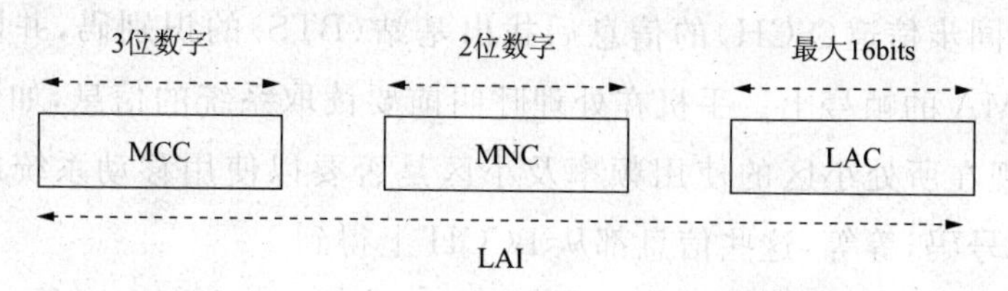


图2.13　LAI的结构

MCC：移动国家码。识别国家，与IMSI中的三位数字相同。

MNC：移动网号。识别不同的GSM、PLMN网，与IMSI中的MNC相同。

LAC：位置区号码。识别一个GSM、PLMN网中的位置区。LAC的最大长度为16bits。

一个GSM、PLMN中可以定义65536个不同的位置区。

7．小区识别码(CGI)

小区全球识别码的构成如图2.14所示。CGI是用来识别一个位置区内的小区。它是在位置区识别码(LAI)后加上一个小区识别码(CI)。

CGI＝MCC＋MNC＋LAC＋CI。

CI：小区识别码，识别一个位置区内的小区，最多为16bit/s。

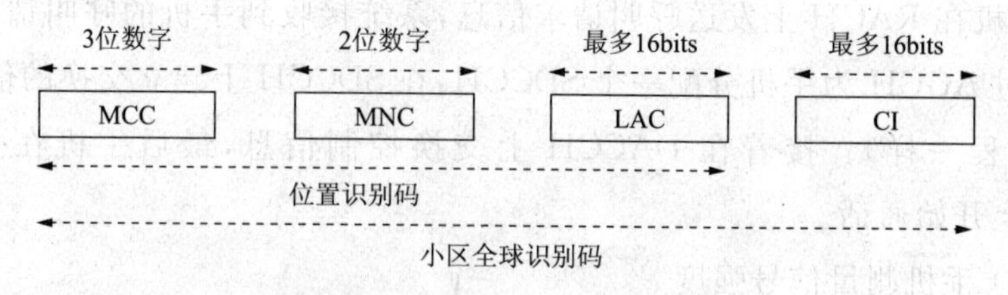


图2.14　小区全球识别码的结构

## 2.4.6　GSM系统与GSM手机的联系

1．系统对GSM手机的通信与控制

(1) 移动用户开机

手机开机后，即搜索广播控制信道（BCCH）的载频。因为系统随时都向被覆盖的小区中的各用户发送出广播控制信息。手机搜索到最强的（BCCH）对应的载频频率后，读取频率校正信道（FCCH），使手机（MS）的频率与之同步。所以每一个用户的手机在不同的位置（即不同的小区）的载频是固定的，它是由移动通信部门组网时确定，而不是由用户的手机来决定。手机读取同步信道（SCH）的信息后找出基站（BTS）的识别码，并同步到超高帧 TDMA 的帧号上。手机在处理呼叫前要读取系统的信息，如邻近小区的情况、现在所处小区的使用频率及小区是否要以使用移动系统的国家号码和网络号码，等等，这些信息都从 BCCH 上得到。

（2）移动用户进行登记

手机在请求接入信道（RACH）上发出接入请求的信息，系统通过允许接入信道（AGCH）使移动用接入信道，并分配给移动用户一个独立专用控制信道（SDCCH），手机在 SDCCH 上完成登记。在慢速随路控制信道（SACCH）上发出控制指令，然后手机返回空闲状态，并监听 BCCH 和 CCCH 公共控制信道上的信息，此时手机已做好了寻呼的准备工作。

（3）移动用户被叫

系统通过寻呼信道（PCH）呼叫移动用户，移动用户在 RACH 上通过发寻呼响应信息来应答。然后，系统通过 AGCH 为手机分配一个 SDCCH。最后系统与手机交换必要的信息，如鉴权、加密模式、建立信息等信息，以便识别手机后给手机分配一个业务信道（TCH），即可在 TCH 上开始通话。

（4）移动用户主叫

手机在 RACH 上发送呼叫请求信息，系统接收到手机的呼叫请求信息后，通过 AGCH 为手机分配一个 SDCCH，在 SDCCH 上建立交换的信息（同被呼过程一样）。接着在 DACCH 上交换控制信息，最后手机在分配的 TCH 上开始通话。

（5）手机测量信号强度

手机之所以要进行信号强度的测量，是为了使手机工作在稳定可靠的状态，不会因信号强度弱而引起手机不能通话或者通话质量差。手机测量信号强度的过程通常有如下两种状态：

① 空闲状态。

手机开机，在空闲状态时，首先应进行小区选择。手机扫描GSM系统中所有的射频(RF)信道，通过FCCH调整到最强的一个载频，并判断该载频是否是BCCH。如果是，手机则读取BCCH的数据，并判断是否可以锁定在此小区上；如果是自己的系统移动通信网且系统允许使用该小区，手机就调谐到次强的一个载频上再重复上述判断过程。

手机可以选择一个BCCH的载频存储器，这样它只需要搜索这些载频。如果不成功，再按上面所述过程进行搜索。在BCCH上，为了完成小区的重选，手机被通知应监视哪个BCCH载波。手机随时不断地更新由六个最强的载波组成的频率表。

② 呼叫持续状态。

在呼叫过程中，手机不断地向系统报告自己的情况(通过BCCH得到它周围BTS收到的信号强度)。当需要切换时，BTS也可以根据这些测试报告很快选出自己的目标小区。手机的呼叫过程是在没有进行任何操作的情况下进行的，即在分配的发送时隙或接收时隙间隔外进行测量。手机在分配给它的时隙内监视服务小区的信号强度。为了切换，从慢速随路控制信道(SACCH)上通知手机它应该监视哪些BCCH。这些信号的强度是一个接一个地进行测量的，其工作过程是：

发射→测试→接收→发射→测试→接收

最后把确定的每个载频测量值的平均结果报告给基站(BTS)，必须保证测试的数值对应一个特定的BTS，因而必须确定对BTS的识别(由基站识别码BSIC来决定的)，且在TCH上的空闲帧期间检查邻近BTS的基站识别码BSIC。手机通过SACCH将附近六个具有最强平均信号强度和有相交的BSIC的小区报告给BTS。手机有时可能与它要确认的邻近小区不同步，因为手机不知道在邻近BCCH载频上的TSO何时会出现，因此必须至少在8个时隙(TS)的时间间隔测试(8.25bit，30ps)，以确保会出现TSO，这是用空闲帧来实现的。

### 2. GSM手机的激活和分离

当手机开机后，在空中接口Um上搜索并接收到BCCH、FCCH和XCH的信息，手机则锁定在一个频率上，该频率上有广播信息和可能的寻呼信息。由于移动用户第一次使用，所以对它处理的MSC/VLR没有这个移动用户的任何信息。若移动用户在它的数据存储器中找到原来的位置区别码(LAI,用于移动用户位置更新)时,应立即要求接入网络。同时向MSC/VLR发出位置更新信息,通知系统在本位置区内的新用户信息 LAI是在空中接口上连续发送的广播信息的一部分。这时 MSC/VLR 就认为此移动用户被激活,对移动用户的国际移动用户识别码(IMSI)的数据作附着标记。一个数据激活状态的移动用户有"附着"IMSI的标记。

移动用户关机时,向网络发送最后一次信息,其中包括分离处理请求信息。MSC/VLR 接收到"分离"信息后,就在该用户对应的 IMSI 上作"分离"标记。当移动用户向网络发送 IMSI"分离"信息时,无线链路质量很差,系统不可能正确译码。由于没有证实信息发送给移动用户,则系统认为移动用户仍处在"附着"状态。为了解决这个问题,系统采取强制登记措施,如要求移动用户每30分钟登记一次,这叫做周期性登记。若系统没有接收到某移动用户的周期性登记信息,则认为该用户已关机或已超出服务区范围。周期性登记过程只有证实信息,移动用户只有接收到证实信息才停止向系统发送登记信息,系统通过 BCCH 通知移动用户并周期性登记时间周期。

3. GSM 手机的定位

蜂窝系统中用户的移动性是它与固定电话网的又一主要区别,特别是对来话呼叫。网络向一固定用户路由一个呼叫,只需知道它的网络地址(如:电话号码)就可以了,因为与用户电话线直接相连的交换机是不变的。然而在蜂窝系统中,当用户移动时,与之建立联系的小区可能会变化。因此要想接收到一个来话呼叫,首先需要定位移动用户,即系统必须确定他目前位于哪个小区内。

有三种方法可以获得定位信息。第一种方法是当一个呼叫到来时,向网络中的所有小区发寻呼信息,免除了移动台向网络报告它当前位置的要求,这是一种无处不在的寻呼。

第二种方法是:移动台将所在小区变化的消息通知网络,这属于小区级的系统位置更新。基础设施将每个用户当前所在的小区信息保存在数据库中。当呼叫到来时,访问数据库,然后在移动用户所在的小区内发寻呼信息。

这两种方法都会引起一些困难,第一种会导致大量的寻呼业务,由于每个小区都会收到整个系统中任一移动台被呼的寻呼信息(它有可能是世界范围的),而且要在寻呼之后才能进行路由呼叫(因为在不知道用户位置之前建立路由是无效的)。另外,PSTN只有在应答寻呼之后才能建立电路连接。小区注册的方法虽没有上述问题,但会导致大量的位置更新业务,对于小区情况,这将是不可抗拒的。

第三种方法是前面两种极端方法的折中,引入了“定位区”的概念。一个定位区是一组小区,每个小区只属于一个定位区。在小区内用广播信道发送小区属于哪个定位区的识别码,从而使移动台知道它目前所在的定位区。当移动台所在的小区发生改变时,有两种情况:

① 前后所属的两个小区位于同一定位区,这时移动台不需向网络发任何信息。

② 前后所属的两个小区位于不同的定位区,这时移动台要向网络报告定位区的变化(位置更新)。

基础设施存储在数据库中的不是用户所在的小区信息,而仅仅是最近一次位置更新时所在定位区的信息,当一个来话呼叫到达时,寻呼信息只发往属于该定位区的小区。这种折中的方法使系统操作人员能平衡寻呼信息的数量(当定位区包括较多小区时,寻呼信息增加)和位置更新信息的数量(当定位区包括较少小区时,此量增加)。另外,它还能在呼叫者和处理定位区内所有小区的最低级交换机之间建立电路连接。GSM规范包含了这种方案的各种特征,如位置数据库、定位区处理、寻呼和位置更新过程。

手机的定位过程如下:

移动用户平时只向基站发送有关本小区和邻近小区信号强度的信息,基站控制器(BSC)根据这些信息对周围小区进行比较,这就是定位。BTS应该知道移动用户所在位置及其周围的基站的有关信息和它们的BCCH。通过这些信息,移动用户才能对周围的基站小区的BCCH载频进行信号强度的测量,移动用户的测量结果都送给网络进行分析。同时,基站对移动用户所占用的业务信道(TCH)也要进行测量,并报告给基站控制器(BSC),最后由基站控制决定是否需要切换。另外,BSC要判断什么时候进行切换,切换到哪个基站,通过计算后决定启动切换程序并与新的基站链路进行连接。在GSM系统中,当手机建立起连接后,即手机正在使用一个TCH时,手机连续测量服务 BTS 的下行链路的质量及信号强度，BTS 也测量上行链路的质量、信号强度以及手机应使用的时间提出前量(63bit)。另外，手机还测量周围小区 BCCH 的信号强度，各 BCCH 的频率及网络编码等都可从系统中获得，测量结果每隔 0.4 秒报告给 BTS。所有手机及 BTS 测量的平均值都送到 BSC，系统由这些信息可决定是否需要切换，该过程称之为定位。

### 4. GSM 手机的漫游和位置更新

处于开机空闲状态前连续移动的 MS 如图 2.15 所示，它被锁定于一个已定义的无线频率，即某小区的 BCCH 载频上，此载频的零时隙载有 BCCH 和 CCCH。当 MS 向远离此小区 BTS 的方向移动时，信号强度就会减弱。当移动到两小区理论边界附近的某一点时，MS 会因信号强度太弱而决定转到邻近小区的新的无线频率上。

为了正确选择无线频率，MS 要对每一个邻近小区的 BCCH 载频的信号强度进行连续测量。当发现新的 BTS 发出的 BCCH 载频信号强度优于原小区时，MS 将锁定于这个新载频，并继续接收广播信息及可能发给它的寻呼信息，直到它移向另一小区。MS 所接收的 BCCH 载频的改变并没有通知网络，这就是说陆地网络并没有参与此处理过程。

我们把移动中的 MS，由于接收质量的原因，通过空中接口不时地改变与网络的连接的过程称为漫游。

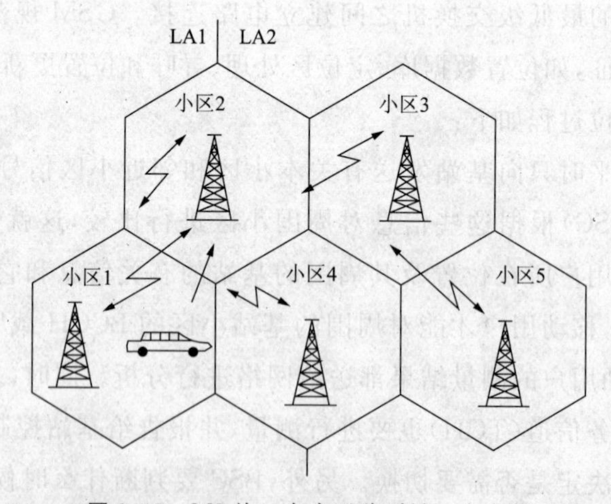


图 2.15　MS 从一个小区移到另一个小区

下面以图 2.16 所示的小区 2 和小区 3 为例讨论处理过程的情况(小区

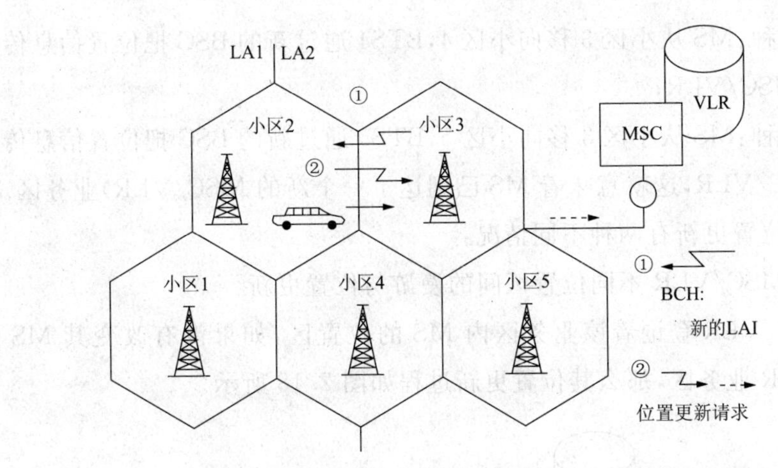


**图 2.16**　MS从一个位置区移到另一个位置区

2和小区3不属于同一个位置区）。

系统必须通过空中接口BCCH连续发送位置区识别码(LAI)以确定MS的实际位置。进入小区3后，MS通过接收BCCH可以知道已进入了新位置区。由于位置信息非常重要，因此位置区的变化一定要通知网络，这在移动通信中被称为"强制登记"。这样MS在别无选择下，即要求接入网络来进行MSC/VLR内的位置更新。

MS在通知了网络其新的位置后，就继续如前面所述的那样在新的位置区内漫游。从网络的观点看，可以估计出MSC/VLR是否要向其他实体发送MS新位置区的信息。位置更新又分为不同情况，图2.17所示为MS必须更新其位置的两种不同情况。

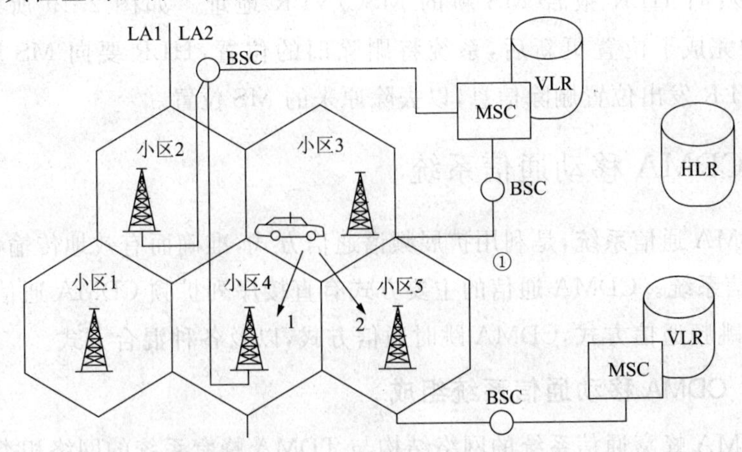


**图 2.17**　MS位置更新的两种不同情况

第一种：MS从小区3移向小区4，BTS4通过新的BSC把位置信息传给原来的MSC/VLR；

第二种：MS从小区3移向小区5，BTS5通过新的BSC把位置信息传给新的MSC/VLR，这就意味着MS已到达了一个新的MSC/VLR）业务区。

MS位置更新有两种不同情况：

(1) MSC/VLR不同位置区间的漫游与位置更新

MSC/VLR登记着该业务区内MS的位置区，如果没有改变其MS的MSC/VLR业务区，那么其位置更新过程如图2.18所示。

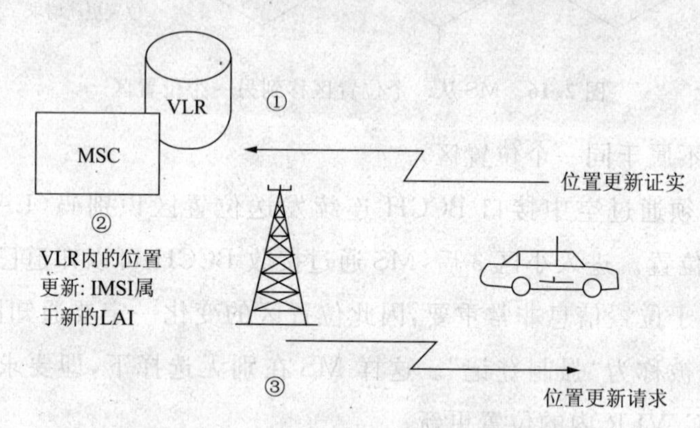


**图2.18** MSC/VLR业务区内的位置更新

(2) 不同MSC/VLR业务区间漫游与位置更新

当一个MS被呼叫时，若其MSC/VLR业务区有了改变，则呼叫路由必然不同。为了使系统通过HLR找到正确的路由，MS到达新的MSC/VLR地区后须向HLR报告MS新的MSC/VLR地址。如图2.19所示。当HLR中完成了位置更新后，系统将删除旧的位置，HLR要向MS原所在MSC/VLR发出位置删除信息，以去除原来的MS位置。

## 2.5 CDMA移动通信系统

CDMA通信系统，是利用扩展频谱通信方式，准确而有效地传输信息数据的通信系统。CDMA通信的主要方式有直接序列扩频CDMA通信方式，CDMA跳频通信方式，CDMA跳时通信方式，以及各种混合方式。

### 2.5.1 CDMA移动通信系统组成

CDMA蜂窝通信系统的网络结构与TDMA蜂窝系统的网络相类似，如

图 2.20 所示。它主要由网络子系统、基站子系统和移动台三大部分组成。

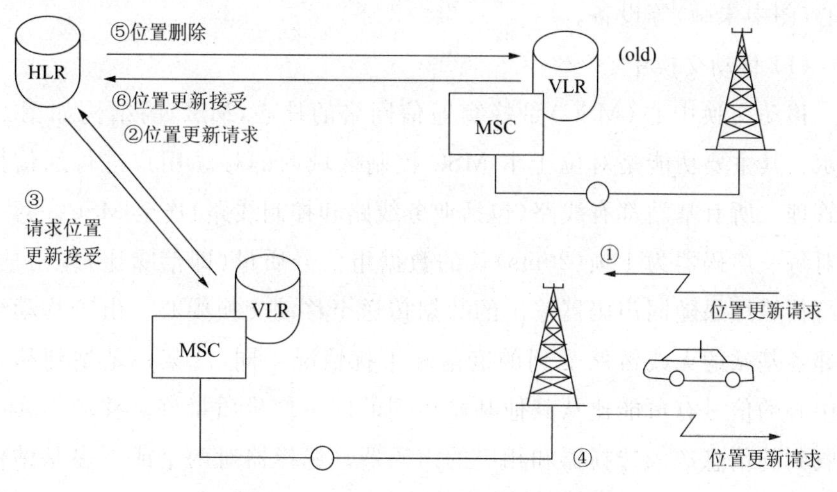


**图 2.19**　MSC/VLR 区间的位置更新

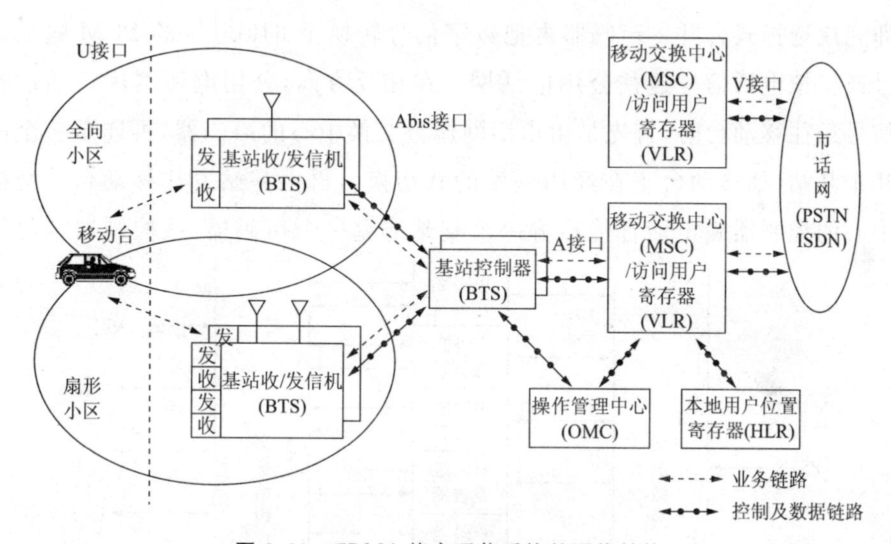


**图 2.20**　CDMA 蜂窝通信系统的网络结构

图 2.20 所示的网络结构表明了各部分之间以及与市话网(PSTN 或 ISDN)之间的接口关系。图中小区分为全向小区和扇形小区两种类型。下面简单介绍各部分组成及其功能。

**1. 网络子系统**

网络子系统处于市话网与基站控制器之间,它主要由移动交换中心(MSC),或称为移动电话交换局(MTSO)组成。此外,还有本地用户位置寄存器(HLR)、访问用户位置寄存器(VLR)、操作管理中心(OMC)以及鉴权中心(图中未画)等设备。

(1) 移动交换中心

移动交换中心(MSC)是蜂窝通信网络的核心,MSC的结构如图2.21所示。其主要功能是对位于本MSC控制区域内的移动用户进行通信控制和管理。所有基站都有线路(包括业务线路和控制线路)连至MSC。每一基站对每一声码器为1帧(20ms)长的数据组信号质量(即信噪比)作出估算,并将估算结果随同声码器输出的数据传送至移动交换中心。由于移动台至相邻各基站的无线链路受到的衰落和干扰情况不同,从某一基站到移动交换中心的信号有可能比从其他基站传到的同一信号质量好。移动交换中心将收到的信息送入选择器和相应的声码器。选择器对两个或更多基站传来的信号质量进行比较,逐帧(1帧为20ms)选取质量最高的信号送入声码器,即完成选择式合并。声码器再把数字信号转换至64kbit/s的PCM电话信号或模拟电话信号送往公用电话网。在相反方向,公用电话网用户的话音信号送往移动台时,首先是由市话网连至交换中心的声码器,再连至一个或几个基站(如移动台正在经历基站的软切换),再由基站发往移动台。交换中心的控制器确定话音传给哪一个基站或哪一个声码器,该控制器与每一

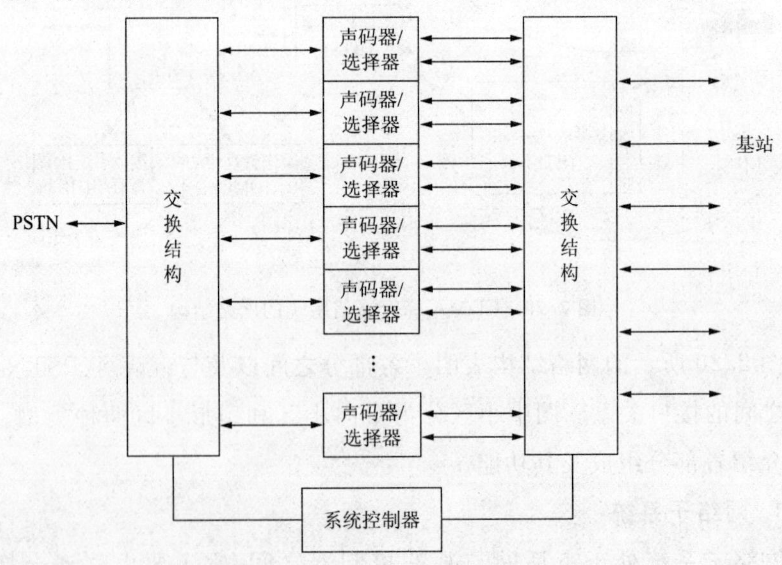


图2.21 移动交换中心(MSC)结构

基站控制器是连通的，起到系统控制作用。

移动交换中心的其他功能与GSM的移动交换中心的功能是类同的，主要有：信道的管理和分配；呼叫的处理和控制；过区切换与漫游的控制；用户位置信息的登记与管理；用户号码和移动设备号码的登记与管理；服务类型的控制；对用户实施鉴权；为系统连接别的MSC和为其他公用通信网络，如公用交换电信网(PSTN)、综合业务数字网(ISDN)提供链路接口。

综上述，MSC的功能与数字程控交换机有相似之处，如呼叫的接续和信息的交换；也有特殊的要求，如无线资源的管理和适应用户移动性的控制。因此，MSC是一台专用的数字程控交换机。

(2) 本地位置寄存器(HLR)

本地位置寄存器(HLR)又称原位置寄存器，是一种用来存储本地用户位置信息的数据库。每个用户都必须在当地入网时，在相应的HLR中进行登记，该HLR就为该用户的原位置寄存器。登记的内容分为两类：一种是永久性的参数，如用户号码、移动设备号码、接入的优先等级、预定的业务类型以及保密参数等；另一种是临时性的需要随时更新的参数，即用户当前所处位置的有关参数。即使移动台漫游到新的服务区时，HLR也要登记新区传来的新的位置信息。这样做的目的是保证当呼叫任一个不知处于哪一个地区的移动用户时，均可由该移动用户的原位置寄存器获知它当时处于哪一个地区，进而能迅速地建立起通信链路。

(3) 访问用户(位置)寄存器(VLR)

访问用户(位置)寄存器(VLR)是一个用于存储来访用户位置信息的数据库。一般而言，一个VLR为一个MSC控制区服务。当移动用户漫游到新的MSC控制区(服务区)时，它必须向该区的VLR登记。VLR要从该用户的HLR查询其有关参数，并通知其HLR修改该用户的位置信息，准备为其他用户呼叫此移动用户时提供路由信息。如果移动用户由一个VLR服务区移动到另一个VLR服务区时，HLR在修改该用户的位置信息后，还要通知原来的VLR，并删除此移动用户的位置信息。

(4) 鉴权中心(AUC)

鉴权中心的作用是可靠地识别用户的身份，只允许有权用户接入网络并获得服务。

(5) 操作和管理中心(OMC)

操作和管理(维护)中心的任务是对全网进行监控和操作,包括系统的自检、报警与备用设备的激活,系统的故障诊断与处理,话务量的统计和计费数据的记录与传递,以及各种资料的收集、分析与显示等。

2. 基站子系统

基站子系统(BSS)包括基站控制器(BSC)和基站收发设备(BTS)。一个基站控制器可以控制多个基站,每个基站含有多部收发信机。

基站控制器主要为大量的BTS提供集中控制和管理,如无线信道分配、建立或拆除无线链路、过境切换操作以及交换等功能。基站控制器的结构如图2.22所示,基站控制器通过网络接口分别连接移动交换中心、基站收发信机(BTS)群与操作维护中心(OMC)。

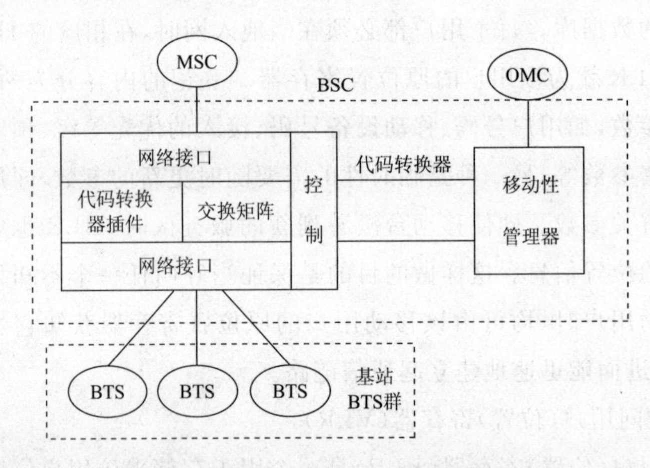


图2.22 基站控制器结构简化图

基站控制器主要包括代码转换器和移动性管理器。

代码转换器主要包含代码转换器插件、交换矩阵及网络接口单元。代码转换功能按EIA/TIA宽带扩频标准规定,完成适应地面的MSC使用64kbit/s PCM话音和无线信道中声码器话音转换,其声码器速率是可变的,即8kbit/s、4kbit/s、2kbit/s和0.8kbit/s四种。此外,代码转换器还将业务信道和控制信道分别送往MSC和移动性管理器。

移动性管理器通过信道控制软件和MSC中的呼叫处理软件共同完成呼叫建立、拆除、切换无线信道等工作。

3. 移动台

图2.23示出了CDMA移动台收、发信机中有关数字信号处理的内容。发送时,由送话器输出话音信号,经编码输出PCM信号,经声码器输出低速率话音数据,经数据速率调节、卷积编码、交织、扩频、滤波后送至射频前端(含上变频、功放、滤波等),馈至天线。

收、发合用一副天线,由天线共用器进行收、发隔离,收发频差为45MHz。

从天线上接收信号经接收机的前端电路,它包括输入电路、第一变频器、第一中频(86MHz)放大、第二变频器、第二中频(45MHz)放大器,送入并行相关器,其中3个单路径接收相关器,在完成解扩后进行信号合并,然后是去交织、卷积译码器(即维特比译码)、数据质量校验、声码器、译码器至受话器。

信号搜寻相关器用于搜索和估算基站的导频信号强度。不同的基站具有不同的引导PN码偏置系数,移动台据此判断不同基站。

第二中频放大器输出电平,还为接收机自动增益控制(AGC)电路提供电平,以便减小信号强度起伏。

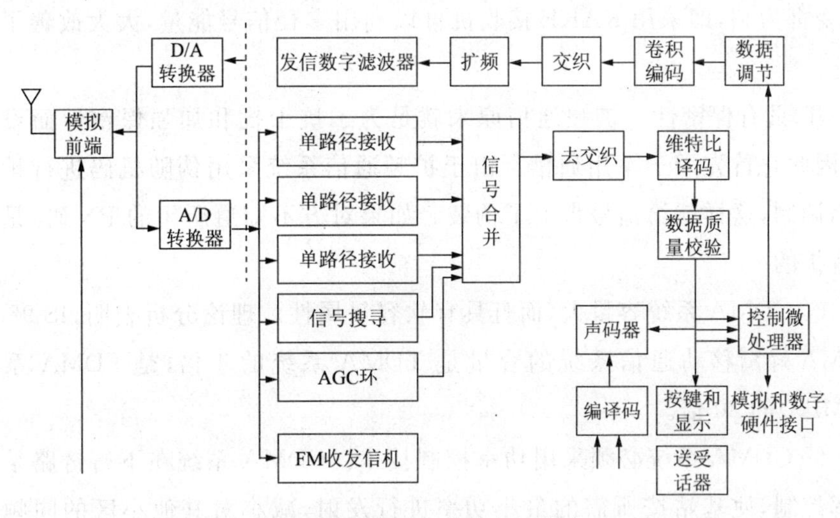


图2.23 CDMA移动台方框图

## 2.5.2 CDMA系统的基本特征

通过上面的分析,基于IS-95的CDMA蜂窝移动通信系统的基本特征如下：

① 同一频率可以在所有小区内重复使用。CDMA 蜂窝通信系统的所有用户可共享一个无线频道，用户信号的区分只是所用的码型不同。理论上来说，频率再用系数为1，考虑邻近小区干扰后，实际的频率再用系数约为0.65。而TDMA 蜂窝系统的频率再用系数最大是1/3（即一个区群包含3个小区情况）；而模拟蜂窝系统的频率再用系数最大是1/7。

② 抗干扰性强。由于CDMA 系统采用扩频技术，信道中的干扰在接收端通过解扩，获得了扩频处理增益 $G$，这样接收端输出信干比是输入信干比的 $G$ 倍，亦即干扰被降低至 $1/G$。同时，扩频后信号功率谱密度降低了 $G$ 倍，对其他窄带通信系统的干扰也减小了 $G$ 倍。由于低的功率谱密度，所以信号有一定的隐蔽性。

③ 抗衰落性能好。移动信道中最严重的问题是多径干扰，它产生频率选择性衰落，对数字信号产生多径时散。由于扩频后的信号是宽带的，它能起到频率分集的作用，它比窄带信号具有更强的抗频率选择性衰落的特性。由于扩频信号在设计时往往使不同路径的传播时延差超过伪码（PN 码）的码片宽度，从而能把不同传播路径的多径信号区分开来，并且通过路径分集，变害为利，即采用RAKE 接收机可以利用多径信号能量，大大改善了信噪比。

④ 具有保密性。扩频通信原来就是为了抗干扰和加强保密性而设计的，因此它首先用于军用通信。由于扩频通信系统采用伪随机码进行扩展频谱调制，这样就给信号带上了伪装。如果对方不知道所用的PN 码，是很难解扩的。

⑤ CDMA 系统容量大，而且具有软容量属性。理论分析表明，IS-95 的CDMA 蜂窝移动通信系统的容量是TDMA 系统的4 倍，是FDMA 系统（AMPS）的20 倍。

⑥ CDMA 系统必须采用功率控制技术。CDMA 系统在下行链路采用功率控制，使基站按所需的最小功率进行发射，减小对其他小区的同频干扰。其上行链路的功率控制保证所有移动用户到达基站的信号功率相等，避免发生远近效应。

⑦ 具有软切换特性。在其他蜂窝通信系统中，当用户过境切换而找不

到空闲频道或时隙时，通信必然中断。CDMA软容量特性使系统可以支持过载切换的用户。由于过境切换时，只需改变码型，用不着切换频率，相对而言，切换的控制和操作比较简单。在切换中，采用"先通后断"方式，即切换初期，移动台与新、老基站同时保持链路，只有当切换成功后才断开与老基站的链路。

⑧ 充分利用话音激活技术，增大通信容量。CDMA蜂窝通信系统便于充分利用人类对话的不连续性，采用可变速率的声码器，可以提高通信系统容量。

## 2.6　小灵通移动通信系统

### 2.6.1　小灵通系统的组成

个人通信接入系统(PAS)，是我国电信工程技术人员根据中国国情在低轨道卫星通信、GSM、CDMA、无绳电话、无线环路等众多通信方式的基础上，选择无线环路技术通过V5接口，并允分利用固定电话网的充裕资源来实现的一种个人通信接入手段，每个人都拥有一个电话号码，实现在无论何时何地，通过一只小手机或无线固定单元之间通电话。PAS系统的组成如图2.24所示。

PAS是英语个人通信接入系统(Personal Access System)的缩写，由于PAS手机正以其小巧的机身、卓越的功能，受到越来越多人们的青睐，所以人们爱称它为"小灵通"。

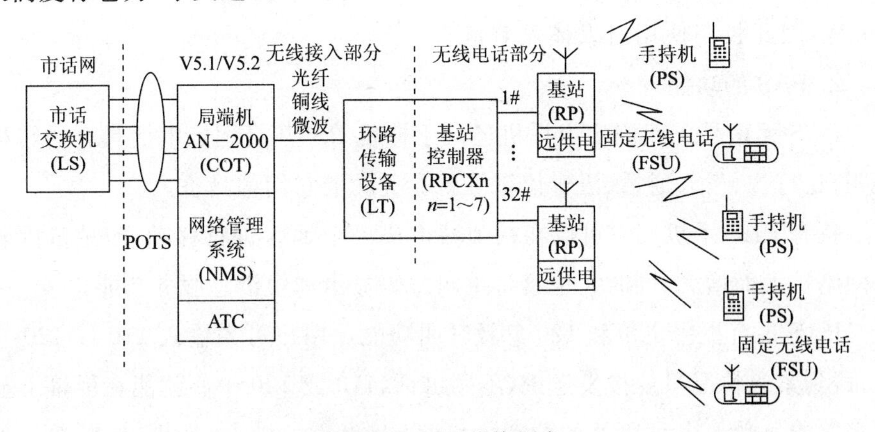


**图2.24**　PAS系统组成

### 2.6.2 小灵通系统的特点与功能

1. PAS 的特点

PAS 是我国专家在原有固定电话系统上根据市场需求,经过挖潜改造而开发的新业务系统。PAS 的定位于固定电话的补充和延伸。它有两种制式的电话机:一种是固定无线电话,在基站覆盖范围内,用户终端采用固定无线电话机,它可以改变城市、农村装电话时需室外架电缆、室内布线的繁琐传统做法。用户只要到电信局办理装机手续后,将无线固定电话机带回去放在任何位置就可以拨打国内、国际电话。用户办公地点或住宅在搬迁更换地址时,不需去电信局办理移机手续和更改电话号码,只要将无线电话带到新搬场所即可使用。另一种是 PS 手持机,用户拥有 PS 手持机就可以随时随地、随心所欲拨打电话。

PAS 的最大特点是物美价廉,无论无线固定电话或具有移动功能的 PS 手持机,统一按固定市话标准收费,而 PAS 手机在接电话时不收话费,与蜂窝式移动电话相比要便宜得多。

PAS 手持机具有体积小、重量轻、通话时间长的特点。

PAS 可以与家用电话或办公电话共用一个电话号码,一方取机另一方可以自动切断,防止窃听。PS 手持机还可以拥有一个虚拟号码,这样家用或办公室电话可以与 PS 互相通话。

PAS 手持机杂音小、音质清晰,完全可以和固定电话的音质相媲美,而且保密性比固定电话强。PS 手持机的发射功率很小,平均发射功率为 10mW,因此长期使用对人体没有危害。

2. PAS 的功能

PAS 无论是无线固定电话机还是手持机 PS,凡是固定电话具有的转移呼叫、免打扰、三方通话、语音信箱等新业务功能它们都具备。

持有 PAS 手机用户可以在一个城市或一个地区进行移动,漫游范围随着网络扩大而增大,同时它也具备主叫号码显示和短消息服务功能。

PAS 具有报警定位和 120 急救呼叫功能。用户可先输入 110 或 120 号码,碰到紧急情况只要按发送键,不用讲话,110 或 120 中心就能在屏幕上显示报警或急救人当时所处的位置、时间以及户主的姓名、性别、年龄等。如用户事先申请报警定位跟踪业务，110中心还可以跟踪纪录持机者移动路线。小孩、老人和痴呆病人外出带有PS手持机如迷路或与家人走散了，只要拨打他所带的电话，即使不接电话也可以从电信局或110中心查到他所在的位置。

PAS能提供高速数据通信和ISDN服务。继32kbit/s数据业务推出以后，64kbit/s数据传输（相当于蜂窝电话的6倍）业务成为推出的重点，它集语音、数字、图像传输为一体。

**3. PAS存在的问题**

PAS采用1.9GHz微波频段，所以它的穿透能力比较差，加之基站功率比较小，只有10mW、200mW、500mW，所以室内信号覆盖比较差。

PAS采用微蜂窝技术，每个基站覆盖半径在100～200m，因此在移动中通话会感到较多的切换，并有1s左右的无音，一般它的移动速度不能超过35km/h。

## 2.7　无绳电话系统(PHS)

在通信市场上，无绳电话系统取得最大成功的是日本的PHS系统。PHS系统组成原理如图2.25所示。从PHS系统的组成图中，可清楚地看到它与移动电话既有相似之处，也有它的特殊性。

PHS与移动电话组成基本相似，它也是由三级网组成。它由一个业务交换点（机）SSP（与移动电话系统中的MSC的功能相似）、CS基站（就是移动电话系统中基地站BS）以及PS手机组成。

PHS网络利用了日本现有公网中的智能网技术。PHS的信息传送完全通过智能网来完成。智能网中的业务控制功能完全依靠业务控制点来实现，使业务功能与传输分离开来，使它们互相脱节，这种结构便于网络升级与新业务的开发。PHS的所有信令和接续、终端识别和各种操作信令都通过信令传输网在业务管理点和业务控制之间传送。由于业务交换机数据库有限不能支持PHS用户的漫游，所以用户的漫游完全依赖公网中的智能网，它在智能网中建立相应的用户数据库，类似移动系统中原位置寄存器(HLR)、访问位置寄存器(VLR)、鉴权中心(AUC)来解决PHS用户的漫游问题。所以PHS系统比较复杂，成本也比较高。

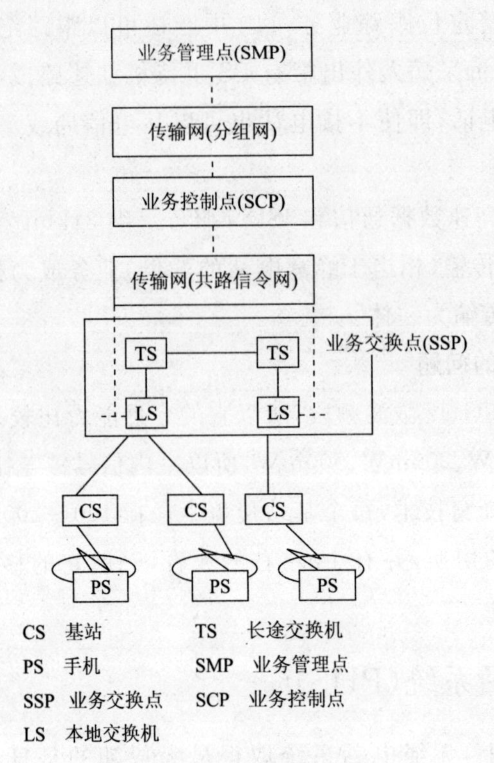


**图 2.25** PHS 系统组成原理

# 第3章　GSM手机的原理与基本电路

## 3.1　手机发展概况

### 1. 模拟式手机

模拟式手机泛指第一代移动通信的终端设备。第一代移动通信俗称“本地通”，多采用TACS制，频分多址(FDMA)方式。

### 2. 数字式手机

现在正处于移动通信的第二阶段，数字式手机泛指第二代移动通信的终端设备。第二代数字式手机，俗称“全球通”，我国现有GSM、CDMA两种制式。

### 3. 第三代手机

实用的第三代手机已经问世，主要采用CDMA2000技术。显然，它必须与第三代移动通信相适应，第三代手机应具备以下几个特点：

① 不仅能传送语音信号，也为传递图像信号奠定了基础。

② 手机中可加装微型摄像头，可实时拍摄景物，使可视通信成为可能，可随意拨打可视电话。

③ 由于通频带拓宽，通过无线电网络技术，能轻松地上网，能浏览网页，收发电子邮件，能下载网上文件和图片，实现多媒体通信。

④ 手机与商务通浑然一体，能以手写体录入文字。

### 4. 第四代手机

第三代手机以能达到3G频段为主要特征，第四代移动电话机的4G技术已经问世。美国AT&T实验室正在研究第四代移动通信技术，其研究的目标是提高手机访问互联网的速率。目前，手机上网的连接速率大约为调制解调器的1/4，而采用4G技术的连接速率一开始就能达到拨号调制解调器的十几倍，但现在还不能将这种技术转向实用化。

### 5. 小灵通

小灵通系统是一种个人无线接入系统。由于小灵通具有小巧、价廉、环保的特点，因此，在不少城市，“小灵通”已成为人们日常生活中不可缺少的通信工具。

由于模拟式手机已过时,第三代手机也已广泛使用,GSM 手机占有绝对优势的市场份额,因此本书以 GSM 手机为主,着重介绍几种典型产品。

## 3.2 GSM 手机的基本组成及工作原理

### 3.2.1 GSM 手机的基本组成

GSM 手机的电路结构分为三部分,即射频处理部分、逻辑部分以及输入输出接口部分,如图 3.1 所示。

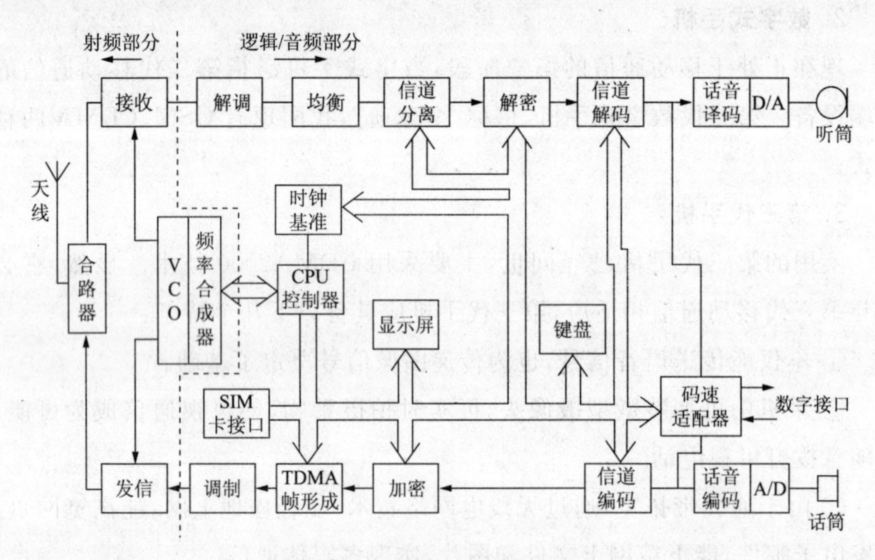


**图 3.1** GSM 手机结构框图

#### 1. 射频部分

射频部分由接收部分、发送部分和频率合成器三部分组成。

(1) 接收部分

接收部分包括合路器(天线开关)、射频滤波、射频放大、混频、中频滤波和中频放大器等。

(2) 发送部分

发送部分包括带通滤波、GMSK 调制器、射频功率放大器、合路器(天线开关)等。

(3) 频率合成器

频率合成器的作用是提供接收通路、发送通路工作需要的本振频率信号。由于各种手机所采用的中频信号频率不相同，因此频率合成器所提供的本振频率也不相同，可以通过CPU控制进行自动调节。

## 2. 逻辑部分

逻辑部分可分为音频信号处理和系统逻辑控制两个部分。

音频信号处理部分对数字信号进行一系列处理：发送通道的脉冲编码调制（PCM）编码、语音编码、信号编码、交织、加密、脉冲格式形成TDMA帧形成等。接收通道的自适应信道均衡、信道分离、解密、信道解码和语音解码、音频放大等。

系统逻辑控制对整个手机的工作进行控制和管理，包括开机操作、定时控制、数字系统控制、射频部分控制以及外部接口、键盘、显示器控制等。

系统逻辑控制方框图如图3.2所示。

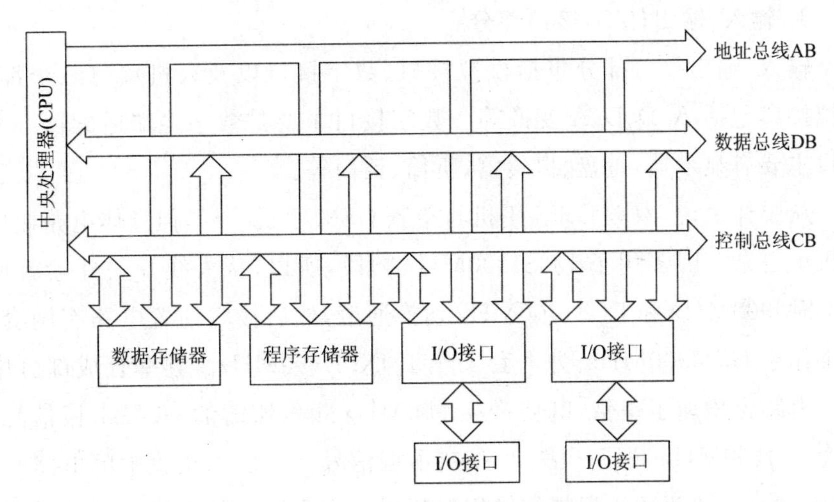


**图3.2**　系统框图

在系统逻辑控制部分主要由CPU、程序存储器、数据存储器等几部分组成，它们之间通过三总线（即地址总线、数据总线和控制总线）联系在一起。

(1) 中央处理器（CPU）

中央处理器是整个控制系统的核心，整机的正常工作都由它来控制，它的好坏以及管脚是否有虚焊会引起整机工作不正常。

(2) 程序存储器（ROM）

程序存储器分：EEPROM（俗称码片）和FLASHROM（俗称字库）两部分。

① EEPROM(码片)。

EEPROM 为电可擦写只读存储器,码片主要存放电话号码簿、IMEI 码等用户个人信息或手机内部信息等数据。

② FLASHROM(字库)。

FLASHROM 为闪速只读存储器,所以有时又称为 FLASH,主要存放系统软件控制指令集和字库信息,俗称为字库。一般 FLASH 的容量较大,如 V998 等字库容量达到 32Mbit 以上,且为 uBGA 封装。

(3) 数据存储器(SRAM)

数据存储器(SRAM)内部存放手机当前运行时产生的中间数据,如果关机则内容数据会消失,所以有时又称为暂存器,与计算机中的内存的功能一致。

**3. 输入/输出(I/O)接口部分**

输入/输出接口部分包括模拟接口、数字接口以及人机接口三个部分。模拟接口包括 A/D、D/A 变换等。数字接口主要是数字终端适配器。人机接口主要有显示器、键盘、振铃器、听筒、话筒等。

从整体上说,双频 GSM 手机与单频 GSM 手机一样,但具体电路比单频手机更复杂。因多用了 DCS1800MHz 频段,所以,从天线开关开始就增加了 GSM900MHz 和 DCS1800MHz 切换通道,然后接收前置电路有两套,一套工作于 GSM900MHz;另一套工作于 DCS1800MHz。频率合成部分中的本振电路也增加了一倍,既要产生 900MHz 频段所需的一、二本振信号,也要产生 1800MHz 频段所需的一、二本振信号。一般到接收中频电路时,二者合二为一,即两频段高频信号经混频后均产生同一频率的中频信号,使中频滤波和放大电路仅有一套。在发射电路中,发射信号产生电路和功率放大电路也有两套,一套工作于 900MHz 频段,产生并发射 890(915MHz 高频发射信号);另一套工作于 1800MHz 频段,产生并发射 1710(1785MHz 高频发射信号)。由于射频电路的工作由系统逻辑控制部分加以协调控制,因此,控制电路也复杂了,增加了一些双频切换电路,CPU 也将送出更多的控制信号,让射频部分自动切换于 GSM900MHz 和 DCS1800MHz 频段之间。无论是单频还是双频手机,其音频处理电路工作原理都是一样的,电路结构也差不多。

### 3.2.2 GSM手机的工作流程

GSM手机开机，初始工作流程如图3.3所示。当手机开机后，首先搜索并接收最强的广播控制信道(BCCH)中的载波信号，通过读取BCCH中的频率校正信道(FCH)，使自己的频率合成器与载波达到同步状态。

当手机为主叫时，在RACH(随机接入信道)上发出寻呼请求信号，系统收到该寻呼请求信号后，通过AGCH(准予接入信道)为手机分配一个SDCCH(独立控制信道)，在SDCCH上建立手机与系统之间的交换信息。然后在SACCH(慢速相关控制信道)上交换控制信息，最后手机在所分配的TCH(业务信道)上开始进入通话状态。

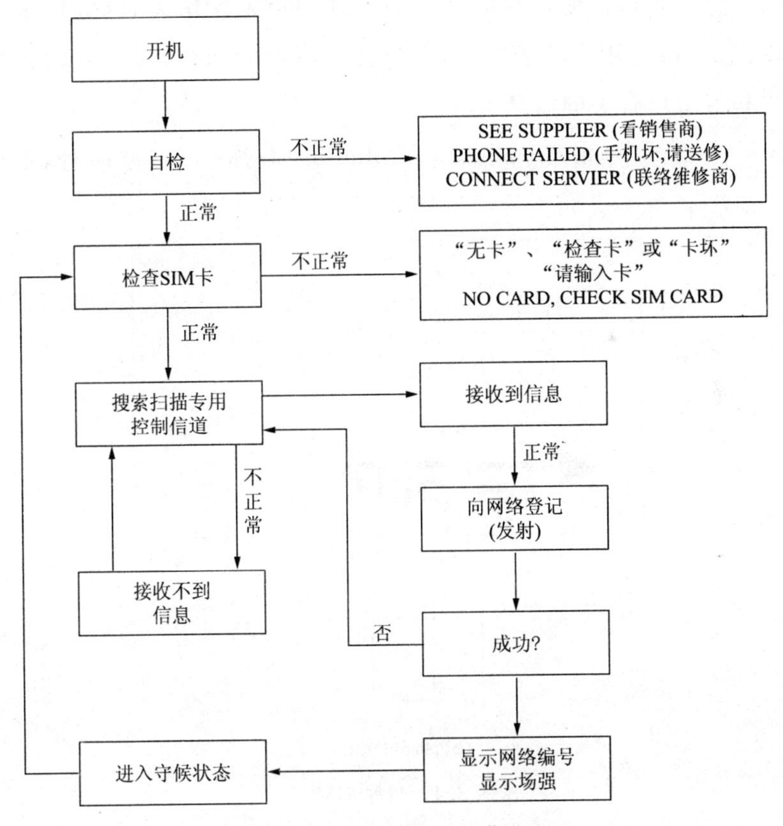


**图3.3**　GSM手机的工作流程

几点说明：

① 当手机自检不正常时，显示“SEESUPPLIER(看销售商)”等字样时，一般为数据故障，以及相关硬件电路故障。此时，可以将码片(EEPROM)或

版本(FLASHROM)取下来用数字检修仪重写后装入即可。

② 当手机检查 SIM 卡以后出现“NO CARD”或“CHECK SIMCARD”等字样时,一般为卡故障。

③ GSM 手机入网条件是既要接收到信号,同时又要向网络登记,所以不入网故障发生在接收和发射部分的可能性都有,究竟发生在哪部分,不同类型的手机有不同的判断方法。

## 3.3 SIM 卡简介

SIM 卡(Subscriber Identity Module)即用户身份模块,除某些特殊情况(例如,紧急呼叫),在没有 SIM 卡时,GSM 用户不能接入 GSM 服务。该模块可以说是 GSM 用户功能实体,它包含了所有的用户数据,特别是鉴别用户过程和与用户有关的信息。

SIM 卡有 ID-I(俗称大卡)型和 plug-in(俗称小卡)型两种,如图 3.4 所示。

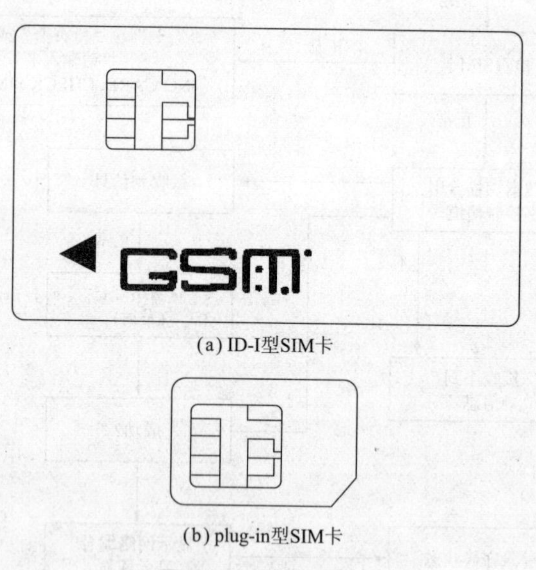


(a) ID-I型SIM卡

(b) plug-in型SIM卡

图 3.4 两种 SIM 卡

ID-I 型 SIM 卡,其尺寸与信用卡一样。它符合 ISO7810 和 7811 规范,嵌入和取出这种卡比 plug-in 型 SIM 卡要快。

plug-in 型 SIM 卡,其尺寸小。这种卡是手机常用的形式。它在手机中的嵌入和取出不如 ID-I 型 SIM 卡那么简便。

两种卡外装都有防水、耐磨、抗静电、接触可靠和精度高的特点。

### 3.3.1 SIM 卡的内部结构

SIM 卡是带有微处理器的智能芯片卡，它以处理器为核心，还包括 ROM、$E^2$PROM、RAM 和串行通信单元。这五部分必须集成在一块集成电路中，否则其安全性会受到威胁。因为，芯片间的连线可能成为非法存取和盗用 SIM 卡的重要线索。

SIM 卡中 ROM 的典型容量为 16K 字节，内含 SIM 卡的开发系统及 A3、A8(或 A38)算法；$E^2$PROM 的典型容量为 8K 字节，它包含了全部 GSM 规范定义域和与专有使用有关的数据；RAM 容量较小，典型容量是数百字节，它包含与专有使用有关的数据。

使用 $E^2$PROM 的 SIM 卡能保存手机关机时所存储的信息，并能在必要时提取这些信息。只要保存好 SIM 卡，即使更换手机仍可按同样身份使用。

#### 1. SIM 卡数据的一般构成

存储器的内部组成由 SIM 卡生产者来确定，外观数据结构采取典型的分级树形结构，如图 3.5 所示。

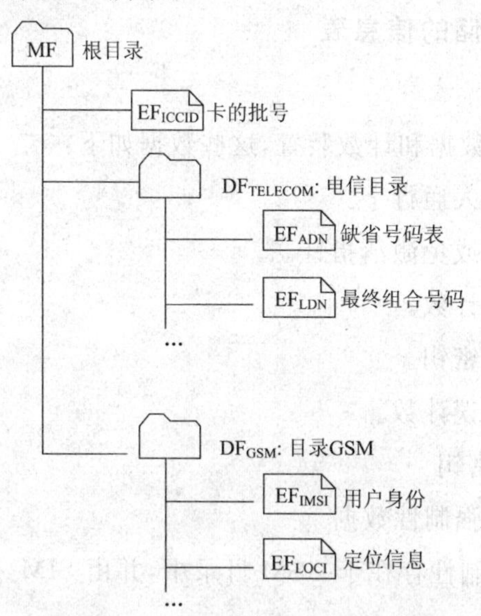


**图 3.5**　SIM 卡的各卡片组成

2. SIM卡的数据结构

SIM卡的根目录MY、包含了EF、卡片中的序列号、与通信服务有关信息编组目录以及与GSM有关的数据目录。在SIM卡中存储的数据按接入权限可分为以下五个接入等级：

① ALW(always)，数据可通行，即使没有任何通行字输入。

② CHV1，数据可通行，条件是通行字被免激活或者SIM卡中有通行字。

③ CHV2，数据可通行，条件是通行字CHV2在SIM卡中。

④ ADM，数据可通行，已建立一套卡片的管理实体，也就是GSM运营者。

⑤ NEV，数据从未读出。

对SIM卡而言，阅读、修改、作废和复原四种接入类型都是可能，对每套卡片，每种类型都确定了接入等级。阅读和修改类型的接入等级是不同的。像SIM卡的序列号，总是必读的(ALW级别)，但决不会修改(NEV级别)。作废时允许卡片接入(读或写)，复原即恢复通道。

### 3.3.2 SIM卡中存储的信息表

(1) 安全数据

SIM卡中有安全数据和计数装置，这些数据如下：

① CHV1用户个人通行字。

② CHV1的激活或免激活指针。

③ CHV1的错误计数。

④ CHV1的解锁密钥。

⑤ 解锁密钥的错误计数。

⑥ Ki，用户鉴权密钥。

(2) GSM目录的强制性数据

好几个文件应强制性存在于GSM目录中，并由SIM卡管理，这些数据如下：

① 管理信息，该参数允许好几种移动运算形式。例如，运营者可以做一些网络测试用的SIM卡。

② SIM卡GSM阶段的识别。

③ IMSI,用户身份的国际同一性。

④ 接入控制级别,该参数可以限制用户的接入(即在RACH信道上发出申请),可限制在原始国内、原始网内或给他授权的范围内。

⑤ 命名网络的搜寻周期,该值用分钟表示,当移动台漫游到原始国之外时,该值用来强制移动台周期性地返回其命名网络。

⑥ SIM服务表,指示由中继授权选择的功能并由使用者激活。

下面的文件记录了移动台使用中最近发生的情况,一旦使用者进入了CHV1码,通过终端可修改以下数据。

⑦ 定位信息,该记录包括当日周期性定位记时和当日状态等。

⑧ 频率表,当移动台选择一个小区时,优先在表中寻找信标频道。该频率表包括有常用小区的相邻小区的信标频道,从而减少了搜寻时间。

⑨ 四个网络表,是最近试图登录和被拒绝登录的网络表。

⑩ 密钥Kc和密钥号码。

(3) GSM目录的可选性数据

有些数据可存储于SIM卡中,但不是强制性的,它们是:

① 短消息类型,移动台可收到的短消息。

② 运营商名(仅由管理模块修改)。

好几个文件与收费通知单的附加业务有联系,如单位计数器、单价表等。

(4) 电信目录的可选性数据

一定数量的数据与电信服务相联系或组合在电信目录中,下列文件记录了在用户终端上新近活动:

① 最近的被叫号码。

② 缩位号码表和附加业务控制表。

③ 结构/容量参数,它给出了支持服务所必须的容量。

### 3.3.3　SIM卡界面与电路

#### 1. SIM卡界面

一个SIM卡有8个电接点,如图3.6所示。SIM卡由手机供电,电压范围为 4.5～5V。在正常工作状态耗电约 10mA，在守候状态下总耗电不会超过 200μA(带 1MHz 时钟)。为了减少耗电，新开发的卡用 3V 供电。

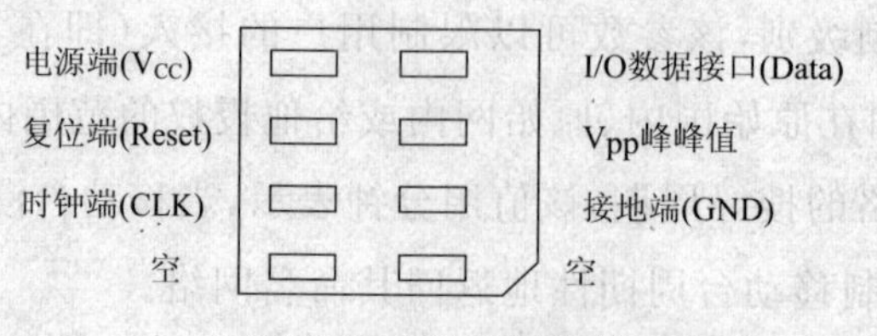


**图 3.6** SIM 卡触点图

SIM 卡与手机连接时，最少需要五个连接点：电源、时钟、数据、复位和接地端。

手机"上网"前，必须对手机鉴权，与 SIM 卡进行数据交流。当手机出现卡故障时，如果拨打 112 正常，则应重点检查 SIM 卡及卡电路。用示波器可以在 SIM 卡座的几个接口上测到这些数据信号，虽然这些信号转瞬即逝，但还是可以用示波器捕捉到，以此判断 SIM 卡电路的故障点。表 3.1 是 SIM 卡接口性能表。

**表 3.1 SIM 卡接口性能表**

| 触点 | | 低电平 | 高电平 |
|---|---|---|---|
| $V_{CC}$ | | | $U=+5V\pm10\%, I=10mA$ |
| RST | | $0.3V\leqslant U\leqslant+0.6V, I=200\mu A$ | $4V\leqslant U\leqslant V_{CC}, I=200\mu A$ |
| CLK | | $0.3V\leqslant U\leqslant+0.6V, I=200\mu A$ | $-2.4V\leqslant U\leqslant V_{CC}, I=200\mu A$ |
| GND | | | |
| $V_{PP}$ | | | $+5V\pm10\%$ |
| I/O | 输入 | $0V\leqslant U\leqslant0.4V, I=1mA$ | $0.7V\leqslant U\leqslant V_{CC}, I=20\mu A$ |
| | 输出 | $0V\leqslant U\leqslant0.8V, I=1mA$ | $3.8V\leqslant U\leqslant V_{CC}, I=20\mu A$ |

### 2. SIM 卡电路

在手机开机后，SIM 卡要发挥其正常功能，必须获得正常供电和与 CPU 建立数据等的正常通信，因此，SIM 卡电路的支持就必不可少。一般来说，GSM 数字手机中，SIM 卡与 CPU 的联系通过三种方式。

(1) SIM 卡接口通过电源模块与 CPU 联系

SIM 卡的时钟、数据及复位端都通过电源 IC 与 CPU 连接，电源模块直接给 SIM 卡供电，如摩托罗拉 V998、L2000、T2688 型，爱立信 T28 型以及几乎所有的诺基亚数字手机，如8110、6110/5110、3810、3210、8210、8810、8850型等。摩托罗拉V998的SIM卡接口电路如图3.7所示。

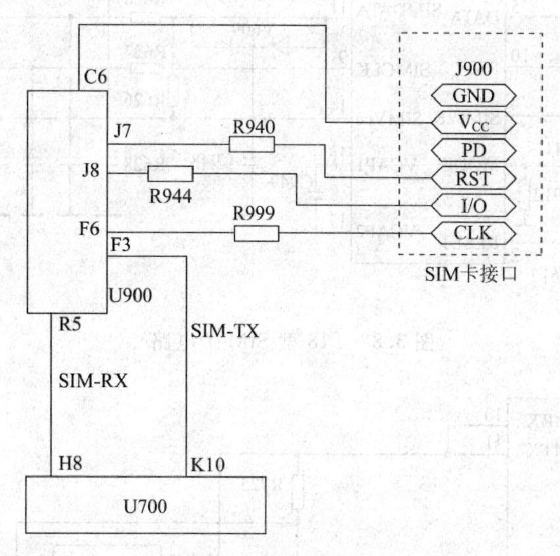


**图3.7**　SIM卡接口电路

(2) SIM卡接口通过升压集成块与CPU联系

这是因为SIM卡需要4.8V供电，而有些手机电源电路输出的射频电源和逻辑电源都低于4.8V，因此，必须需要升压电路将电源输出的某一路逻辑电压升到4.8V以上才能供SIM卡工作。SIM卡的时钟、数据和复位端也通过升压IC与CPU相连接。这种连接方式主要存在于某些爱立信品牌数字手机中，如爱立信388/398、788/768、T18、A1018型等。

爱立信T18型手机SIM卡电路如图3.8所示，主要由微处理器D600(局部)、升压D901及SIM卡连接触片J603等构成。升压模块D901将逻辑供电电路送来的3.2V逻辑电压升压到4.8V以上，由第11脚输出，并经V609稳压后加到J603的$V_{CC}$端。

(3) SIM卡或SIM卡接口通过缓冲接口与CPU联系

SIM卡电源也由电源模块通过稳压后提供，这种方式主要存在于早期的摩托罗拉品牌手机，如GC87、8200、328/308、cd928、561C型等。

摩托罗拉cd928型手机SIM卡电路如图3.9所示，主要由SIM卡座J900和缓冲接口U703组成。SIM卡座上的电压及信号是同时加上的，若有一路电压或信号不正常或没有，均会造成手机不认卡或提示检查卡。

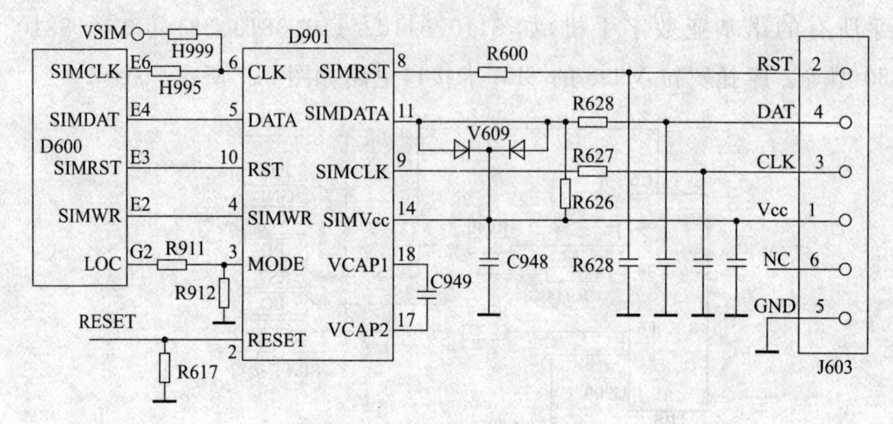


**图 3.8** T18 型 SIM 卡电路

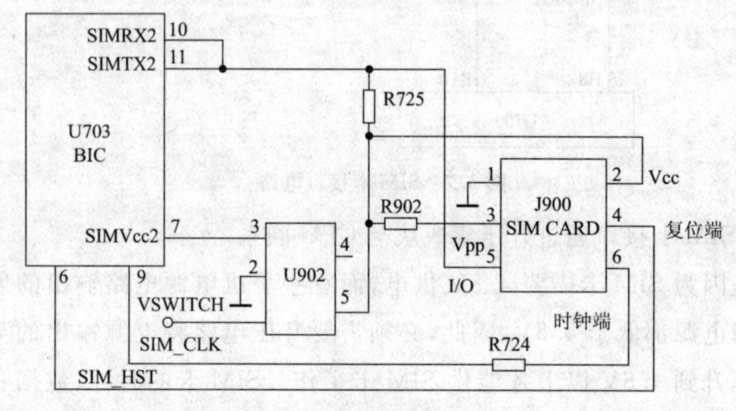


**图 3.9** cd928 型 SIM 卡电路

## 3.4 频率合成电路

在手机中普遍采用了锁相环(PLL)频率合成器,锁相环频率合成器具有产生工作频点数目多、频点可变、频率具有很高的稳定度等优点,同时还具有以下特点:

① 可以比较容易产生"所需频率"。

② 锁相环具有良好的窄带跟踪特性,在选频的同时可以完成滤波,将不需要的频率成分及噪声抑制掉,同时通过具有较高频率跟踪特性的 VCO,可以使锁相式频率合成器输出具有较高频率稳定度和较高频谱纯度的信号。

③ 利用锁相环路的同步跟踪特性,能方便地变换频道。

### 3.4.1　频率合成电路组成

频率合成电路一般包括一本振频率合成器、中频频率合成器(或者称为二本振频率合成器)等,频率合成电路的作用是利用13MHz基准时钟,根据接收、发射通路工作的需要,产生不同频率的接收或发射本机振荡信号,送到接收或发射电路中参与混频,产生手机所需的接收中频及接收基带信号(本过程称为下变频),或产生发射中频及发射高频信号(本过程称为上变频)。双频手机由于既要接收和发射GSM900MHz频段的信号,又要接收和发射DCS1800MHz的信号,因此,频率合成电路更为复杂,一本振电路和二本振电路以及发射VCO电路都应该有两套:一套产生900MHz频段的本振信号;另一套产生1800MHz的本振信号。具体由哪一套本振电路工作,由中央处理器根据手机所处小区内哪个频段的信号更强,从而送来的控制信号加以控制。频率合成电路一般由基准频率源(13MHz)和锁相环电路构成。

手机中通常使用的频率合成电路的基本模型如图3.10所示。它由基准频率、鉴相PD、环路滤波器LPF、压控振荡VCO和分频器等组成一个闭环的自动频率控制系统。

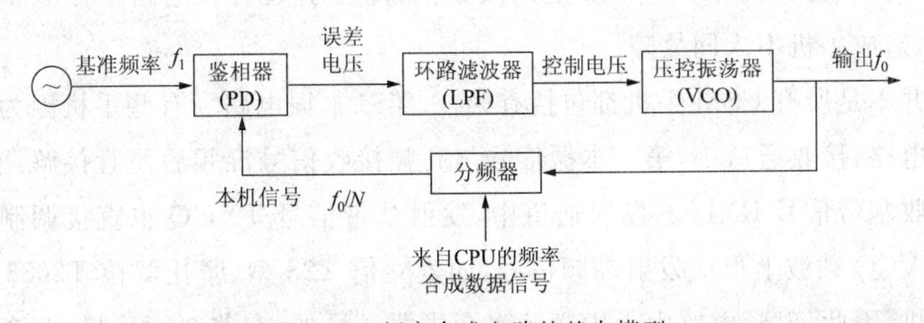


**图3.10**　频率合成电路的基本模型

环路滤波器实为一低通滤波器,实际电路中,它是一个$RC$电路,如图3.11所示。通过对$RC$进行适当的参数设置,使高频成分被滤除,以防止高频谐波对压控振荡器VCO造成干扰。

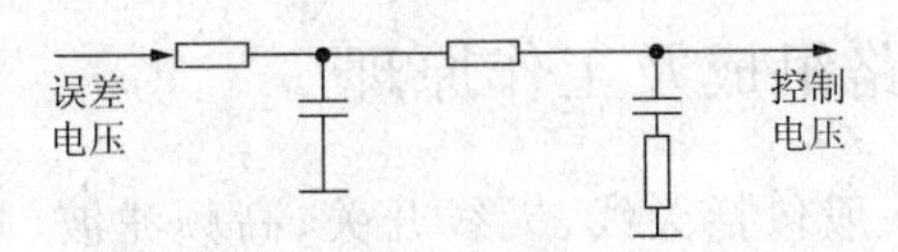


**图3.11**　环路滤波器

### 3.4.2 锁相环基本原理

锁相环电路是一个信号相位的负反馈系统，它可对输入信号的频率与相位实施跟踪。锁相环电路是手机电路中非常重要的基本单元电路，其基本功能是产生非常精确的频率信号。手机发射通道和接收通道的本振电路，对频率的稳定度要求都很高，因此，每部GSM数字手机，本振电路中都无一例外地使用了锁相环频串合成器，所谓频率合成器，是指包括生产手机"所需频率"和选取"所需频率"的技术。锁相环电路主要由压控振荡器(VCO)、鉴相器(PD)、低通滤波器(LPF)和参考频率源(一般为13MHz基准参考频率)组成，如图3.10所示。当VCO振荡产生的频率 $f_0$ 由于某种原因而发生变化时，必然相应地产生相位变化，相位变化在鉴相器中与参考频率源 $f_1$ 的稳定相位相比较使鉴相器输出一个与相位误差成比例的误差电压 $U_d(t)$，通过环路低通滤波器取出其中缓慢变动的直流分量 $V_c(t)$，$V_c(t)$用来控制压控振荡器中压控元件参数(通常是变容二极管的电容量)，而这些压控元件又是振荡回路的组成部分，结果压控元件电容量的变化将VCO的输出频率 $f_0$ 又拉回到稳定值上来。这样，VCO的输出频率即由参考频率源 $f_1$ 决定。如果 $f_1$ 发生稍微频偏，即会引起射频电路本振频率的偏移，造成手机不入网故障。

并不是所有CSM手机都包括有第一、第二本振电路。有些手机因为无中频电路，接收通道中，第一本振信号与高频接收信号混频后便直接解调出了接收基带信号RXI/Q，发射通道中，发射基带信号TXI/Q也直接调制在发射VCO载波上形成发射高频信号，如爱立信T28型、摩托罗拉T2688型等手机，因此，射频电路中无中频频率合成器。另外，有些双频手机，两个系统(GSM/DCS)所采用的本振电路相同，但锁相环分频倍数不同，由中央处理器控制改变分频倍数来改变振荡频率，从而产生两个系统的本振信号，如摩托罗拉V998型等手机。

## 3.5 接收机电路组成及工作原理

接收电路部分一般包括天线、天线开关、高频滤波、高频放大、变频、滤波、放大、解调电路等。它将935～960MHz(GSM900频段)或1805～

1880MHz(DCS1800频段)的射频信号进行下变频，最后得到67.768kHz的模拟基带信号(RXI、RXQ)，如图3.12所示。

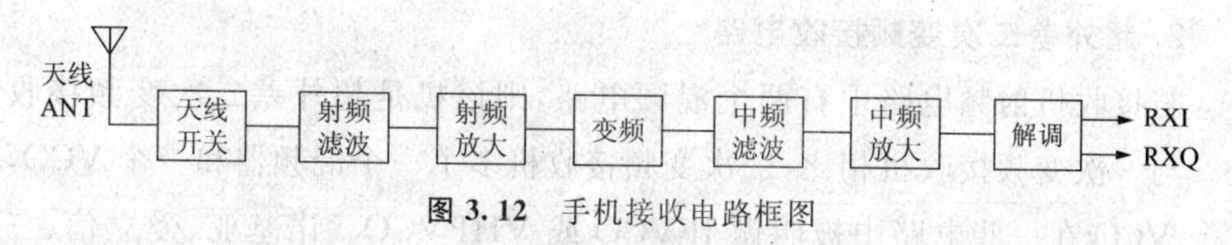


图3.12　手机接收电路框图

移动通信设备常采用超外差变频接收机，这是因为天线感应接收到的信号十分微弱，而鉴频器要求的输入信号电平较高而且稳定。放大器的总增益一般需在120dB以上。这么大的放大量，要用多级调谐放大器而且信号要稳定，实际上是很难办得到的。另外高频选频放大器的通带宽度太宽，当频率改变时，多级放大器的所有调谐回路必须跟着改变，而且要做到统一调谐，这是难以做到的。超外差接收机则没有这种问题，它将接收到的射频信号转换成固定的中频，其主要增益来自于稳定的中频放大器。

手机接收机有三种基本的框架结构：超外差一次变频接收机、超外差二次变频接收机和直接变频线性接收机。超外差变频接收机的核心电路就是混频器，可以根据手机接收机电路中混频器的数量来确定该接收机的电路结构。在看手机的接收机射频方框图时，应注意该接收机中有几次频率变换(混频电路)。

### 1. 超外差一次变频接收电路

接收机射频电路中只有一个混频电路的称作超外差一次变频接收机。超外差一次变频接收电路框图如图3.13所示，MOTOROLA手机大多采用这种结构。超外差一次变频接收的工作原理如下：

天线(ANT)感应到的无线信号经天线电路和射频滤波器进入接收机电路。接收到的信号首先由低噪声放大器进行放大，放大后的信号再经射频

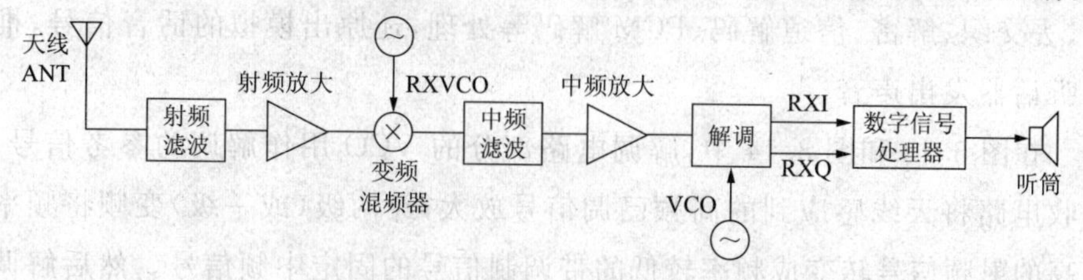


图3.13　超外差一次变频接收电路框图

滤波器滤波后，被依次送到混频器、中频放大器(IF amplifier)、解调电路(demodulator)、音频处理电路等。

### 2. 超外差二次变频接收电路

若接收机射频电路中有两个混频电路，则该机是超外差二次变频接收机。与一次变频接收机相比，二次变频接收机多了一个混频器和一个VCO，这个VCO在一些电路中被叫做IFVCO或VHFVCO。诺基亚、爱立信、三星、松下和西门子等品牌手机的接收机电路大多数属于这种电路结构，如图3.14所示。

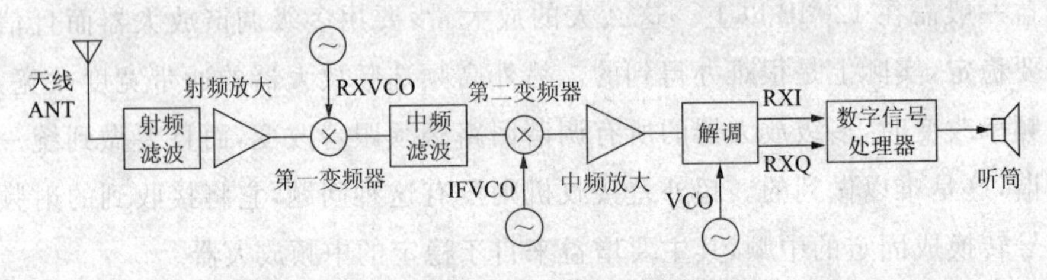


图 3.14　超外差二次变频接收电路框图

超外差二次变频接收的工作原理如下：

天线感应到的无线蜂窝信号经天线电路和射频滤波电路进入接收机电路。接收到的信号首先经射频滤波，再由低噪声放大器进行放大，放大后的信号被送到第一混频器。在第一混频器中，射频信号与RXVCO信号进行混频，得到接收第一中频信号。第一中频信号经中频滤波后被送到接收第二混频器，与接收第二本机振荡信号混频，得到接收第二中频，接收第二本机振荡来自IFVCO电路。接收第二中频信号经中频放大后，在中频处理模块内进行RXI/Q解调，解调所用的参考信号来自接收中频VCO。该信号首先在中频处理电路中被2分频，然后与接收中频信号进行混频，得到RXI/Q信号。RXI/Q信号在逻辑音频电路中经GMSK解调、去交织、解密、信道解码、PCM解码等处理，还原出模拟的话音信号，推动听话器发出声音。

在图3.13和图3.14中，解调电路部分的VCO用作解调的参考信号。接收电路将天线感应到的高频已调信号放大，经两级(或一级)变频将频率很高的射频信号转变成频率较低的带调制信号的固定中频信号。然后解调出原来的调制音频信号或数据信号，并将其送到音频处理电路或者逻辑电路，以完成相应的各种功能。

解调电路部分的VCO信号通常来自两种方式：①是来自基准频率信号，如诺基亚的8110手机第二接收中频是13MHz，基准频率信号13MHz也提供给解调器用于解调；②是来自专门的中频VCO，如摩托罗拉GSM328手机的接收中频是153MHz，该VCO是306MHz，306MHz的VCO信号在中频处理电路中被2分频得到153MHz用于接收机解调。

### 3. 直接变频线性接收电路

从前面的一次变频接收机和二次变频接收机的方框图可以看到，RXI/RXQ信号都是从解调电路输出的，但在直接变频线性接收机中，混频器输出的直接就是RXI/RXQ信号了。直接变频线性接收电路框图如图3.15所示。早期的手机接收电路结构基本上都是采用上述的两种电路结构形式，新型手机的接收机电路结构有些采用直接变频线性接收电路，如诺基亚的8210手机。

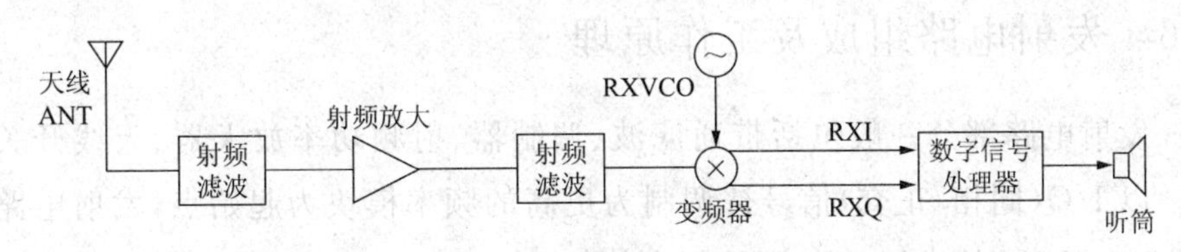


**图3.15　直接变频线性接收电路框图**

综上所述，无论接收机电路结构如何变化，各种手机都有一些相似之处，信号是从天线到低噪声放大器，再到频率变换单元和到语音处理电路，具体如表3.2。

**表3.2　接收机相似电路功能**

| 部　件 | 功　能 |
| --- | --- |
| 接收天线 | 将高频电磁被转化为高频信号电流 |
| 双工滤波器 | 将接收射频信号与发射射频信号分离，以防止强的发射信号对接收机造成影响。双工滤波器包含一个接收滤波器和一个发射滤波器，它们都是带通射频滤波器 |
| 天线开关 | 作用同双工滤波器。由于GSM手机使用了TDMA技术，接收机与发射机间隙工作，天线开关在逻辑电路的控制下，在适当的时隙内接向接收机或发射机通道 |
| 射频滤波器 | 是一个带通滤波器，只允许接收频段的射频信号进入接收机电路 |
| 低噪声放大器 | 将天线接收到的微弱的射频信号进行放大，以满足混频器对输入信号幅度的需要，提高接收机的信噪比 |

续表 3.2

| 部 件 | 功 能 |
|---|---|
| 混频器 | 是一个频谱搬移电路，它将包含接收信息的射频信号转化为一个固定频率的包含接收信息的中频信号，是接收机的核心电路 |
| 中频滤波器 | 中频滤波器在电路中只允许中频信号通过，它在接收机中的作用比较重要。中频滤波器能防止邻近信道的干扰，提高邻近信道选择性 |
| 中频放大器 | 中频放大主要是提高接收机的增益。接收机的整个增益主要来自中频放大 |
| 射频 VCO | 在不同的手机电路的英文缩写不同，常见的有 RXVCO（诺基亚、爱立信及其他部分手机）、RFVCO（三星手机）、UHFVCO（诺基亚手机）、MAINVCO（摩托罗拉手机）等。它给接收机提供第一本机振荡信号，给发射上变频器提供本机振荡信号，得到最终发射信号，给发射变换模块提供信号，经处理得到发射参考中频信号 |
| 中频 VCO | 通常被称为 IFVCO 或 VHFVCO，若接收有第二混频器的话，给接收机的第二混频器提供本机振荡信号。在一些手机电路中，给 RXI/Q 解调电路提供参考振荡信号 |
| 语音处理部分 | 语音处理部分包含几个方面，首先 RXI/Q 信号在逻辑电路中进行 GMSK 解调，然后进行解密和去交织等处理，最后将这个信号进行 PCM 解码，还原出模拟话音信号 |

## 3.6 发射电路组成及工作原理

发射电路部分一般包括带通滤波、调制器、射频功率放大器、天线开关等。以 I/Q（同相/正交）信号被调制为更高的频率模块为起始点，发射电路将 67.768kHz 的模拟基带信号上变频为 890～915MHz（GSM900 频段）或 1710～1785MHz（DCS1800 频段）的发射信号，并且进行功率放大，使信号从天线发射出去，如图 3.16 所示。

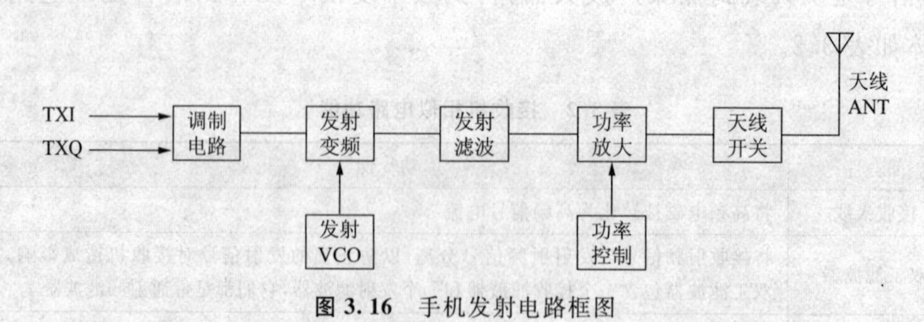


**图 3.16 手机发射电路框图**

GSM 手机的发射电路结构有：带发射变换模块的发射机电路、带发射上变频器的发射电路及直接变频发射电路三种。

### 1. 带发射变频模块的发射电路

带发射变频模块的发射电路框图如图 3.17 所示，摩托罗拉 328、87、

928、L2000，爱立信788，三星600、500等手机的发射机电路均采用这一种电路结构。带发射变频模块的发射电路的发射流程如下：

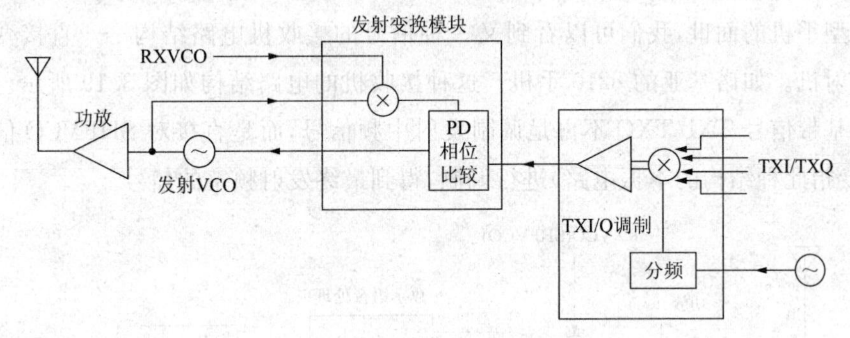


图3.17　带发射变频模块的发射电路框图

送话器将话音信号转化为模拟的话音电信号，转化后的信号经PCM编码模块将其变为数字语音信号，然后在逻辑电路中进行数字语音处理，如信道编码、均衡、加密以及TXI/Q分离等，分离后的TXI/Q信号到发射机中频电路完成I/Q调制，该信号再在发射变换模块里与发射参考中频（RXVCO与TXVCO的差频）进行比较，得到一个包含发送数据的脉动直流信号，该信号去控制VCO的工作，得到的最终发射信号经功率放大器放大后，由天线发送出去。

**2. 带发射上变频器的发射电路**

带发射上变频器的发射电路如图3.18所示，NOKIA8110、3210、6150等手机的发射机电路均采用这一种电路结构。图3.18所示的发射机在TXI/TXQ调制之前与图3.17是一样的，其不同之处在于TXI/TXQ调制后的发射已调信号在一个发射混频器中与RXVCO（或UHFVCO、RFVCO）混频，得到最终发射信号。

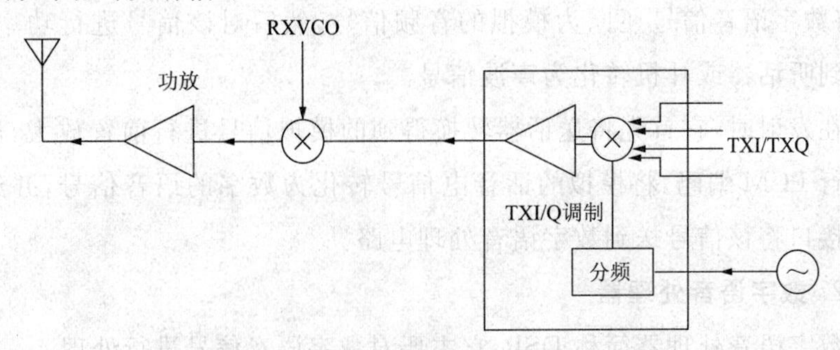


图3.18　带发射上变频器的发射电路框图

**3. 直接变频发射电路**

早期的手机发射机电路结构基本上都是上述两种电路结构形式。但随着新型手机的面世，我们可以看到又一种信号的接收机电路结构——直接变频发射机。如诺基亚的8210手机。这种接收机的电路结构如图3.19所示。发射基带信号TXI/TXQ不再是调制发射中频信号，而是直接对SHFVCO信号（专指此种结构的本振电路）进行调制，得到最终发射频率的信号。

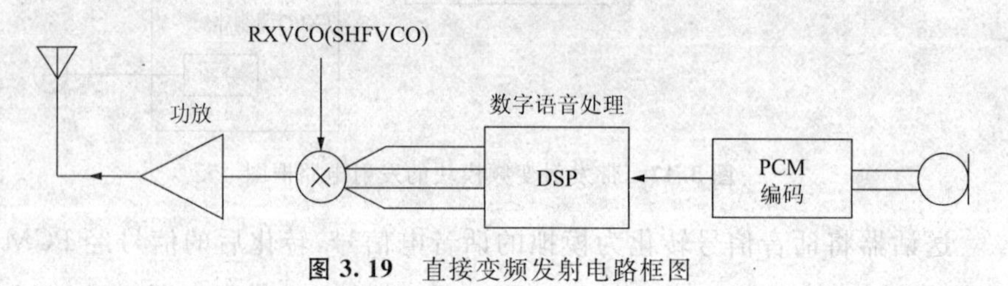


**图3.19** 直接变频发射电路框图

## 3.7 逻辑音频电路

逻辑音频电路在手机电路中是一个重要的部分，特别是逻辑电路。它作为手机电路的心脏，控制着整个手机电路的工作。

逻辑音频电路部分又被称为基带（Base Band）电路，它包括逻辑电路与音频处理电路两大部分。

通常，逻辑音频电路包含音频编译码、数字语音处理、微处理单元及系统逻辑几大功能电路。

**1. 音频编译码**

音频编译码主要是对音频信号的A/D、D/A转换处理。

在接收时，它将逻辑电路经串行接口送来的数字语音信号进行PCM解码，将数字语音信号还原为模拟的音频信号，然后对该信号进行功率放大，输出到听话器或耳机转化为声波信号。

在发射时，它首先将送话器转换得到的模拟信号进行前置放大，然后对其进行PCM编码，将模拟的话音电信号转化为数字的语音信号，并经一个串行接口将该信号送到数字语音处理电路。

**2. 数字语音处理器**

数字语音处理器简称DSP，它主要对数字语音信号进行处理。

在接收时，它将射频电路输出的接收基带信号进行 GMSK 解调，得到数码的语音信号。该信号在 DSP 电路中，经滤波、信道解码、纠错、解密、去交织等处理后得到数字语音信号，然后经串行接口将该信号送到音频编译码电路，进行 PCM 解码。

在发射时，它将音频编译码电路送来的数字语音信号进行信道编码、交织、加密、脉冲格式化等处理，得到数码语音信号。该信号经 GMSK 调制，得到发射基带信号。

所有手机电路中基准频率时钟电路的自动频率控制信号都是由 DSP 提供。

3. 微处理单元

微处理单元电路主要提供整机的控制，并提供部分接口电路。它们通常包括用户接口(UI)、DSP 控制、手机操作系统、手机功能控制、硬件驱动和数字设备接口等模块。

4. 系统逻辑电路

系统逻辑电路通常提供以下功能模块：SIM 卡接口、显示接口、压缩扩展器以及一些逻辑电路的接口。

在看手机的逻辑音频电路时，应重点注意各种控制信号，逻辑电路提供的射频控制信号，如接收启动控制信号(RXON 或 RXEN)，发射机启动控制信号(TXON 或 TXEN)，频率合成控制信号(SYNDAT、SYNCLK)等。

在看不同厂家的手机电路时，应注意一些控制信号的名称可能不同，如发射功率控制信号在诺基亚电路中被称为 TXC；而摩托罗拉手机电路中则是 PAC 或 AOC；在爱立信手机电路中为 PWRLEV 等。

### 3.7.1　逻辑(控制)电路

逻辑电路主要包含微处理器、存储器等，它提供整机的控制，比如开机、数字系统控制、定时控制、关机、菜单操作以及外部接口、键盘、显示器控制、射频控制等。

在手机中，逻辑(控制)电路以中央处理器 CPU 为核心，其基本组成如图 3.20 所示。

### 3.7.2　音频处理电路

音频处理电路则主要包含模拟音频的 A/D、D/A 转换电路数字语音信

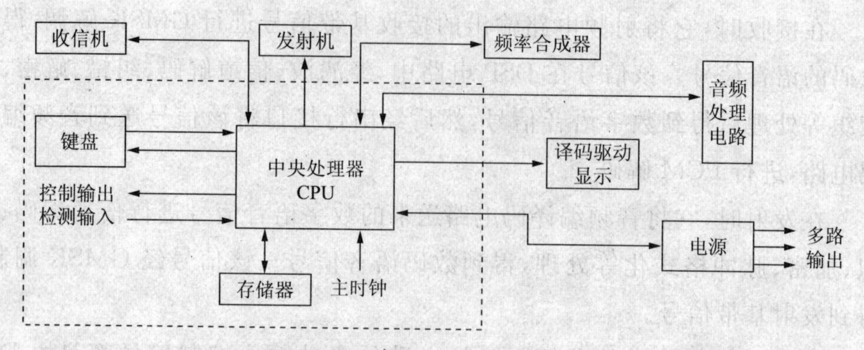


**图 3.20** 逻辑(控制)电路组成

号的处理等。按信号流程音频处理电路分接收音频信号处理电路和发送音频信号处理电路。

### 1. 接收音频信号处理

接收音频信号处理电路框图如图 3.21 所示。接收时,对射频部分发送来的模拟基带信号进行 GMSK 解调(模数转换)、在 DSP(数字信号处理器)中解密等,接着进行信道解码(一般在 CPU 内),得到 13kbit/s 的数据流,经过语音解码后,得到 64kbit/s 的数字信号,最后进行 PCM 解码,产生模拟语音信号,驱动听筒发声。

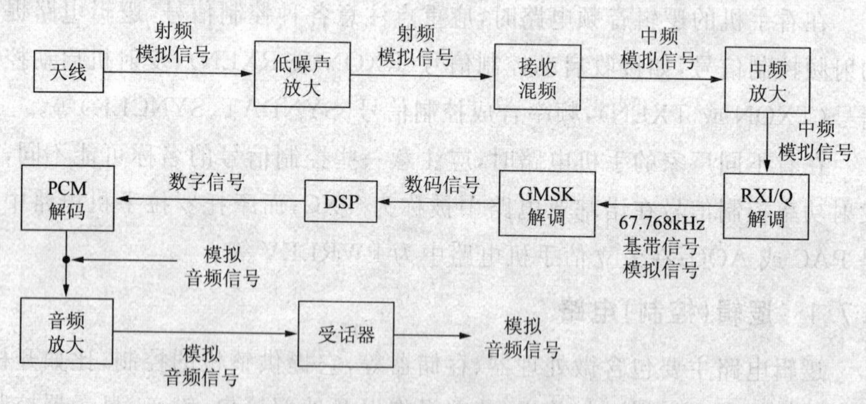


**图 3.21** 接收信号处理变化示意图

### 2. 发送音频信号处理

发送音频信号处理电路框图如图 3.22 所示。发送时,话筒送来的模拟语音信号在音频部分进行 PCM 编码,得到 64kbit/s 的数字信号,该信号先后进行语音编码、信道编码、加密、交织、GMSK 调制,最后得到 67.768kHz 的模拟基带信号,送到射频部分的调制电路进行变频处理。

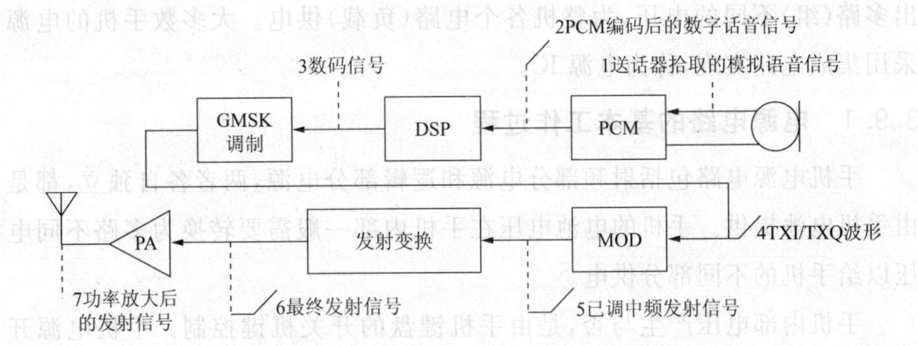


**图 3.22**　发送音频信号处理变化流程示意图

## 3.8　输入输出接口电路

输入输出(I/O)接口部分包括模拟接口、数字接口以及人机接口三部分。话音模拟接口包括 A/D、D/A 变换等。数字接口主要是数字终端适配器。人机接口有键盘输入、功能翻盖开关输入、话筒输入、液晶显示屏(LCD)输出、听筒输出、振铃输出、手机状态指示灯输出和用户识别卡(SIM)等。从计算机的角度看，手机的输入输出(I/O)接口可以用图 3.23 所示框图表示。

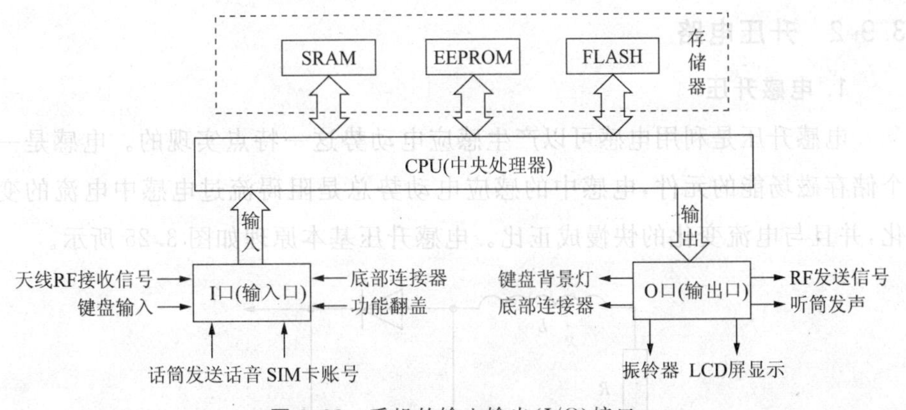


**图 3.23**　手机的输入输出(I/O)接口

## 3.9　手机的电源电路

手机采用电池供电，电池电压是手机供电的总输入端，通常称为 B+或 BATT。B+是一个不稳定电压，需将它转化为稳定的电压输出，而且要输出多路(组)不同的电压,为整机各个电路(负载)供电。大多数手机的电源采用集成电路实现,称为电源IC。

### 3.9.1 电源电路的基本工作过程

手机电源电路包括射频部分电源和逻辑部分电源,两者各自独立,都是由手机电池提供。手机的电池电压在手机内部一般需要转换为多路不同电压以给手机的不同部分供电。

手机内部电压产生与否,是由手机键盘的开关机键控制。手机电源开机过程如图3.24所示。

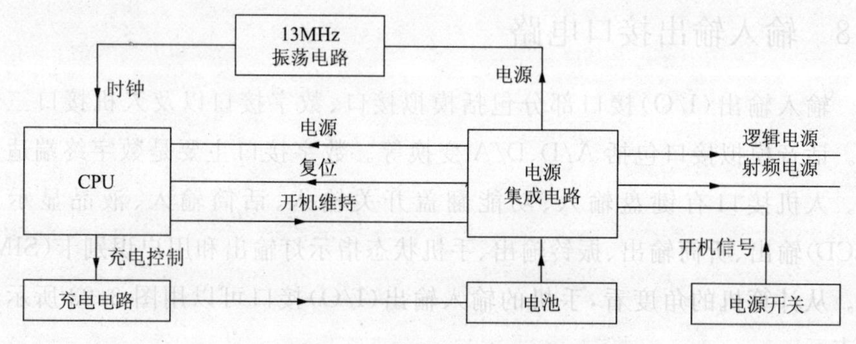


**图3.24** 手机电源开机过程

### 3.9.2 升压电路

#### 1. 电感升压

电感升压是利用电感可以产生感应电动势这一特点实现的。电感是一个储存磁场能的元件,电感中的感应电动势总是阻碍流过电感中电流的变化,并且与电流变化的快慢成正比。电感升压基本原理如图3.25所示。

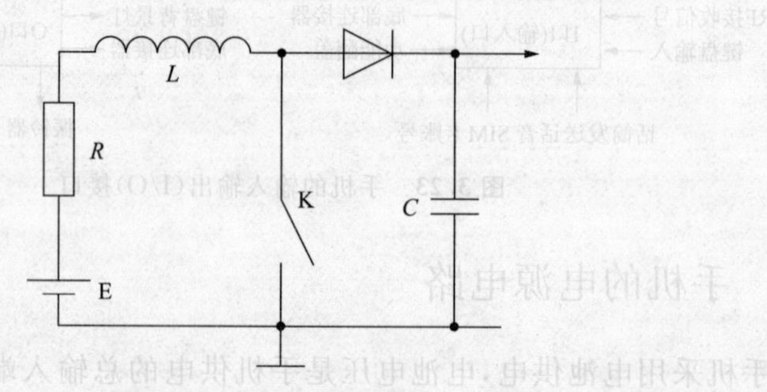


**图3.25** 电感升压基本原理

2. 振荡升压

振荡升压是利用一个振荡集成块外配振荡阻容元件实现的。振荡集成块又称升压IC，一般有8个引脚。内部可以是间歇振荡器，外配振荡电容产生振荡；也可以是两级门电路，外配阻容元件构成正反馈而产生振荡。阻容元件能改变振荡频率，所以又称定时元件，振荡电路一般产生方波电压，此电压再经整流滤波器形成直流电压。

### 3.9.3 机内充电器

机内充电器又称为待机充电器。手机内的充电器是用外部B＋(EXT B＋)为内部B＋充电，同时为整机供电，其基本组成如图3.26所示。

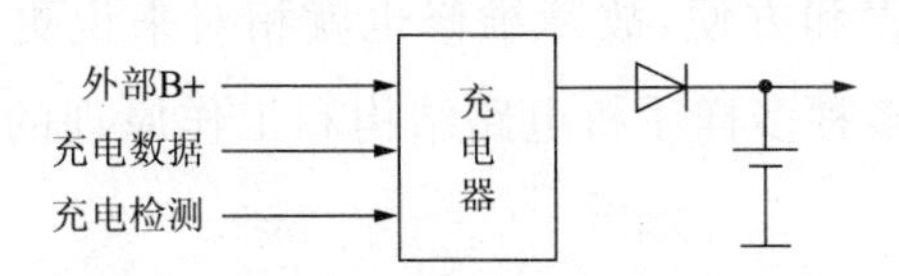


图3.26　手机机内充电器基本组成

## 3.10 数字手机的特点

数字手机的一个最大特点就是各个部分都受控于CPU，即由整个控制系统控制手机各部分电路的正常工作，不管是射频信号的接收、射频信号的发送，还是电源的产生等都与控制系统有关，所以控制系统的工作是否正常对整个手机各部分都会有影响。

控制系统的正常工作有三个必备条件：一是CPU、程序存储器、数据存储器等硬件电路无故障；二是运行的软件数据无故障；三是时钟电路无故障；四是各部分所需要的电源正常。

控制系统不正常有两个方面：一个方面是硬件电路(如CPU等)损坏或管脚虚焊引起系统工作不正常；另一方面就是软件数据丢失或者错乱引起系统工作不正常。这种由于软件数据丢失或者错乱引起系统工作不正常的现象称之为软件故障。

# 第4章 手机维修仪器与工具

## 4.1 常用维修设备及使用

手机维修是一个故障确认、分析和排除的连续过程，需要利于专业的信号源、测量仪器和设备以及专用的维修工具。可以不夸张地说，能否正确分析判断手机的故障和缺陷，很大程度上取决于能否正确地使用分析测试仪器和维修工具。

生产测试阶段手机故障维修的条件和售后维修有很大不同，生产环境中的维修条件更完善和方便，故障维修也就相对来说更容易。售后维修更依赖于维修人员对多种多样手机电路结构和工作原理的掌握和综合的分析能力。

下面对手机维修中常用的故障测试分析仪器、设备及故障排除的专用工具进行介绍。

### 4.1.1 通信直流稳压电源

在维修中由于不能使用电池为整机供电，必须使用外部电源给手机提供故障检测的保证，使之能够开机或被供电。外部电源一般选用通信直流稳压电源，这种仪器许多仪器厂家都有生产，像工厂内一般可以选用HP6652A、HP6623A和安捷伦的66319B等电源。这些电源能输出两路或三路稳压，电压和电流输出可根据实际要求设置，设置参数可以通过多位数码管进行显示，尤其将负载消耗电流显示在面板LED上。如将电源电压输出端连接到手机电池正负极，按下手机开机键，开机瞬间和待机电流显示在LED上，也可以不开机，仍然加电，此时LED上指示值为手机的关机漏电流。这种操作为手机相关故障维修提供了很大方便，一定要掌握DC电源的正确使用方法。

并且这种电源还具备可编程功能，与工控机、模拟基站和测试夹具连接，能进行手机各种功能(逻辑和射频)的自动测量。

因为HP等进口电源价格很昂贵，所以在售后手机维修时，大都使用国内的深圳安泰信电子有限公司生产的APS系列直流稳压电源，其典型产品的技术指标如表4.1所示。

**表4.1　APS系列直流稳压电源技术指标**

| 型　号 | 输出电压 | 射频接收表 | 电流表 | 保护功能 |
|---|---|---|---|---|
| APS1501DA（外型如图4.1所示） | 0～15V可调 | 检测手机的接收与发射信号的强度 | 1A/100mA转换更能看清小电流，电流根据负载变化而变化<br>自带电压直流电压测试功能，代替了万用表的直流电压挡位 | 带短路保护功能 |
| APS1001DA（外型如图4.2所示） | 0～10V可调 | 检测手机的接收与发射信号的强度 | 1A/100mA转换更能看清小电流，电流根据负载变化而变化，自带DC9V输出，直接给万用表供电，可节省万用表的电池 | |
| APS1505A | 0～15V可调 | | 电流0～5A<br>电流自动跟踪到手机适用电流<br>电流表：电流根据负载变化而变化 | 带短路保护功能 |

APS1505A是带MP3、MP4、数码相PDA手机维修的首选电源之一，目前的三星手机全中国售后服务部都采用这款电源进行多功能手机维修。

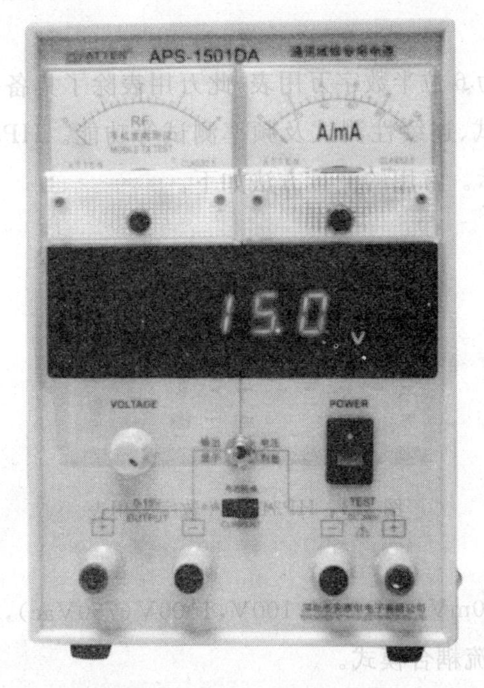


图4.1　APS1501DA电源

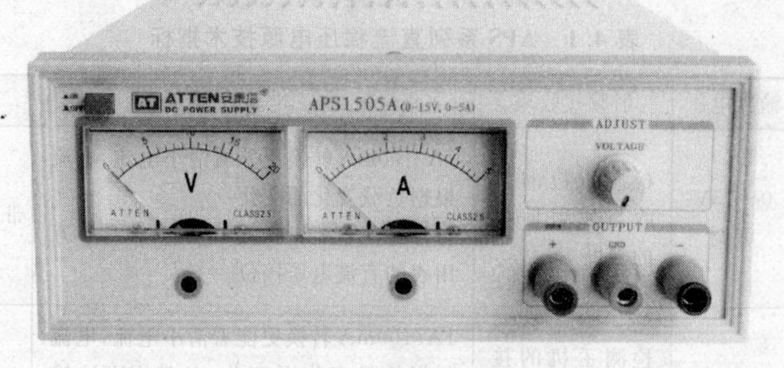


图 4.2 APS1505A 电源

### 4.1.2 数字万用表

万用表是手机故障分析维修中最常用的仪表，它的功能较多，主要用来测量直流电压、直流电流和电阻等参数，还可以判断测试二极管、三极管和场效应管的管脚极性和好坏等。数字式万用表与模拟指针式相比，具有高精度、量程宽、显示位数多、分辨率高、易于实现测量自动化等优点。常用的数字万用表有 HP34401A（进口型）和 AT-VC8045（安泰信生产），下面分别介绍。

HP34401A 为 6 位半数字万用表，此万用表除了具备一般功能外，还具有二极管性能测试、连续性测试及频率测试等功能。HP34401A 的实物和面板如图 4.3 所示。常用的测量方法如下。

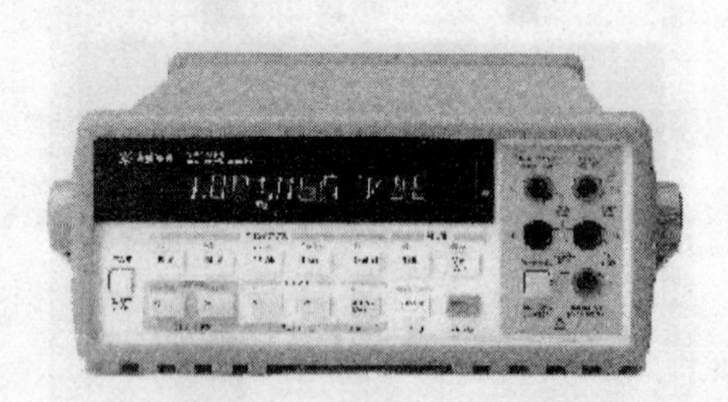

图 4.3 HP34401A 数字万用表

（1）电压测量

量程范围：100mV，1V，10V，100V，1000V（750Vac），交流电压为有效值，测量时使用交流耦合模式。

（2）电阻测量

量程：100Ω,1kΩ,10kΩ,100kΩ,1MΩ,10MΩ,100MΩ。

（3）信号周期/频率测量

测量范围：3Hz～300kHz（0.33s～3.3μs）。

输入信号量程：100mVac～750Vac。

（4）二极管测试

测试电流源：1mA。

蜂鸣器承受电压范围：$0.3V \leqslant V_{measured} \leqslant 0.8V$。

（5）量程选择

万用表可以完成自动设置量程或手动设置。

（6）分辨率设置

分辨率是指数字万用表能够显示的被测量（电压、电阻等）的最小变化值，或者是显示器末位跳动一个数字所需的数值，不同量程上万用表的分辨率不同。

（7）显示格式

在接通电源开机后，显示格式如下：

| —H.DDD,DDD　EFFF |
|---|

其中，“—”表示正负极性；“H”“1/2”digit（0 or 1）；“D”显示数字；“E”指数；“F”测量单位（VDC,OHM,Hz,dB）。

如下显示，则表示100欧姆量程，6位半分辨率。

| 113.325,6　OHM |
|---|

安泰信生产的AT-VC8045数字万用表是一种4位半台式万用表，如图4.4所示。它具有基本的DCV、ACV、DCA、ACA、OHM、CAP、Hz、$h_{FE}$、二极管及通断测量功能，电压测量最高到1000V直流或交流峰值，分辨力可达10μV，电流可测量到20A，极性自动转换，背光显示，读数直观。交流测量采用高精度真有效值，具有测量频带宽，对任何波形的交流量都可准确测量其有效值的特点。

图4.4　AT-VC8045数字万用表

### 4.1.3 数字示波器

示波器是时域分析的典型仪器，用来显示一个信号的幅度随时间的变化情况，描绘电信号的波形曲线。这一简单的波形能够说明信号的许多特性：信号的周期和电压值、振荡信号的频率、信号所代表电路中“变化部分”信号的特定部分相对于其他部分的发生频率、是否存在故障部件使信号产生失真、信号的直流成分（DC）和交流成分（AC）、信号的噪声值和噪声随时间变化的情况、比较多个波形信号等。

用示波器修手机，直观、准确，可快速圈定故障范围，查找到故障点，因此，示波器在手机维修中得到了广泛的应用。

现在生产和使用的手机都是数字式终端，因此在手机的电路故障分析维修中，大都选用数字存储示波器。在售后服务部手机维修中通常采用20MHz以上的双踪示波器。

#### 1. 数字示波器

(1) 数字示波器的正确使用

手机维修的数字示波器主要有 HP83220 系列、Tektronix 公司的 TDS220、TDS340，TDS360、TDS520 等型号。不同型号和系列的示波器使用方法有所区别，但是基本功能和测试方法大同小异，在进行手机故障分析测量中，使用的主要功能有：

① 扫描宽度设定。

示波器的横向刻度是时间，可以通过调节示波器上的横坐标单位（一般标称为 Horizontal 或水平的旋钮），用来在时间轴上展宽或压缩信号。

② 信号幅度设置。

示波器垂直方向上的刻度为信号幅度的电压值，一般标为 Vertical（垂直），可以调节该旋钮来放大或缩小信号的幅度。

③ 触发模式设置。

此模式用于使仪器的扫描抽样周期与被测信号周期同步，以便能够稳定地显示信号波形。其设置分为自动触发与单次触发。自动触发模式适用于波形周期性重复的信号，仪器不断重复触发动作，能反映被测信号的即时变化情况；单次触发模式适合捕捉瞬间的非重复的信号，一旦信号被捕捉，仪器会停止触发，显示的波形会固定在屏幕上，然后可以进行信号分析。

触发电平是另一个需要设置的状态，一般情况，触发电平设置要低于信号最大的幅度，否则仪器不能正确对测量信号触发，造成被测信号不能稳定显示。

④ 自动扫描。

由于数字示波器将被测的模拟信号转换成数字信号后再进行处理，所以提供了许多模拟示波器无法提供的功能，如自动扫描功能，该功能设在面板上，HP系列的示波器中，名称为AutoScale，Tektronix系列示波器中称为AutoSet。自动扫描是将被测信号的数据通过软件分析，找到一种幅度和扫描时间的最佳组合，能非常准确地反映信号的波形。这个功能适用于先捕捉事先不知道频率与幅度的信号，在捕捉到信号之后再改变幅度和扫宽设置，调整出合适的波形，此功能同时将被测信号的频率和幅度值显示在波形下面。

⑤ 其他波形信号参数的测量。

通过面板上的Measurement（测量）按钮激活测量功能，在显示屏上选择测量的各项参数，测量值直接以数字形式反映在屏幕上，如峰峰值$V_{p-p}$，电压最大/最小值$V_{max/min}$，频率Frequency，周期（Period）、相位（phase）和交流电压有效值和平均值等。

数字示波器的功能非常多，使用也非常方便，遇到不同型号的示波器可以通过阅读说明书来熟悉其更多的功能。

（2）在手机信号测试中的作用

下面简单列举了数字示波器在手机电路信号测试中的具体作用：

① 测试接收I/Q信号的有、无及波形。

② 测试发送I/Q信号的有、无及波形。

③ 测试32.768k晶体的输出信号频率值，精度达1Hz。

④ 测试VCO的锁相电压，可以清楚显示手机搜索网络时，锁相电压为锯齿波形。（只有数字示波器能做到，模拟示波器为跳动的光点。）

⑤ 测量手机中各种直流及脉冲电压，可以直接读电压的峰值。示波器能自动设置触发电平，锁定脉冲供电电压波形。如TXVCO、RXVCO的供电电压等。

⑥ 检测手机中的各种控制信号,如天线开关接收发送切换控制信号,GSM、DCS 频段切换控制信号等。

⑦ 检测 CPU 到各功能芯片的时钟 CLK、数据 DATA 和使能 EN(通称 3 条控制线)信号。

⑧ 检测 CPU 到版本(FLASH)、暂存(SRAM)的地址信号、数据信号、片选信号是否正常。

2. 模拟示波器

根据测量电压范围和测试内容的不同,示波器探头有 1∶1、10∶1 和 100∶1 等规格的探头。一般测量时用 1∶1 或 10∶1 探头即可,测手机电致发光板波形时,因该处电压峰值高达 100V 以上,因而要选用 10∶1 的探头。

1) 模拟示波器的正确使用

(1) 读取被测信号的幅度值

① 将垂直方式置于被选用的通道,然后将信号输入到 CH1 或 CH2 插座。

② 调节垂直幅度衰减旋钮,使被测信号的波形在 5 格左右,将微调钮顺时针旋到底(校正位置)。

③ 调节水平扫描速率,使屏幕上至少显示一个波形周期。

④ 读出垂直方向顶部和底部之间的格数。

⑤ 按下式计算被测信号的峰-峰电压值($V_{p-p}$):

幅度值=伏/格选择开关的挡位×被测信号所占格数

若测试探头置于 10∶1,则被测信号的幅度值应乘以 10。

(2) 读取被测信号的周期和频率

示波器上显示的波形的周期和频率,可用波形在 $x$ 轴上所占的格数来表示。被测信号一个完整的波形所占的格数与扫描时间开关的挡位的乘积,就是该波形的周期 $T$,周期的倒数就是频率 $f$。测量周期和频率的操作步骤如下:

① 将垂直方式置于被选用的通道,然后将信号输入到 CH1 或 CH2 插座。

② 调节垂直幅度衰减旋钮,使被测信号的波形在 5 格左右,将微调钮顺时针旋到底(校正位置)。

③ 调节水平扫描速率，使屏幕上显示1～2信号波形周期。

④ 测量出两点之间的水平刻度，按下式进行计算：

周期($T$)＝扫描时间选择开关的挡位×被测信号一个周期在水平方向上所占的格数

频率($f$)＝$1/T$

(3) 直流电压的测量

① 将输入耦合开关置于“DC”位置，使屏幕显示为一扫描基线。

② 扫描时间选择开关可置任意挡，调节垂直移位，使扫描基线与水平中心刻度线重合，定义此处为参考电平。

③ 将被测信号直接从Y轴输入，若扫描线原在中间，则正电压输入后，扫描线上移，负电压输入后扫描线下移。

④ 根据扫描线偏移的格数乘以伏/格选择开关的挡位，即可计算出输入信号的直流电压值。

若使用的是10∶1探头，则被测点的直流电压应乘以10。

2) 模拟示波器的使用技巧

① 测试之前，应首先估算一下被测信号的幅度大小。如果不明确的话，应将示波器的伏/格选择开关置于最大挡，避免因电压过大而损坏示波器。

② 示波器工作时，周围不要放置大功率的变压器，否则，测出的波形可能会有重影和杂波干扰。

③ 示波器可作为高内阻的电压表使用，我们都知道，电压表的输入阻抗越高越好，电流表的输入阻抗越低越好，用阻抗高的电压表测量才会更准确，对电路的工作状态不会造成影响。手机电路中有一些高内阻电路，比如测量VCO变容二极管上的电压等。若使用普通万用表测电压，由于万用表的内阻较低，测量结果会不准确，而且还可能会影响被测电路的正常工作。而示波器的输入阻抗比起万用表要高得多，使用示波器直流输入方式，先将示波器输入接地，确定好示波器的零基线，就能方便地测量被测信号的直流电压。

④ 可以看出一段时间内电压变化的情况，特别适用于测量脉冲直流，它既能看出其平均值，也能看出它的峰值。比如测量TXON、字库的CE等。

⑤ 可以清楚地看出直流电压上的纹波系数，便于判断电源电路的工作

情况。

⑥ 示波器可以准确地测量接收一本振、二本振、发射本振的锁相电平波形,而用万用表测不出波形,而只能测电平值。

⑦ 示波器既能看出波形的异常,又能看出其幅度及其频率。因此,用示波器检修手机的射频电路非常方便。

### 4.1.4 数字频率计

数字频率计主要用来测量信号的频率和周期,能直接用数字显示其频率和周期的数值。

数字频率计在手机维修中,主要用于对有精确频率要求的各种信号进行测量,如 13MHz 基准时钟频率,接收一、二本振频率等。在进行测量时,应保证待测信号不应有谐波成分,包括测试点阻抗不匹配造成的波形畸变,否则测量结果将是不正确或者说是不稳定的。

用于手机维修的频率计,其测频范围一般应达到 1000MHz,若考虑维修双频手机的需要,测频范围应不低于 2GHz。

手机维修中使用较普遍的频率计是安泰信生产的 AT-F-2700C 频率计,如图 4.5 所示。其技术指标如下:

① 频率范围:10Hz~2700MHz。

② 闸门时间:0.01s/0.1s/1s(秒)。

③ 精度:±1Hz±1 个计数位±时基精度。

④ 输入灵敏度:10Hz~10MHz:20mV(通道 1);10~100MHz:25mV(通道 1);100~2700MHz:25mV(通道 2)。

图 4.5 AT-F-2700C 频率计

⑤ 输入阻抗:1MΩ(通道1),50Ω(通道2)。

⑥ 最大输入电压:250VRMS(通道1);5VRMS(通道2)。

数字频率计的前面板主要设置有LED数码管显示屏,可直接显示数据;还有A、B通道的输入插座及琴键式操作按键,用来进行功能选择。有的按键是单功能的,按入便选择了该功能;有的按键双功能,按入为一种功能,弹出为另一种功能。按键功能均标在面板上。鉴于仪器的按键设置或功能不尽相同,这里只介绍通用按键设置。

① 功能选择:设置测频率、测周期、测频率比、自校等挡位,还有的仪器将测频率、测周期定义为通道B(测试频率高)、通道A(测试频率低)。修手机主要是测高频小信号的频率,所以应选测频通道B。

② 门控时间选择:有10ms、100ms、1s、10s等挡,闸门时间越长,测量越精确,但测量速度低,一般选1s挡即可。

③ 输入信号倍乘选择:在主通道中设一个键,以控制信号的幅度,一般有两挡,按入为×1挡,按出为×20挡。有的仪器还配有一个电平表,以粗略指示输入信号的大小。

④ 复位控制:按下此键,数字频率计清零,数码管显示全零。表示本次测量结束,下一次测量可以开始。

在测量时,只需将测试线接触到被测点,便能从LED数码屏上直读被测信号的频率。利用数字频率计测手机是否发射信号和发信频率更为方便,可以采用无线方式测试。操作时,只须将数字频率计的测试线接一个环形天线(用硬质单股线弯一个直径20mm的圆圈,两端接上测试线即可,或用现成的电视UHF频段环形天线),手机靠近天线,拨打112,频率计便能显示手机的发射频率,这完全是靠手机电磁波辐射效应进行测试的。注意,每拨打一次电话,或每开一次机,频率计测得的频率值可能会不同,这是因为手机每次进入的信道是不同的,完全听命于基站的信道分配指令,所以频率计每次测得的发信频率不尽相同。

### 4.1.5 频谱分析仪

频谱分析仪在频域信号分析、测试、研究、维修中有着广泛的应用。与示波器从时域表现被测信号的变化情况不同,频谱分析仪是从频域上分析信号变化的仪器，分析射频信号的频谱即测试、比较多路信号及分析信号中所包含的频率成分。频谱分析就是在频率域内对信号及其特性进行描述。频谱分析仪还能对失真、相位噪声、噪声指数、2G 或 3G 无线通信格式信号进行分析。

频谱分析仪是手机维修过程中的一个重要维修仪器，是专门用来测试信号的频谱结构的。主要用于测试手机射频电路的本振信号、中频信号、发射信号的功率大小。使用频谱分析仪可以使手机的射频故障维修变得简单，如不入网，无发射等。如果想测量发射信号和接收信号的频率和幅度，由于手机的高频信号频率一般都在 1000MHz 左右，特别是数码手机中的信号是离散的，因而其频率用频率计根本不易测量，用示波器则误差太大。但用频谱仪则可直接在荧屏上显示各种被测信号的频谱图。再如，在维修手机不入网故障时，经常需要测量 13MHz 的信号。一般情况下，可以用示波器判断 13MHz 电路信号的存在与否，以及信号的幅度是否正常，然而，却无法利用示波器确定 13MHz 电路信号的频率是否准确；用频率计可以确定 13MHz 电路信号的有无，以及信号的频率是否准确，但却无法用频率计判断信号的幅度是否正常。使用频谱分析仪可迎刃而解，因为频谱分析仪既可检查信号的有无，又可判断信号的频率是否准确，还可以判断信号的幅度是否正常。同时它还可以判断信号，特别是 VCO 信号是否纯净。可见频谱分析仪在手机维修过程中是十分重要的。

手机工厂维修使用的频谱仪一般都是国外厂家生产的，如安捷伦（Agilent）ESA 民用系列频谱分析仪；在售后手机维修中主要使用国产频谱仪，如安泰信生产的 AT5010B，其性价比较高。不同厂家和型号的频谱仪主要是频带覆盖范围和频率分辨率不同，从使用角度讲，差别并不大。下面对 AgilentESA 系列 E4403B 和安泰信生产的 AT5010B 分别介绍。

1. E4403B 频谱分析仪

1）面板按钮功能

E4403B 频谱分析仪的前视图如图 4.6 所示，其面板按钮功能介绍如下：

① 查看角度键。

可调节屏幕显示，以便从不同角度进行最佳查看。

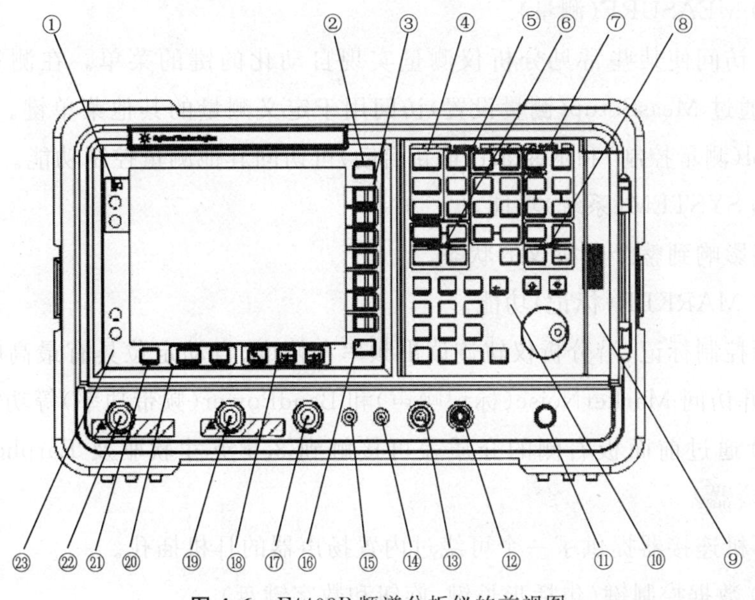

图 4.6　E4403B 频谱分析仪的前视图

② Esc 键。

可取消任何正在进行的输入。Esc 可终止一项打印作业(如果正在进行打印)并清除显示屏底部的状态行中的错误消息。它还可以清除输入,并跟踪发生器的过载状况。

③ 菜单键。

是屏幕旁边未做标记的键。菜单键的标记是这些未做标记的键旁边的屏幕上的注释。前面板上大多数做出标记的键(也称作前面板键)可以访问具有相关功能的键的菜单。

④ FREQUENCYChannel(频率通道)、SPANXScale(跨度 X 刻度)和 AMPLITUDEYScale(幅度 Y 刻度)。

用于激活主要分析仪功能并访问相关功能菜单的三个较大键。在一些测量中要用到这些键的二级标签(Channel(通道)、XScale(X 刻度)和 YScale(Y 刻度))。

⑤ CONTROL(控制)功能。

可访问用于调节分辨率带宽、调节扫描时间和控制分析仪显示屏的菜单。它们还可设置进行测量所需的其他分析仪参数。

⑥ MEASURE(测量)。

可访问使某些常见分析仪测量实现自动化的键的菜单。在测量进行中,可通过 MeasSetup(测量设置)访问用于定义测量的其他菜单键。MeasControl(测量控制)和 Restart(重新启动)可访问其他测量控制功能。

⑦ SYSTEM(系统)功能。

将影响到整个分析仪的状态。

⑧ MARKER(标记)功能。

可控制标记、沿分析仪轨迹读出频率和幅度、自动定位具有最高幅度的信号,并访问 MarkerNoise(标记噪声)和 BandPower(频带功率)等功能。

⑨ 通过前面板右侧的介质盖可接触到 3.5 英寸软驱及 Earphone(耳机)连接器。

耳机连接器提供了一个可绕过内置扬声器的耳机插孔。

⑩ 数据控制键(包括步长键、旋钮和数字键盘)。

用于改变活动功能的数值,如中心频率、开始频率、分辨率带宽和标记位置等。

⑪ 音量旋钮。

用于调节内置扬声器的音量。扬声器是使用 Det/Demod(检波器/解调器)菜单中的 SpeakerOnOff(扬声器开/关)键开启和关闭的。

⑫ PROBEPOWER(探头电源)。

可为高阻抗交流探头或其他附件供电。(+15V、12.6V、150mA 最大值)

⑬ LOOUTPUT(本振输出)。

可提供用于外部混频器(选件)的正确本机振荡器信号。

⑭ RFINPUT(RF 输入)。

连接到外部混频器(选件)的 RF 输出。

⑮ Return(返回)。按 Return(返回)键可访问上一次选择的菜单。继续按 Return(返回)键可访问更前面的菜单。返回键也可结束字母数字的输入。

⑯ AMPTDREFOUT(幅度参考输出)。

提供了在-20dBm 下 50MHz 的幅度参考信号。

2) 频谱分析仪的使用

(1) 预设频谱分析仪

预设功能为测量提供了一个已知的起始点。分析仪有三类预设：

① FactoryPreset(工厂预设)将分析仪恢复到其出厂时设置的状态。

② UserPreset(用户预设)将分析仪恢复到用户定义的状态。

③ ModePreset(模式预设)此类预设将当前所选的模式恢复到一个已知的状态。

测量前可先选用工厂预设状态。

(2) 设置待测量信号的频率

选择 FREQUENCYChannel(频率通道)按钮，在子菜单中选择 CenterFrequency(中心频率)设置项，通过面板数字键设置分析仪所测量的频带的中心频率，一般设为被测信号的理论频率。

(3) 设置扫描频带宽度

选择 SPAN(跨度)按钮，即设置 XScale(X 刻度)，通过面板数字键设置分析仪的扫描频带宽度。

频谱分析仪采用在一定的带宽内按频率由低到高逐点扫描测量的方法得出此频带内所有频谱成分(不同的频率)的幅度或功率，需要对测试的频带带宽进行设置。扫描宽度越大，所看到的频谱分量就越多，但频率分辨率越低；扫描宽度越小，所显示的频谱细节越多，但是显示的频带变得很窄。

(4) 设置参考幅度

选择 AMPLITUDE(幅度)按钮，即设置 YScale(幅度 Y 刻度)，通过面板数字键设置分析仪测量信号的参考幅度(RefAmplitude)，参考幅度变小，信号的频谱的幅度被放大，可以显示更小的细节；参考幅度变大，信号频谱幅度被压缩，可以显示信号频谱的全貌。

(5) 设置扫描时间

选择 Sweep(扫描时间)按钮，通过面板数字键设置分析仪测量信号的完成设置扫描频带的时间。适当设置该时间，可以得到正确的频谱显示与测量结果。一般设置为 1 或 2 秒(s)。

(6) 测量标记

选择 Marker(标记)按钮，可在显示的频谱图形上出现移动的标记，在屏幕上同时显示出该标记点对应的频率与幅度。常用 PeakSearch 键来标明频谱峰值的幅度与频率。

关于频谱分析仪的其他具体使用方法请参阅相关的使用说明书。

(7) 频谱分析仪的使用实例

下面通过测量一个参考信号的频谱过程来说明上述各功能按钮的使用方法,同时也间接地说明了实际测量时如何用分析仪测量信号的频谱,得到该信号的功率和频率值。

利用频谱分析仪探头将仪器校准参考信号作为外部待分析测试信号连接到仪器的 RFINPUT(RF 输入)即信号输入端。按下列步骤进行该信号的频率和功率测量。

第一步:设置参考电平和中心频率。

将分析仪 10MHzREFOUT(10MHz 参考输出)连接到面板输入。

参考电平设置为 10dBm:按 AMPLITUDE(幅度)、10、dBm。

将中心频率设置为 30MHz:按 FREQUENCY(频率)、CenterFreq(中心频率)、30、MHz。

10MHz 参考信号频谱出现在显示屏上,如图 4.7 所示。

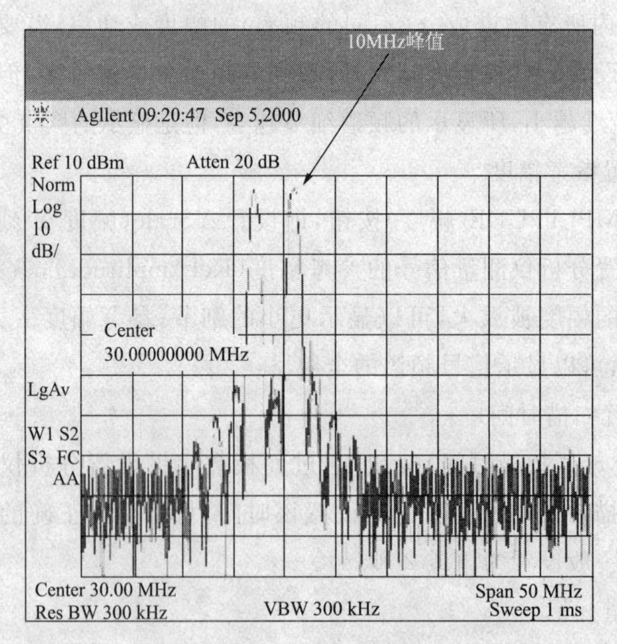


**图 4.7** 显示参考信号频谱

第二步：设置频率跨度。

将频率跨度设置为50MHz：按SPAN（跨度）、5、0、MHz。此时会显示如图4.8所示的信号。

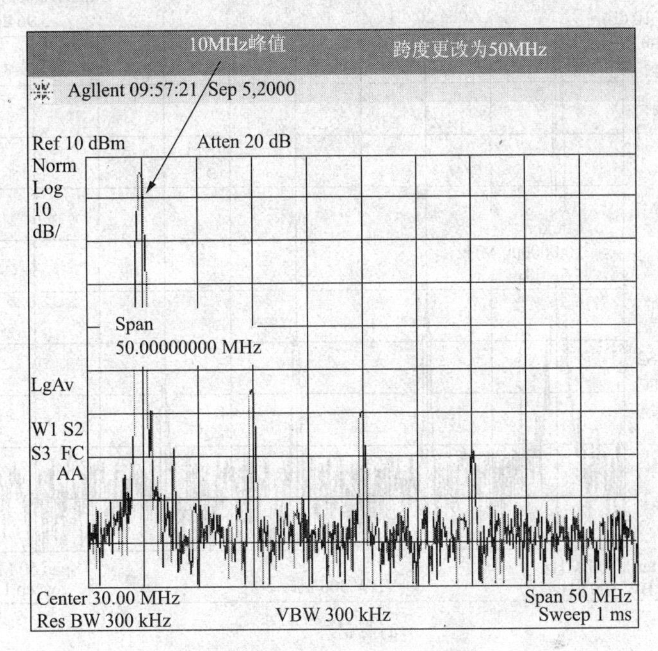


**图4.8**　按设置显示频率跨度

第三步：读取频率和幅度。

将标记（标为1）放到10MHz峰值处，如图4.9(a)所示。按PeakSearch（峰值搜索）。注意，标记的频率和幅度会出现在活动功能区中以及屏幕的右上角。可使用旋钮、箭头键或PeakSearch（峰值搜索）菜单中的软键移动标记。

第四步：更改参考电平。

按AMPLITUDE（幅度），会看到参考电平（RefLevel）变成活动功能，再按Marker→（标记→）、Mkr→RefLvl（标记→参考电平），实现更改参考电平。注意，更改参考电平会改变顶部格线的幅度值。

图4.9(b)显示了中心频率和参考电平间的关系。方框代表分析仪显示屏。更改中心频率会使显示屏上信号的水平位置发生变化。更改参考电平会使显示屏上信号的垂直位置发生变化。增加跨度会增加横跨显示屏的频率范围。

实际测量中，假设分析手机不发射故障时，可以通过测量参考信道

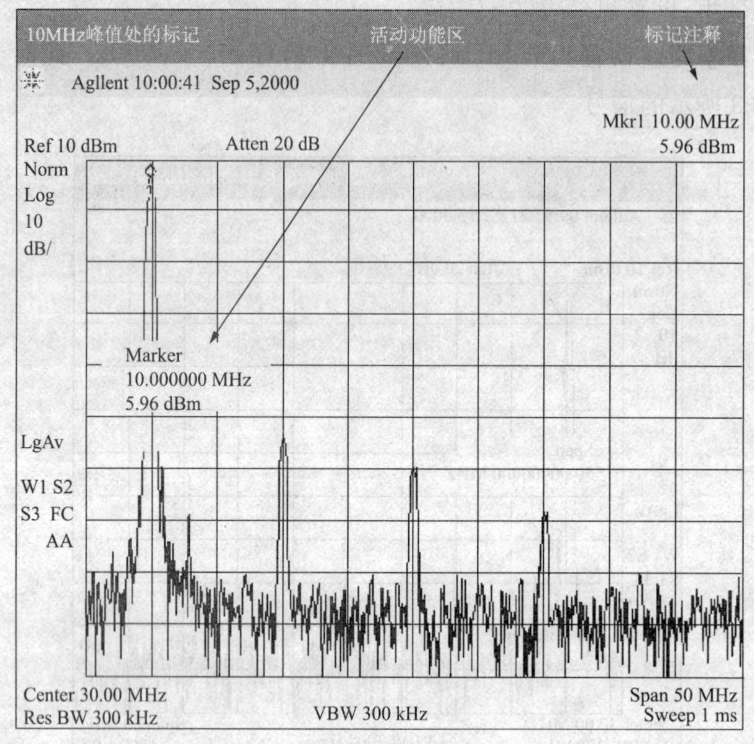


(a) 标记

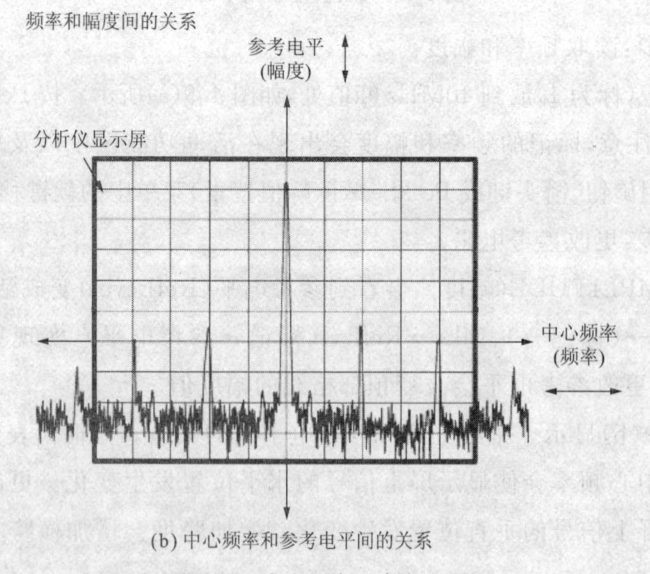


(b) 中心频率和参考电平间的关系

图 4.9 中心频率和参考电平

(GSM手机为62#)载波、中频等的频谱信息(功率等)来确认和查找故障。

像PC一样,这类分析仪包含一个内部存储驱动器和软盘驱动器,二者都可以建立目录和子目录。可以将文件(设置、状态、轨迹、限制、修改、测量结果或屏幕)保存。

**2. 安泰信AT5010频谱分析仪**

(1) 面板介绍

安泰信AT5010频谱分析仪的前视图如图4.10所示,其面板按钮功能介绍如下:

① 聚焦旋钮(FOCUS):用于光点清晰度的调节。

② 亮度调节旋钮(INTENS):用于光点亮暗调节。

③ 轨迹旋钮(VT):通过轨迹旋钮内装的一个电位器来调整轨迹,使水平扫描线与水平刻度线基本对齐。

④ 标记按钮(ONOFF):当标记按钮置于OFF(断)位置时,中心频率(CF)指示器发亮,此时显示器读出的是中心频率;当此开关在ON(通)位置时,标记(MK)指示器发亮,此时显示器读出的是标记的频率,该标记在屏幕上是一个尖峰。

⑤ 标记旋钮(MARKER):用于调节标记频率。

⑥ LED指标灯:闪亮时表示幅度值不正确。这是由于扫频宽度和中频滤波器设置不当而造成幅度降低所致。这种情况可能出现在扫频范围过大

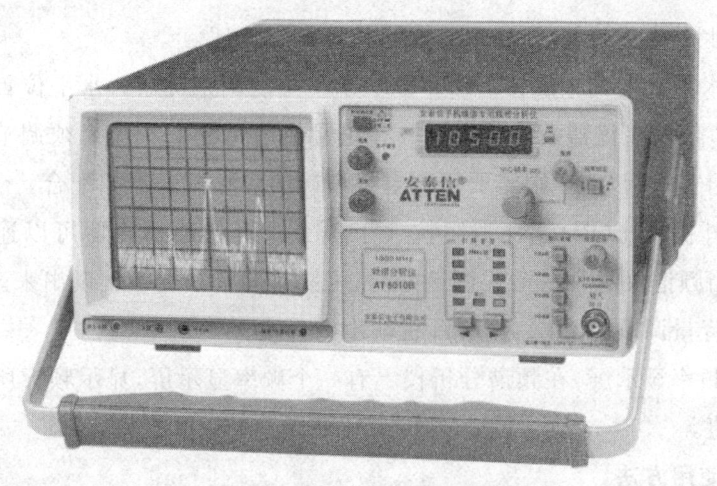


**图4.10**　安泰信AT5010频谱分析仪

时(相对于中频带宽(20kHz),或视频滤波器带宽(4kHz))。若要正确测量,可以不用视频滤波器或者减小扫频宽度。

⑦ 中心频率粗/细调(CENTERFERQ 和 FINE 两个旋钮):这两个旋钮均用于调节中心频率。中心频率是指显示在屏幕水平中心处的频率。

⑧ 中频带宽选择(400kHz、20kHz):选在 20kHz 带宽时,噪声电平降低,选择性提高,能分隔开频率更近的谱线。此时,若扫频宽度过宽,则由于需要更长的扫描时间,从而造成信号过渡过程中信号幅度降低,使测量不正确。此时,“校准失效”LED 会发亮。

⑨ 视频滤波器选择(VIDEOFILTER):可用来降低屏幕上的噪声,它使得正常情况下,平均噪声电平刚好高出其信号(小信号)谱线,以便于观察。该滤波器带宽是 4kHz。

⑩ Y 移位调节(Y.POS):调节扫描速度垂直方向移动。

⑪ BNC50 输入端口(INPUT50):在不用输入衰减时,不允许超出的最大允许输入电压为+25V(DC)和+10dBm(Ac)。当加上 40dB 最大输入衰减时,最大输入电压可防 20dBm。

⑫ 衰减器按钮:输入衰减器包括有 4 个 10dB 衰减器,在信号进入第一混频器之前,利用衰减器按钮可降低信号幅度。

⑬ 扫频宽度选择按键(SCANWIDTH):用来调节水平轴的每格扫频宽度。

⑭ 水平位置旋钮(X-POS):水平位置调整旋钮。

⑮ 水平幅度调整旋钮(X-AMPL)水平幅度调整旋钮。水平位置及水平幅度调节仅仅在仪器校准时才用。在正常使用情况下一般无须调节。当需要对它们实施调节时,则需要用一台很精确的射频振荡器相配合。

⑯ 耳机插孔(PHONE):阻抗大于 16Ω 的耳机或扬声器可以连到耳机插孔。当频谱仪对某一谱线调谐好时,可能有的音频会被解调出来。

⑰ 音量调节(VOL):调节耳机输出的音量。

⑱ 频率显示屏:在频谱分析仪上有一个频率显示屏,显示频标所在位置的频率值。

### 3. 使用方法

用频谱分析仪检查射频电路的故障时,可与射频信号源配合使用。

检查天线电路的接收情况时，应将射频信号源的输出频率设置在下行频率的某一个信道的频率点上，幅度设为－65dBm，并将频谱分析仪的中心频率设置为与之对应的频率点上。

检查天线电路的发射情况时，应将射频信号源的输出频率设置在上行频率的某一个信道的频率点上，幅度也设为－65dBm，并将频谱分析仪的中心频率设置为与之对应的频率点上。

检测射频部分的发射电路时，应对发射上变频电路的两个方面进行检测：一个是发射上变频器输入的发射已调中频信号；一个是发射上变频器输出的最终发射信号。发射上变频器多被集成在射频模块中，只要找到射频模块的发射上变频器的输入、输出端口，将频谱分析仪的探头放在相应的端口即可。

对于功率放大电路，可用频谱分析仪对每一级放大器的输入、输出端信号的幅度进行检测比较，以判断放大电路工作是否正常。

手机上有些信号测试点的信号可以直接用高频电缆连接到频谱仪进行测量。但有部分测试点因为存在阻抗匹配的问题，不能直接测量。这时，可选用安泰AZ530-H高阻抗探头，探头输入电容为2pF，阻抗极高，可以直接定量测量手机上任何射频信号的幅度，不会对被测电路有任何影响。AZ530-H高阻抗探头本身有20dB（典型值）的衰减，因此用其作定量测量时，要在其幅度值的直接读数上加20dB。

下面举例介绍频谱分析仪的具体操作过程。

1. 爱立信GH398手机第二中频信号（6MHz）的检测

① 打开频谱分析仪，调节亮度（INTENS）和聚焦（FOCUS）旋钮，使屏幕上显示的光迹清晰。

② 调节扫频宽度选择（SCANWIDTH）按键，使1MHz指示灯亮，表示每格所占频宽为1MHz。

③ 调节中心频率粗/细调（CENTFERQ和FINE）调节旋钮，使频标位于屏幕中心位置，所指频率为6MHz。

④ 将频谱仪探头外壳与GH398电路主板接地点相连，探针插到第二中频滤器的输出端，在电流表指针摆动时观察频谱仪屏幕上是否有脉冲图像。在正常情况下，当电流表指针摆动时，应有脉冲图像出现在6MHz频标

位置。

2. 三星 SGH600 手机的功放输出信号的检测

① 打开频谱分析仪，调节亮度和聚焦旋钮，使屏幕上显示清晰的图像。

② 调节中心频率粗/细调调节旋钮，使频标位于屏幕中心位置，显示屏显示频率值为 900MHz。

③ 调节扫频宽度选择(SCANWIDTH)按键，使 10MHz 指示灯亮，表示每格所占频宽为 10MHz。

④ 将频谱仪外壳与 SGH600 手机主板接地点相连，探针插到功放块的输出端，并拨打电话，观察电流表摆动的同时观看频谱仪屏幕上有无脉冲图像。在正常情况下，在 900MHz 频标附近会出现脉冲图像，但幅度会超出屏幕范围。此时可以按衰减按键，使图像最高点落在屏幕范围内。

### 4.1.6 射频信号源

射频信号源主要用在射频电路的接收与发射维修提供信源，方便测试。能有效地避开基站的信号进行调节。安泰信射频信号源有 AT808 和 AT818，AT808 是 GSM 手机维修专用信号源，AT818 是 CDMA 手机维修专用信号源。AT808 和 AT818 的技术指标如下。

AT808 技术指标：

① 频率输出范围：935～960MHz。

② 点频输出：945MHz(50 信道)、950MHz(75 信道)、955MHz(100 信道)。

③ 可调输出：935～960MHz。

④ 带信号幅度标准调节：－10～－75dBm。

⑤ 带模拟 IQ 信号。

⑥ 输出阻抗：BNC50Ω。

AT818 技术指标：

① 频率输出范围：869～894MHz。

② 点频输出：878.5MHz、881.5MHz。

③ 可调输出：869～894MHz。

④ 带信号幅度标准调节：－10～－75dBm。

⑤ 带模拟IQ信号。

⑥ 输出阻抗:BNC50Ω。

### 4.1.7 GSM无线通信测试仪

GSM无线通信测试仪是完成GSM手机射频通信功能测试的关键仪器。目前主要使用HP8922、HP8960、CMD55和CMU200等几类GSM手机测试仪,不同类型射频测试仪的功能和价格有所不同,以下简单介绍在生产和售后手机维修中都有广泛应用的HP8922无线通信测试仪。

#### 1. HP8922系列配套仪器

HP8922系列GSM手机测试仪主要包括用于PGSM/EGSM频段测试的HP8922H/M系列测试仪和用于DCS/PCS频段测试的HP83220E系列测试仪。HP8922可以单独作为PGSM/EGSM手机测试仪使用,和HP83220E连接后组成EGSM/DCS/PCS全频段(三频)的手机测试仪,HP83220E不能单独使用。需要注意的是HP83220E有的型号只是DCS频段的,不能进行PCS频段的测试,具体情况要注意仪器上的标称。

#### 2. HP8922的工作模式

HP8922是一种综合性的GSM手机测试仪,简称综测仪。其主要作用是模拟一个GSM基站,手机在安装测试SIM卡后能够Camp到仪器所设置的频段上,并能进行双向的呼叫通信测试。这种模式称为ActiveCell模式。HP8922在ActiveCell模式中可以对模拟基站的各种参数进行设置,如BCH、TCH信道号码、时隙、场强、功率级等。手机与HP8922建立连接后可以从HP8922上读出来自手机的状态报告如接收信号电平(RX Level),接收信号质量(RX Quality)等,还可以对手机发射的信号进行测量,主要有发射信号的功率,发射信号的峰值相位误差(Peak Phase Error),均方根值相位误差(RMS Phase Error),频率误差(Frequency Error),TDMABurst的正/负向平坦度(Positive/Negative Flatness)和包络(Time Mask)测量等,通过比较向手机中传送的随机数据和被手机环回(Loop Back)的数据,仪器还可以计算出手机在一定接收电平下的误码率(Bit Error Rate)。

HP8922的另外一个工作模式是Test模式,在这种模式下可以对一些特定的手机信号进行测试。此外，HP8922 还可以作为一台示波器使用。进入主画面中的 Scope 界面，在仪器的面板上有许多 BNC 输入接口，可以设置示波器的输入为选定的接口，测量一些信号的波形。部分 HP8922 还有频谱分析仪的功能，可以测量手机发射信号的频谱分量。

有关 HP8922 系列 GSM 手机测试仪的详细使用方法可查阅 HP8922 的相关说明书。

这里值得一提的是用来连接 HP8922 测试仪与手机射频接口的电缆称为射频线，该电缆阻抗为 50Ω 同轴电缆，保持该电缆的完好对正确测试手机非常重要。

在手机生产、维修中还要用到一种接口设备 EMMI（Electronics Man Machine Interface，EMMI），在手机的测试分析中负责连接手机与工控机的通信，工控机通过接口向手机发出各种控制命令，控制手机的工作状态，还可以读取手机内部存储的数据。

## 4.2 手机维修工具

由于手机电路板采用 SMT 贴装工艺和微组装技术，元件密度高，结构十分精密，电气质量要求很高。维修中稍有不慎，不但修不好手机，还可能扩大故障。尤其 IC 多为 BGA 封装，为保证维修质量，所以维修手机需要一些专用的工具。

最常用的工具就是热风枪和电烙铁。在焊接之前，除备有热风枪、尖头烙铁等基本工具外，还应准备好真空吸锡器、手指钳、带灯放大镜、手机维修平台、防静电手链、小刷子、吹气球、医用针头等辅助工具及松香水（酒精和松香的混合液）、无水酒精、焊锡等备料。

下面介绍手机中常使用的各类手焊设备和其他辅助工具。

### 4.2.1 热风枪

热风枪（又名热风拆焊台）用于加热 PCB 上焊接元器件的焊锡，使之熔化，以便拆卸和更换元器件。主要用于拆卸集成电路，还可以用来对 BGA 封装器件进行焊接安装。

热风枪的主要部件是电热丝和气泵，其控制面板上有温度调节旋钮和风量调节旋钮。

最早的热风枪依赖于国外进口，价格高昂，较常用的是日本白光牌热风拆焊台，价格高达一万多元，国内的需求量不算很大。近几年来，随着我国移动通信的迅猛发展，热风拆焊台的需求也随之大增，国产热风枪迅速进入移动通信维修工具市场，在众多国产热风拆焊台公司中深圳安泰信电子有限公司是国内最大、技术实力最强的制造商，该公司生产的热风枪质量好、性能稳定、价格不高，深受维修行业欢迎，市场占有率大。

**1. 热风枪的种类**

主要使用类型有：大型风枪、中型风枪和小型风枪，此外还有无铅电焊台。

(1) 大型风枪

加热面积比较大，温度可调，风力不可调。可用于加热面积较大的屏蔽罩或对于温度有要求的塑料器件，代表型号有安泰信 AT8205，如图 4.11 所示。

(2) 中型风枪

加热面积适中，温度与风力均可调。用于加热中型元器件，如滤波器、VCO 和中型 IC，不能加热塑料元器件，代表型号有安泰信 AT850，如图 4.12 所示。中型器件也能使用大风枪更换。

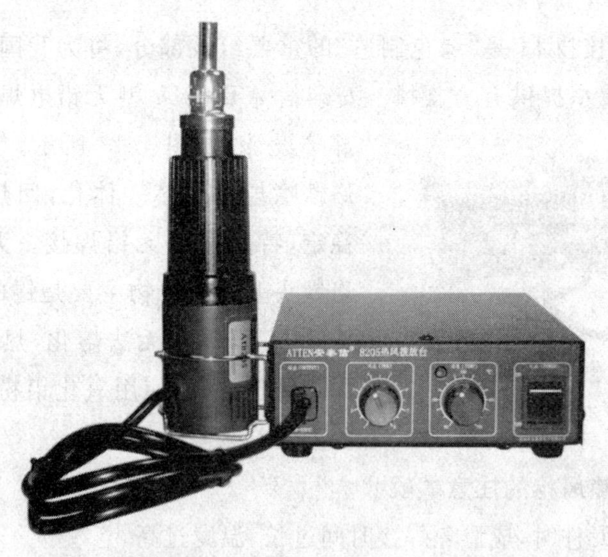


**图 4.11**　大型风枪(安泰信 AT8205)

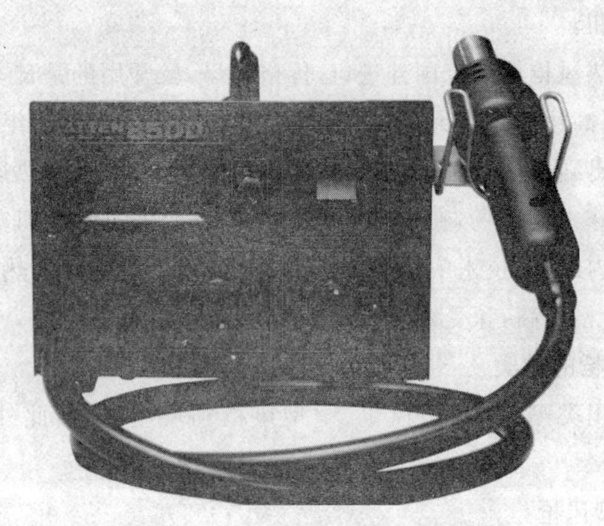

图 4.12　中型风枪(安泰信 AT850)

(3) 小型风枪

加热面积小,温度与风力均可调。可用于局部加热小型元器件,如电阻、电容和电感等元件和二极管、三极管等器件,只要更换 AT850 热风枪风嘴为 5mm 以下的小尺寸即可。这样的好处是减少受热元件,避免元件被吹散丢失。设置风枪温度为 3～5 挡左右,风力以不会吹跑元件为宜。

(4) 无铅电焊台

"无铅焊接技术"是"绿色制造"的重要组成部分,将为我国企业消除国际绿色贸易壁垒提供有力支撑。安泰信 AT208Dr 型无铅电焊台专为无铅焊接设计,如图 4.13 所示。AT208Dr 的烙铁嘴与发热芯一体化,回热极快,温度稳定,特别适合无铅焊接。无铅锡丝时,烙铁头上的残留物主要是锡的氧化物,在此状态下,锡丝无法熔化,热量就无法到焊接物上,只能使用氧化铝粉末或者特殊的助焊剂来除去。

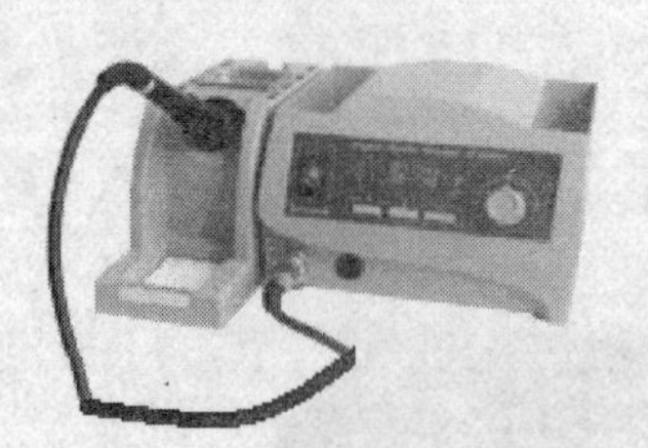

图 4.13　安泰信 AT208Dr 型无铅电焊台

**2. 使用热风枪的注意事项**

① 更换元件时,应避免焊接时间过长、温度过高。

② 有些器件(如 CMOS 器件)对静电或高压特别敏感,易受损。在拆卸

这类元件时，必须放在有接地的台子上，维修人员应戴上防静电的手套，不要穿尼龙衣服等易带静电的服装。在焊接装卸时，所有电源都要关掉。在焊接时，电烙铁应有良好的接地。

③ 手机的主板多为多层印制电路板，在焊接和拆卸时要特别注意其通路孔，应避免印制电路与通路孔错开。

④ 需要特别注意的是，在用热风枪焊接之前，一定要将手机电路板上的备用电池拆下(特别是备用电池离所焊接的元件较近时)，否则，备用电池很容易受热爆炸，对人身构成威胁。

**3. 使用热风枪的技巧**

下面以拆焊表面安装集成电路为例介绍热风枪的使用技巧。

(1) 拆卸前的准备

① 烙铁、手机维修平台应很好接地。

② 记住集成电路的定位情况，以便正确恢复。

③ 根据不同的集成电路选好热风枪的喷头。

④ 往集成电路的管脚周围加注松香水。

(2) 拆卸技巧

① 调好热风枪的温度和出风量。拆卸集成电路时，温度调节旋钮一般调至3～6挡，风量调节旋钮调至2～3挡。拆卸小型电子元件时，风量旋钮应调至2挡以内，绝对不能调得过大，否则，会把小元件吹跑。

② 用单喷头拆卸时，应注意使喷头和所拆集成电路保持垂直，并沿集成电路周围引脚慢速旋转，均匀加热。喷头不可触及集成电路及周围的外围元件，吹焊的位置要准确，切不可吹跑集成电路周围的外围小件。

③ 待集成电路的引脚焊锡全部熔化后，用小起子或镊子将集成电路掀起或镊走，且不可用力，否则，极易损坏集成电路的锡箔。

(3) 焊接技巧

① 将焊接点用平头烙铁整理平整，必要时，应对焊锡较少焊点进行补锡，然后，用酒精清洁干净焊点周围的杂质。

② 将更换的集成电路和电路板上的焊接位置对好，最好用放大镜进行调整，使之完全对准。

③ 先焊四角，将集成电路固定，然后，再用热风枪吹焊四周。焊好后应

注意冷却,不可立即去触动集成电路,以免其发生位移。

④ 冷却后,用放大镜检查集成电路的引脚有无虚焊,若有,应用尖头烙铁进行补焊,直至全部正常为止。

### 4.2.2 电烙铁

电烙铁主要用于焊接和拆卸元件,由于手机大部分元件是贴片元件,所以烙铁头要尖、小,功率也不宜过大,温度最好可以调节。由于手机中的元件大多为CMOS器件,所以要求电烙铁要有防静电功能,要有良好的接地。

当前使用最多的是安泰信AT936型电烙铁,AT936(一般为黑色)具有防静电和温度可调的功能。

电烙铁在手机维修中的作用不可小觑,如果选择不当,会造成许多人为故障,如虚焊、短路等。所以手机维修使用的电烙铁的应温度上升快、可调,发热体使用直流电压供电,保证无漏电、防静电。功率一般为60W或更大一些,焊接时间为2～5s。

使用电烙铁的注意事项如下:

① 当较长时间如半个小时不使用时,应关闭电源开关。

② 烙铁头上应一直镀有焊锡以防止暴露于空气中被氧化,因为氧化层会影响烙铁头温度的传递,不能熔化焊锡,对元件就不能加热。烙铁头出现氧化层后不能用锉锉掉,只能更换新的。

③ 每次使用前,先用湿海绵擦拭烙铁头,去掉氧化物和其他异物。

④ 焊接时间不要过长,否则会伤害焊接元件。

⑤ 焊接时最好使用助焊剂,有利于焊接良好又不至于造成短路。

### 4.2.3 其他辅助工具和材料

(1) 镊子

用于夹取和摆放PCB元器件。

(2) PCB焊接托架

用于盛放待焊接的PCB,按各型号PCB轮廓制作。

(3) 吸锡线

用于清除PCB上多余的焊锡。

(4) 助焊笔(剂)

将助焊剂涂在待焊元件的焊锡上，在加热后可清除元件焊接表面与焊锡的氧化层，有助于提高焊接质量和加快焊接速度。

(5) 隔热罩

将定做的隔热罩罩在塑料元件的表面，可以有效地防止过热的焊接温度将塑料元件熔化。

(6) 清洗助焊笔

用于去除 PCB 上焊接完成后的残余助焊剂，避免腐蚀电路板。

## 4.3　BGAIC 的拆装

BGA 技术可大大缩小手机的体积，增强其功能，减小功耗，降低生产成本。BGA 封装的芯片均采用精密的光学贴片仪器进行安装，误差只有 0.01mm。而 BGA 封装 IC 很容易因摔引起虚焊，但在实际的维修工作中，大部分维修者并没有贴片机之类的设备，因此维修的难度较大。只有掌握正确的拆焊方法，才能用热风枪等维修好手机。下面具体介绍 BGAIC 的拆卸、植锡和安装方法，供维修时参考。

### 1. 植锡工具的选用

植锡工具的具体选用如表 4.2 所示。

**表 4.2　植锡工具的选用**

| 植锡工具 | 说　明 |
| --- | --- |
| 植锡板 | 连体植锡板所有型号的 BGAIC 都集在一块大的植锡板上，连体植锡板的使用方法是将锡浆印到 IC 上后，就把植锡板扯开，然后再用热风枪吹成球。这种方法的优点是操作简单，成球快，缺点一是锡浆不能太稀；二是对于有些不容易上锡的 IC，例如软封的 Flash 或去胶后的 CPU，吹球的时候锡球会乱滚，极难上锡，一次植锡后不能对锡球的大小及空缺点进行二次处理；三是植锡时不能连植锡板一起用热风枪吹，否则植锡板会变形隆起，造成无法植锡<br>小植锡板每种 IC 一块板，小植锡板的使用方法是将 IC 固定到植锡板下面后，刮好锡浆后连板一起吹，成球冷却后再将 IC 取下。它的优点是热风吹时植锡板基本不变形，一次植锡后若有缺脚或锡球过大过小的现象，可进行二次处理，特别适合于初学者使用<br>另外，在选用植锡板时，应选用喇叭型、激光打孔的植锡板。要注意的是，现在市售的很多植锡板都不是激光加工的，而采用化学腐蚀法加工。这种植锡板除孔壁粗糙不规则外，其网孔没有喇叭型或出现双面喇叭型，采用这类钢片植锡板在植锡时成功率很低 |

续表 4.2

| 植锡工具 | 说 明 |
|---|---|
| 锡浆 | 选用颗粒细腻均匀、稍干的瓶装锡浆，不建议用那种注射器装的锡浆 |
| 刮浆工具 | 一般的植锡套装工具中都配有刮浆用钢版刮刀或胶条 |
| 热风枪 | 最好使用有数控恒温功能的热风枪，温度容易掌握，可去掉风嘴直接吹焊 |
| 助焊剂 | 建议选用日本产的GOOT牌助焊剂，其优点：助焊效果极好；对IC和PCB没有腐蚀性；其沸点仅稍高于焊锡的熔点，在焊接时焊锡熔化不久便开始沸腾吸热汽化，可使IC和PCB均保持在这个温度。另外，也可选用松香水之类的助焊剂，效果也很好 |
| 清洗剂 | 最好用天那水，天那水对松香助焊膏等有极好的溶解性，不要使用溶解性不好的酒精 |

### 2. BGA芯片的拆卸

BGA芯片的拆卸步骤如表4.3所示。

**表 4.3 BGA芯片的拆卸步骤**

| 拆卸步骤 | 说 明 |
|---|---|
| 第1步：BGAIC的定位 | 在拆卸BGAIC之前，必须了解BGAIC的具体位置，以方便焊接安装。有些手机的电路板上，印有BGAIC的定位框，这样焊接定位一般不成问题。对没有定位框的可以采用以下方法定位<br>1. 画线定位法<br>拆下BGAIC之前，先沿着IC的周周画好线，记住方向，作好记号，为重焊作准备。这种方法的优点是准确方便，缺点是用笔画的线容易被清洗掉，用针头画线如果力度掌握不好，容易伤及电路板<br>2. 贴纸定位法<br>拆下BGAIC之前，先沿着IC的四边用标签纸在电路板上贴好，纸的边缘与BGAIC的边缘对齐，用镊子压实粘牢。这样，拆下IC后电路板上就留有标签纸贴好的定位框。重装IC时，只要对着几张标签纸中的空位将IC放回即可 |
| 第1步：BGAIC的定位 | 3. 目测法<br>拆卸BGAIC前，先将IC竖起来，这时就可以同时看见IC和电路板上的引脚，先横向比较一下焊接位置，再纵向比较一下焊接位置。记住IC的边缘在纵横方向上与电路板上的哪条线路重合或与哪个元件平行，然后根据目测的结果按照参照物来定位IC |
| 第2步：拆卸 | 拆卸前在芯片上面放适量助焊剂，既可防止干吹，又可使芯片底下的焊点均匀熔化，且不会损坏旁边的元器件<br>去掉热风枪前面的套头用大头，温度旋钮一般调至3～4挡，风量旋钮调至2～3挡，在芯片上方约2.5cm处作螺旋状吹，直到芯片底下的锡珠完全熔解，用镊子轻轻托起整个芯片 |
| 第3步：清理余锡 | BGA芯片取下后，先用电烙铁将焊盘和手机板上多余的焊锡去除，然后再用天那水将芯片和机板上的助焊剂洗干净 |

### 3. 植锡操作

BGA芯片的植锡步骤如表4.4所示。

**表4.4 BGA芯片的植锡步骤**

| 植锡步骤 | 说 明 |
|---|---|
| 第1步:固定BGAIC | 将IC对准植锡板的孔后,用标签贴纸将IC与植锡板贴牢 |
| 第2步:上锡浆 | 用手或镊子按牢植锡板,然后用另一只手刮浆上锡<br>如果锡浆太稀,吹焊时就容易沸腾导致成球困难,因此锡浆越干越好,只要不是干得发硬成块即可。用平口刀挑适量锡浆到植锡板上,用力往下刮,边刮边压,使锡浆均匀地填充于植锡板的小孔中。若植锡板与IC之间存在空隙的话,空隙中的锡浆将会影响锡球的生成 |
| 第3步:吹焊 | 将热风枪的风嘴去掉,将风量调至最小,将温度调至330～340℃。晃动风嘴对着植锡板缓缓均匀加热,使锡浆慢慢熔化。当看见植锡板的个别小孔中已有锡球生成时,说明温度已经到位,这时应当抬高热风枪的风嘴,避免温度继续上升。过高的温度会使锡浆剧烈沸腾,造成植锡失败;严重的还会使IC过热损坏<br>如果吹焊成球后,发现有些锡球大小不均匀,甚至有个别脚没植上锡,可先用裁纸刀沿着植锡板的表面将过大锡球的露出部分削平,再用刮刀将锡球过小和缺脚的小孔中上满锡浆,然后用热风枪再吹一次即可。如果锡球大小还不均匀的话,可重复上述操作直至理想状态。重植时,必须将置锡板清洗干净、擦干 |

### 4. BGAIC的安装

BGA芯片的安装步骤如表4.5所示。

**表4.5 BGA芯片的安装步骤**

| 安装步骤 | 说 明 |
|---|---|
| 第1步:涂助焊膏 | 先将BGAIC有焊脚的那一面涂上适量助焊膏,用热风枪轻轻吹一吹,使助焊膏均匀分布于IC的表面,为焊接作准备 |
| 第2步:IC定位 | 再将植好锡球的BGAIC按拆卸前的定位位置放到电路板上,同时,用手或镊子将IC前后左右移动并轻轻加压,对准后,因为事先在IC的脚上涂了一点助焊膏,有一定黏性,IC不会移动。如果IC对偏了,要重新定位 |
| 第3步:焊接 | BGAIC定好位后,就可以焊接了。和植锡球时一样,把热风枪的风嘴去掉,调节至合适的风量和温度,让风嘴的中央对准IC的中央位置,缓慢加热。当看到IC往下一沉且四周有助焊膏溢出时,说明锡球已和电路板上的焊点熔合在一起。这时可以轻轻晃动热风枪使加热均匀充分,由于表面张力的作用,BGAIC与电路板的焊点之间会自动对准定位,注意在加热过程中切勿用力按住BGAIC,否则会使焊锡外溢,极易造成脱脚和短路。焊接完成后用天那水将电路板洗干净即可 |

在吹焊BGAIC时,高温常常会影响旁边一些封了胶的IC,往往造成不

开机等故障。此时，可在旁边的 IC 上面滴上几滴水，水受热蒸发是会吸收大量的热，只要水不干，旁边 IC 的温度就会保持在 100℃左右的安全温度，这样就不会出问题了。当然，也可以用耐高温的胶带将周围的元件或集成电路粘贴起来。

5. **常见问题的处理方法**

(1) 没有相应植锡板的 BGAIC 的植锡方法

对于有些机型的 BGAIC，如果没有该类型的植锡板，可先用 BGAIC 的焊脚间距一样，能够套得上的植锡板替代，只要最后能将 BGAIC 的每个脚都植上锡球即可。

(2) 胶质固定的 BGAIC 的拆卸方法

很多手机的 BGAIC 采用了胶质固定方法，拆卸这种 BGAIC 相当困难，下面介绍几种常用的方法：

① 用香蕉水(油漆稀释剂)浸泡 3～4 小时就可以把 BGAIC 取下，如摩托罗拉手机有底胶的 BGAIC。需要特别说明的是：对于摩托罗拉 V998 手机，浸泡前一定要把字库取下，否则，字库会损坏。因为 V998 手机的字库是软封装的 BGA，是不能用香蕉水、天那水或溶胶水泡的。因这些溶剂对软封的、BGA 字库中的胶有较强的腐蚀性，会使胶膨胀导致字库报废。

② BGAIC 底胶是 502 胶用丙酮浸泡较好，如诺基亚 8810 手机的 BGA-IC。

③ 有些诺基亚手机的底胶进行了特殊注塑，目前没有比较好的溶解方法，拆卸时要注意。由于底胶和焊锡受热膨胀的程度是不一样的，往往是焊锡还没有溶化胶就先膨胀了。所以，吹焊时，热风枪调温不要太高，在吹焊的同时，用镊子稍用力下按，会发现 BGAIC 四周有焊锡小珠溢出，说明压得有效，吹得差不多时就可以平移一下 BGAIC，若能平移动，说明，底部都已熔化，这时将 BGAIC 揭起来即可。

(3) 焊点断脚的处理方法

许多手机由于摔跌或拆卸造成 BGAIC 下的电路板的焊点断脚。此时，应首先将电路板放到显微镜下观察，确定是空脚或断脚。如果是断脚，可按以下方法进行补救：

① 连线法。

对于旁边有线路延伸的断点，可以用小刀将旁边的线路轻轻刮开一点，用上足锡的漆包线一端焊在断点旁的线路上，一端延伸到断点的位置；对于往电路板夹层去的断点，可以在显微镜下用针头轻轻地在断点中掏挖，挖到断线的根部亮点后，仔细地焊一小段线连出。将所有断点连好线后，小心地把 BGAIC 焊接到位。

② 飞线法。

若用连线法有困难，首先可以通过查阅资料和比较正常板的办法来确定该点是通往电路板上的何处，然后用一根极细的漆包线焊接到 BGAIC 的对应锡球上。

③ 植球法。

对于那种周围没有线路延伸的断点，可在显微镜下用针头轻轻掏挖，看到亮点后，用针尖挑少许植锡时用的锡浆放在上面，用热风枪小风轻吹成球，要求锡球用小刷子轻刷不会掉下，或对照资料进行测量证实焊点确已接好。

(4) 电路板起泡的处理方法

有时在拆卸 BGAIC 时，由于热风枪的温度控制得不好，会使 BGAIC 下的电路板因过热起泡隆起，维修时可采取以下措施：

① 压平电路板。将热风枪调到合适的风力和温度轻吹电路板，边吹边用镊子的背面轻压电路板隆起的部分，使之尽可能平整。

② 在 IC 上面植上较大的锡球。不管如何处理电路板，线路都不可能完全平整，需要在 IC 上植成较大的锡球便于适应在高低不平的电路板上焊接。

为了防止焊上 BGAIC 时电路板原起泡处又受高温隆起，在安装 IC 时，可以在电路板的反面垫上一块吸足水的海绵，这样就可避免电路板温度过高。

## 4.4　手机编程器的使用

手机主要由两大部分组成，一部分是射频电路，另一部分是逻辑/音频电路。逻辑部分的核心是 CPU 和存储器，而程序存储器有两种，一种是 FLASH(俗称版本、字库、大码片)，另一种是 E2PROM(俗称小码片或码片)。这两种存储器都属于可擦写存储器,即可读、可写,因此,有时会因程序内数据紊乱而使程序出错。当程序出错后会锁机,显示“联系服务商”以及部分不开机、不入网和不显示等现象。解决的办法是重新恢复存储器内的数据资料。这时可将存储器从主机板上用热风枪吹下来,放在可编程软件故障维修仪(编程器)上重写后焊回原处,即可排除软件故障。

用拆机带电脑的方法处理软件故障就是使用万用编程器将手机中的字库和码片资料进行重写。这种方法在早期手机维修中用得较多,且比较有效,但由于近期手机大多采用 BGA 封装 IC,使得这种方法变得不太方便,但如果使用 BGA 封装 IC 适配座也能进行读写。

这种方法的优点在于可以自己收集软件资料,只要有正常的手机,将其字库和码片取下来后在编程器上读出数据资料进行保存,在以后的维修当中,只要故障手机的型号相同,就能够重新写入其软件资料,然后焊回原处。

这种方法的缺点是不方便,且可靠性差。由于大多采用 BGA 封装 IC,焊下来后要焊回原处不方便。另外有的手机,比如诺基亚部分手机软件有加密,重新写入软件后会引起不认卡等新的故障。

用拆机带电脑的方法处理软件故障的仪器最常用的就是 LABTOOL-48,另外还有仙童 48 以及 GP-48 等。目前,市场上使用较多的是 LABTOOL-48。

下面重点介绍 LABTOOL-48,其他品种只不过是在 LABTOOL-48 的基础上减少了功能,在此不作介绍。

### 4.4.1 LABTOOL-48 的硬件配置

#### 1. 主机

LABTOOL-48 编程器一套(包括主机、电缆、电源线、说明书和驱动程序盘)。

#### 2. 数据盘

包括目前常用手机的数据资料。

#### 3. 适配器

① SDO-UNIV-48:配合 TSOP-48 适配座,可对 TSOP 封装的 48 脚 IC 进行编程。如 GC87 字库(版本)E28F800CE-B、TE28F160B3-B(328 中文字

库)。

② SDP-UNIV-40:配合 TSOP-48 适配座,可对 TSOP 封装的 40 脚 IC 进行编程。如 8110 字库 E28F008SA、388/398 字库 E28F004BV-T、788 字库 E28F008BV-T。

③ SDP-UNIV-32:配合 TSOP-48 适配座,可对 TSOP 封装的 32 脚 IC 进行编程。如 GC87C 小字库 28BV020。

④ TSOP-48 配置座:编程时放置 IC 用。必须与前面三种座配合使用,使用时 IC 靠右边放。

⑤ 三星字库专用配置座。

⑥ BGA 封装 IC 配置座。

⑦ TSOP-28 转接座:对 28C64、28BV64、28LV64 编程。

⑧ DIP 八脚座:适应 24C64、24C65、24CC65 等编程。

⑨ DIP 八脚座:适应 24C16、24LC16、93C86A、70023B 等编程。

### 4.4.2 LABTOOL-48 的安装

#### 1. 硬件安装

只须用电缆将 LABTOOL-48 与计算机打印机接口接好,将 LABTOOL-48 接上电源线,打开电源,LABTOOL-48 主机进行自检,然后工作指示灯(GOOD)点亮。

#### 2. 软件安装

(1) 驱动软件安装

① 打开计算机,进入 Windows95 或 Windows98。

② 将标有 SETUPDISK1 的软盘插入驱动器 A,用鼠标双击“我的电脑”。

③ 鼠标双击 3.5 寸软盘。

④ 鼠标双击“setup”。

⑤ 鼠标双击“CONTINUE”。

⑥ 如果将驱动程序放到 C 盘,则鼠标双击“CONTINUE”即可,如果将驱动程序放在 D 盘。

则要将 path(路径)改为 D:\WLT48,再将鼠标双击“CONTINUE”。

⑦ 将 A 驱动器中的 3.5 寸软盘取出，再放 SETUPDISK2 盘进入 A 驱动器，鼠标单击“确定”。

⑧ 鼠标单击“OK”，完成驱动软件的安装。

(2) 数据资料安装

有两种方式，第一种是在 DOS 状态下，使用“COPY”命令安装；另一种是在 WINDOWS 状态下安装。

① 在 DOS 状态下安装：将数据盘的第一号盘放入 A 驱动器，使用“COPY”命令将数据盘都拷贝到 WLT48 目录下，或建立另一子目录 GSM，将数据盘的资料都拷贝到 GSM 目录下。

② 在 WINDOWS 状态下安装：打开资料管理器，将第一号数据盘放入 A 驱动器，将数据盘全部拷贝到 WLT48 目录下，或建立另一子目录 GSM，将数据盘的资料全部拷贝到 GSM 目录下。

③ 当数据盘使用光盘时，应将光盘插入光驱然后按 1、2 步装入电脑。

### 4.4.3 LABTOOL-48 的编程

#### 1. 运行程序步骤

① 打开计算机，进入 Windows95 或 Windows98 界面。

② 鼠标单击“开始”，依次移动光标到“程序”、“ADVANTECHLABTOOL-48”，再单击“LABTOOL-48FORWINDOWS”。

菜单说明：

Save：将缓冲区内容存入磁盘文件中

Load：将磁盘文件调入缓冲区

Select：选择 IC 厂家及型号

AutoID：自动识别 IC 型号

Edit：修改缓冲区内容

Blank：查空（检查 IC 是否空）

Read：把 IC 内容读入缓冲区

Verify：检验（IC 内容与缓冲区校验）

Prog：把缓冲区内容写入 IC

Verify：校验

Secu：保护

Funtst：功能测试

Erasee：擦除IC中内容

Comp：IC内容与缓冲区内容比较。

**2. 写版本（字库）过程：（以写爱立信388为例）**

① 爱立信388版本（字库）：INTELE28F004BVB为TSOP40脚封装，因此适配器选用SDP-UNIV40与TSOP48适配座上下组合，将IC放入适配器中，检查第一脚（E28F004BVB上大圆点所对应的脚为第一脚）是否与TSOP48适配座上第一引脚（PIN-1）箭头所指位置一致，把带E28F004BVB的适配器插入LABTOOL-48插座并锁紧。

② 选厂家及型号：在计算机上将鼠标单击“Select”，此时应选择厂家和型号，有两种方法，一种方法是将光标先移到INTEL厂家，再在INTEL厂家内的所有芯片型号中选出E28F004BVB，并单击“OK”。

另一种选择厂家和型号的方法是直接在键盘上输入28F004。将光标移到E28F004BVB位置，再单击“OK”，即可选出相应的厂家以及型号。

③ 调文件：鼠标单击“Load”，找出388版本文件名为388f，光标移到388f，再单击OK，即可选出要写入的文件。

④ 写程序：鼠标单击“Prog”，编程器将缓冲区的内容写入IC内，LABTOOL-48自动检测IC是否是好的，接触是否良好，指示出哪些引脚接触不良，若全部引脚都接触良好，将自动进行编程。如果IC它有内容，将显示“DEVICDISNOTBLANK”，可以先清除后再重写。

**3. 写码片的过程（以写8110码片为例）**

① 诺基亚8110码片：ATMEL28LV64B为TSOP28脚封装，因此适配器选用TSOP-28脚转接座，将28LV64B放入适配器中，注意第一脚的位置，再把转接座靠齐LABTOOL-48下方插入并锁紧。

② 选择厂家及型号：在计算机上将鼠标单击“SELECT”显示，在SEARCH项输入28LV64B。光标移到ATMEL28V64B，单击“OK”（或回车）确认。

③ 调文件：鼠标单击“LOAD”，选择所需调用的文件，由于8110有多个版本，所以应先检查8110手机上的数字信号处理器集成电路上的标记是

NMP70217 还是 NMP70229。NMP70217 为旧版,NMP70229 为新版,如果是中文旧版,则调用 8110C.217,如果是中文新版,则调用 811C.229,选择正确以后,单击“OK”,即可将要写入的文件调入缓冲区。

④ 鼠标单击“prog”,编程器将把缓冲区内容写入 IC 内,LABTOOL-48 自动侦测 IC 的好坏以及接触是否良好,指示出哪些引脚接触不良,若全部引脚都接触良好,将自动进行编程。

### 4.4.4 新数据的收集

对市场不断推出的新机型,用户必须把手机版本数据和码片数据通过 GSM 数据故障检修仪收集到计算机内,以备后用。步骤如下:

① 将要搜集的数据或版本用热风工具拆下,把引脚清洗干净,放在正确的适配器上并插在 LABTOOL-48 编程器插座上锁紧。

② 在 LABTOOL-48 主菜单中,单击 Select,选择贮对象及型号。

③ 单击 Read,将 IC 数据读入缓冲区。

④ 单击 Save,将屏幕提示输入文件名,存在计算机磁盘中。

⑤ 将 IC 焊回原处,即完成数据的收集过程。

## 4.5 免拆机软件维修仪的使用

目前生产的手机大多采用 BGA 封装,拆下重装颇为不便,所以用免拆机软件故障维修仪就很有必要。免拆机软件故障维修仪可分为两大类:一类是带电脑免拆机,另一类是免电脑免拆机。带电脑免拆机软件故障维修仪需要配置电脑才能使用,它将工作程序及数据软件存放于电脑中,通过手机与电脑连接的传输线,应用相应的电脑软件实现手机软件故障的维修。

随着 Motorola 系列手机的 EMMIBOX 解决方案及 Nokia 字库的维修盒及 T2688 等新机型的出现,原有的 2000 系列及其升级产品从设计上已不能解决该类维修问题,所以市场及用户迫切希望一类集全部软件维修仪及可靠维修软件的仪器,同时要求该类产品能实现真正意义上的全系列全功能升级。全功能数码手机软件故障维修仪(“BOX 王”)在此背景下诞生出来。

“BOX 王”为适应不同用户的软件故障维修需求,分普通型Ⅰ、普通型Ⅱ

和加强型三种。

普通型Ⅰ不包括Motorola系列手机的维修硬件和逻辑笔；普通型Ⅱ包括了Motorola系列手机的部分维修硬件，但不能写字库；加强型则包括了全部系列手机软件维修的软硬件功能。

“BOX王”三种型号的主机一样，用户可根据实际需要选择和增添配置。相应配件应按说明进行组装升级，硬件完全向上兼容。

### 4.5.1　“BOX王”的性能特点

集EMMIBOX、NK-BOX和2000系列等软件维修仪的全部硬件功能，增加了一个全RS232信号传输通道和标准并口通道，配置了所有软件维修中所需的硬件和接口，具备了前所未有的通用性。

重新整理、编制和汉化处理了最新的全部实用的维修软件和字库、码片资料，并具有很好的人机界面及软件使用说明书，操作简单易学。

BOX王采用微处理器智能处理切换技术，实现了众多维修硬件及软件的有机结合。

BOX采用了3V电源设计，电气上与现在手机完全匹配，硬件上可靠稳定。

BOX王的部分输出接口公开，用户可根据接口特点，制作自己的传输接口。

### 4.5.2　“BOX王”的手机传输线

“BOX王”提供的手机传输线共15种，分别为：

① 三星600、800、2400、2200、A100、A200。

② 爱立信T18、T28、788。

③ 摩托罗拉928/938、D560、T2688、T2288。

④ 诺基亚3210、3310、8210、6150。

⑤ 西门子2588、松下GD90。

### 4.5.3　“BOX王”现能处理的手机型号

① 摩托罗拉系列：328、328C、338、338C、D560、D561、928、T189、3688、M3688、V8088、L2000、P7689、998、A6188、T2688。

② 诺基亚系列：3210、3310、5110、6110、6150、8210、8850。

③ 三星系列：600、800、2200、2400、A100、A188、A200、A288。

④ 爱立信系列：T18、788、768、T28、T10、T20。

⑤ 松下系列：GD92、GD90。

⑥ 西门子系列：C15 系列、C35 系列。

## 4.5.4 “BOX 王”的原理方框图

“BOX 王”的原理方框图如图 4.14 所示。

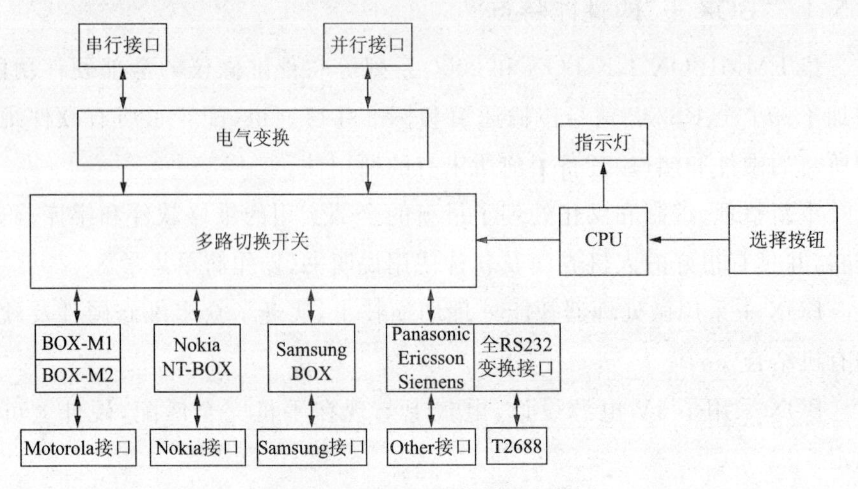


**图 4.14** “BOX 王”的原理方框图

## 4.5.5 “BOX 王”软硬件使用方法

### 1. “BOX 王”硬件配置及功能

“BOX 王”硬件配置及功能如图 4.15 所示。

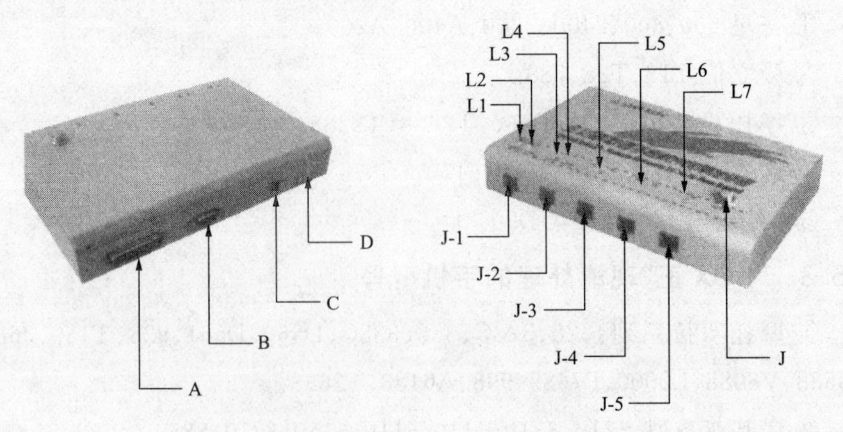


**图 4.15** “BOX 王”硬件配置及功能

硬件配置及功能说明如下：

① A为电脑并行连接接口，由“BOX王”仪器备有接口线，用户在使用时须用接口线将其连接在电脑打印机接口上。

② B为电脑串行连接接口，由“BOX王”仪器备有接口线，用户在使用时须用接口线将其连接在电脑的9芯串口上，建议使用串口1，亦可使用串口2，用户的使用维修软件应设置与其一致。

③ C为电源输入接口，用户应将其连接在8～10V的稳压电源上，电源不分正负极，但必须保证有2A的电流余量。

④ D为电源开关，使用仪器时打开，不使用时应关闭。

⑤ 指示灯，与下面的接口对应。

L1指示灯亮时，仪器选择Motorola系列；

L2指示手机是否与“BOX王”连接，注意在使用MotoFlex时，应在资料正确下载结束后，再连接手机；

L3指示“BOX王”工作在Nokia系列手机运行在Flash（读写字库）方式；

L4指示“BOX王”工作在Nokia系列手机运行在FBUS方式，用户可运行Logomanager等软件；

L5指示“BOX王”工作在Samsung系列维修运行状态；

L6指示“BOX王”工作在Ericsson系列、Panasonic系列、Siemens系列等维修运行状态；

L7指示“BOX王”工作在全RS232运行方式，用户在该接口可处理MotorolaT2688系列手机（T2688是MotorolaOEM产品，接口不同于Motorola本厂产品）。

⑥ 手机传输线连接接口，J-1是Motorola系列；J-2是Nokia系列；J-3是Samsung系列；J-4是Ericsson、Panasonic、Siemens系列；J-5是T2688等系列接口。用户须根据传输接口线上的标注插入正确的接口。

⑦ 传输线，共15条，其中8芯电话接口接对应的“BOX王”接口，另一头接对应的手机尾座。

⑧ 软件光盘，内含“BOX王”所配备的各种手机维修软件，用户应将该光盘上的软件安装在该仪器所连接的电脑硬盘上。

⑨ J 为运行工作方式选择按键，按一下指示灯则跳一次，“BOX 王”则选定不同的手机系列进行软件故障维修。

2. “BOX 王”使用步骤

① 打开仪器包装盒后，根据清单检查所配器件与资料是否齐全，并认真阅读使用说明书。

② 将光盘插入电脑光驱，安装“BOX 王”软件。

③ 连接“BOX 王”与电脑的并口及串口线，并接好电源(8～10V)，打开电源开关。

④ 按“J 键”选择所需维修的手机系列。

⑤ 插入相应的手机传输线，连接手机，并使手机处于关机状态。

⑥ 运行相应的维修软件，按软件使用说明，操作手机维修过程。

连接后的示意图如图 4.16 所示。

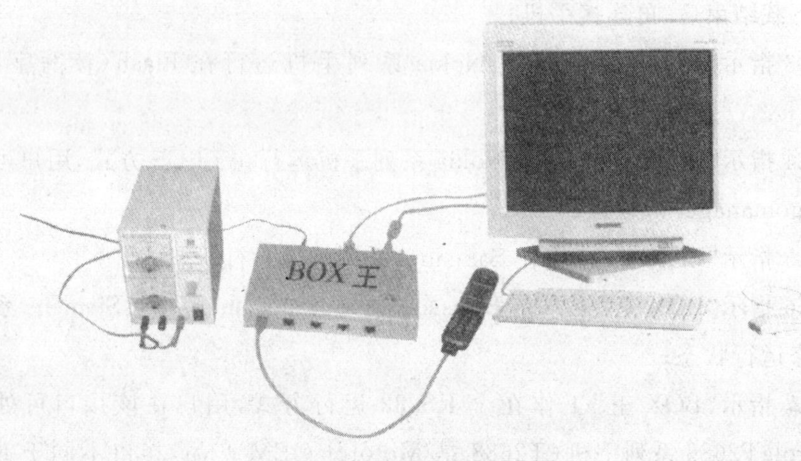


**图 4.16** 连接后的示意图

3. “BOX 王”软件安装

“BOX 王”主机只是手机接口与电脑的传输媒体，所有具体手机软件故障的维修操作都必须借助于为各种手机所编制的软件。软件的安装步骤如下：

① 插入光盘至电脑光驱后，软件自动执行安装，或按“开始”的“运行(R)…”子项，运行光驱上的“Setup. exe”文件。

② 请根据安装程序的具体要求执行安装过程，安装结束后，在桌面上将

建立“BOX 王”的快捷方式。

③“重新启动计算机”以保证所有软件的运行所需的动态库。

注：安装前一定要释放硬盘空间以达到 200M 以上；安装默认为为 C:\BOX，不要重改文件的存放位置。

## 4.5.6　“BOX 王”软件运行界面与使用

双击桌面“BOX 王”图标，出现图 4.17 所示界面。

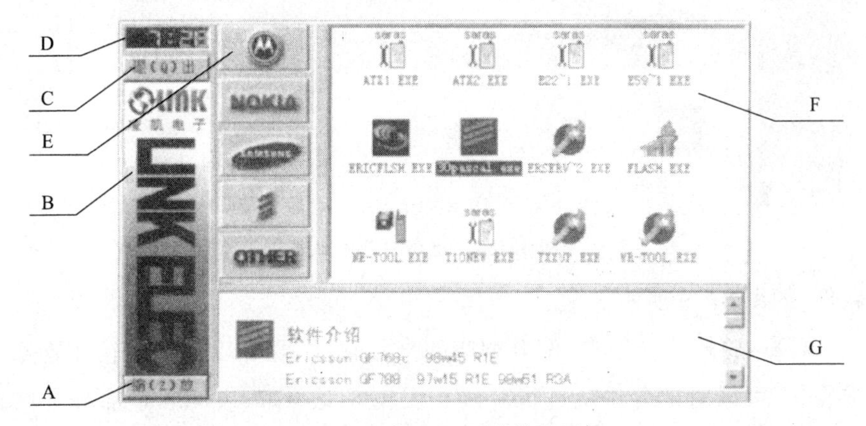


图 4.17　“BOX 王”软件界面

界面说明如下：

A：窗口缩放控制按钮；B：软件谢幕窗口；

C：退出该软件控制按钮；D：系统实时时钟；

E：厂家机型选择按钮；F：对应机型的手机维修软件；

G：当用户选中某一软件后出现的帮助窗口。

下面以运行西门子 3508 写字库为例来说明“BOX 王”软件的使用方法。

① 按“”按钮，使其出现如图 4.17 所示窗口。

② 按“Other”按钮，使窗口的“F 区”显示松下、西门子系列维修软件，如图 4.18 所示。

③ 单击“C 区”图标后，窗口的“G 区”将显示该软件的帮助信息，要认真阅读。

④ 双击“缩放”图标，“BOX 王”窗口将自动缩小，并运行 C3508 的写字

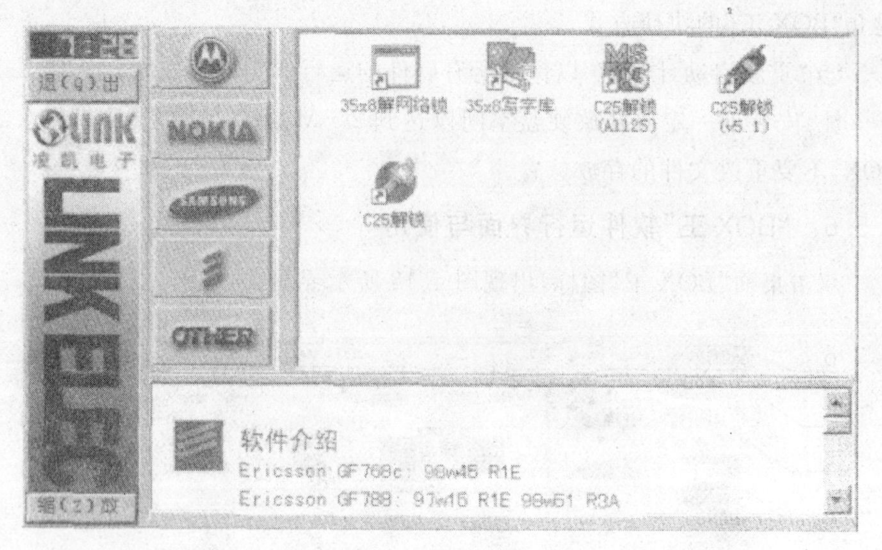


图 4.18 "BOX 王"窗口

库软件,如图 4.19 所示。

"BOX 王"的功能很多,配合相应的维修软件,既可以对手机软件故障进行维修,还可以对部分手机进行升级。表 4.6、表 4.7、表 4.8 是部分维修软件的简要说明。

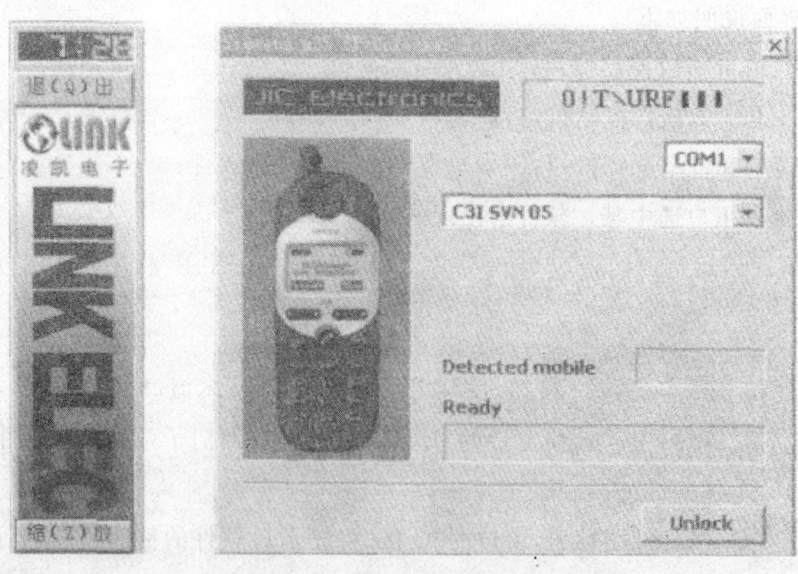


图 4.19 写字库软件

表 4.6　摩托罗拉手机维修软件

| 软件类型 | | 作用与说明 |
| --- | --- | --- |
| 摩托罗拉手机维修软件 | F2688 软件 | T2688 手机维修软件主要有 Dmtool2.15、Dmtool3.10 版。Dmtool2.15 版软件可进行解锁、维修开机定屏、自动关机、不开机等软件故障。Dmtool3.10 版软件主要用于对手机软件进行修复、解手机锁、增加中文输入、修复 IMEI、设置各项手机参数等 |
| | 八合一卡软件 | 主要功能有读取码片资料、解除 8 位特别码、修复机身串号、免拆机进行测试状态、修改开机画面等，适用于摩托罗拉 328、328C、338、338C、D560、D561、928、T189、3688、M3688、V8088、L2000、P7689、998、A6188 等手机 |
| | Mototools 软件 | 可解除 8 位特别码、改串号等 |
| | Gemmi 软件 | 可更换开机画面、修复机身号、解手机锁、编辑铃声等 |
| | Gsmkey 软件 | 可进行键盘测试、免拆机进行测试状态、解网络锁等 |
| | GATE2.3 软件 | 可解除 8 位特别码、修复串号、解网络锁及读出软件版本信息等 |
| | HTBwin 软件 | 可读写摩托罗拉系列手机的码片资料，能够维修摩托罗拉系列手机因码片资料引起的软件故障，如"话机坏，请送修"故障等 |
| | MotoFlex 软件 | 用于升级摩托罗拉手机字库和码片 |

表 4.7　诺基亚手机维修软件

| 软件类型 | | 作用与说明 |
| --- | --- | --- |
| 诺基亚手机维修软件 | Logomanager 软件 | 主要功能是修改开机、待机画面、铃声编辑、发送网络标志、短信息、名片等 |
| | FLASHER 软件 | 主要用于解除网络锁、读写手机字库资料、修复"CON-TACT SERVICE"故障，处理由软件引起的手机不开机、死机故障 |
| 爱立信手机维修软件 | Erserv32c 软件 | 主要功能有解手机锁、读 NCK 码、修改欢迎词、修复机身号、更新和备份码片资料等 |
| | Ericsson Workshop ATX2.2 软件 | 主要对爱立信 T28、T18、A1018 手机进行解手机锁和网络锁 |
| | Ericsson Home Service V5.9 软件 | 主要用于对爱立信双频手机写字库 |
| | Ericsson Workshop ATX.V1.1 软件 | 主要用于对爱立信双频手机写字库。其作用与 EricssonHdomeServiceV5.9 基本类似 |
| | Main Form 软件 | 可读写爱立信 T18、T10、A1018 手机的码片资料 |

### 4.5.7　"BOX-M3"逻辑笔

逻辑笔用于提供某些机型的软件不开机板的开机触发信号，其中水晶头插入"BOX 王"的"Ericsson 接口"，但指示灯选在"Motorola"上，指示灯指示触发信号，逻辑棒用于点击触发点。逻辑笔实物图如图 4.20 所示。

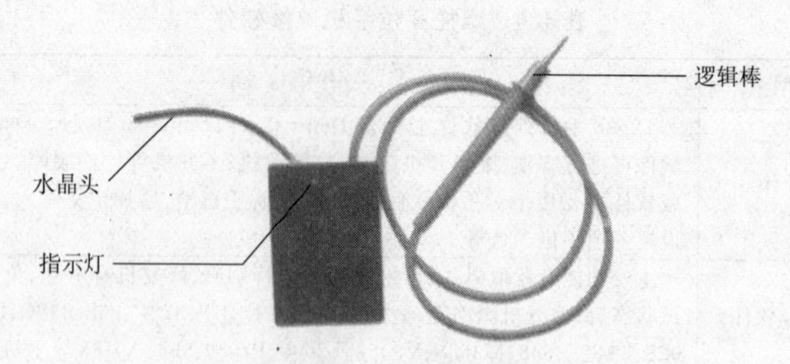


**图 4.20** 逻辑笔实物图

下面以一台不开机 2088 板的触发来说明逻辑笔的使用方法：

① 连接好“BOX 王”与 PC 机，选中“Motorola”机维修状态，运行“BOX 王”快捷方式，选“MotoFlex”图标运行 Motorola 写字库软件。

② 下载 2088 字库文件直至校验和正确。

③ 将逻辑笔上的水晶头插入“Ericsson”孔后，此时“BOX-M3”上的指示灯应闪亮。

④ 选择“Motorola”传输线连接“BOX 王”和 2088 手机板。

⑤ 当“BOX-M3”上指示灯为灭时，置逻辑棒头在 2088 的触发点上，当指示灯亮时，触发信号即产生，当指示灯灭后，立即将逻辑棒头从触发点上拿开，此时“BOX 王”自动执行写字库操作过程，此时“MtoFlex”的窗口将有指示。

⑥ 写字库过程结束后，2088 即可开机。

图 4.21 所示为几种典型型号手机的触发点。

值得说明的是，对于由于硬件故障引起的不开机，如 CPU、Flash 芯片的损坏，“BOX-M3”无能为力。

### 4.5.8 使用“BOX 王”的注意事项

出现手机与电脑不能连接的情况，应检查传输线与手机及仪器连接是否良好，再开关机一次后，重试。

手机在电脑软件未提示开机前请勿开机，即使已开机也要先关机，等软件提示后再开机。

在操作软件时需注意软件所要求的设置须正确，如串口、波特率，手机是否安装电池及是否开机。

A6188逻辑笔触发点

V998逻辑笔触发点

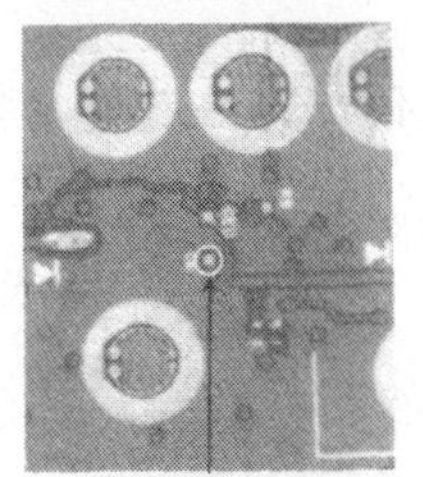

P7689逻辑笔触发点

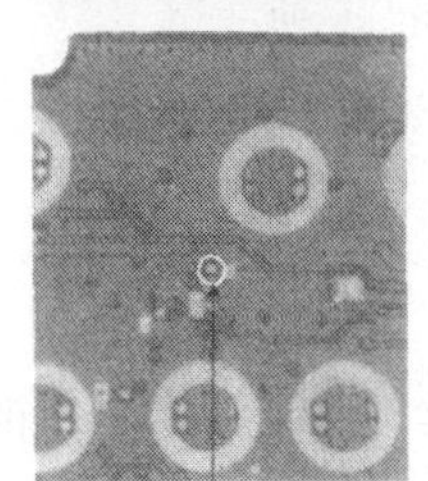

2088逻辑笔触发点

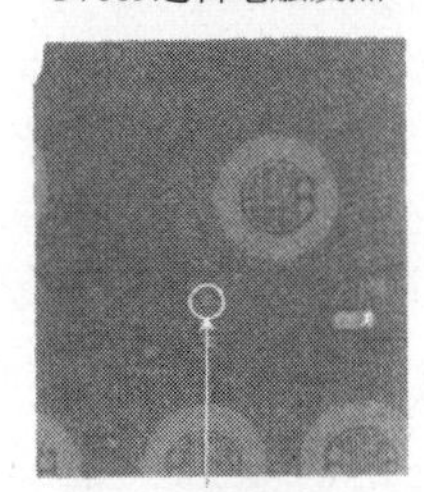

L2000逻辑笔触发点

V8088逻辑笔触发点

**图 4.21**　几种典型型号手机的触发点

请根据手机的型号、版本选择相应的维修软件和字库、码片资料，否则会损坏您的手机。

“BOX 王”应按一般电子仪器的要求使用，电源电压应在 8～10V，注意防潮、防震、防尘等。

# 第5章 手机维修技术

手机在生产制造过程中，由于生产工艺、元器件存在一致性差异等原因都会出现各种各样的故障。准确、快速的分析和排除故障，对生产质量管理和降低生产成本起到非常重要的作用。故障手机不仅仅出现在生产制造过程中，尤其已售出的手机，会因为外界环境影响、用户使用不当及机内元器件老化等会引起各种故障。

要快速有效地排除故障，则要求维修技术人员不但要掌握一定的理论知识，还要具备良好的实际操作技能，同时还需具有不断学习新知识和新技能的意识。

本章先介绍一些手机维修的基础知识，然后介绍一些典型故障维修实际例子，为读者从事手机维修工作打下坚实的实战基础。

## 5.1 手机维修的基本原则

随着手机的日益普及，它已远不再是“炫耀”个人身份的象征，更可以被看作是一种集通信和多媒体功能于一身的家用电器，因此在故障维修的原则和方法上与一般的智能电器的维修有许多相似之处。但是，不可否认的是手机是一个高集成度、结构复杂、软硬件技术含量很高的综合电子系统，另外手机主板采用SMT(表面贴装技术)工艺，这些都使得手机故障维修有它自身的特点。

手机维修的基本原则是熟悉手机维修的一些基本概念、掌握维修的基本步骤和基本方法，掌握手机电路的工作原理和电路结构，熟练使用手机维修必备的仪器(如万用表、数字示波器、通信直流电源等)和专用维修工具，了解维修注意事项，做到心中有数，沉着迎战，快速地修好手机。

### 5.1.1 熟悉手机的基本概念和常识

#### 1. 认识故障现象，明确故障类型

在接触故障机时，首先要认识故障现象，明确故障类型，进而判断故障产生的原因和可能范围。如手机开机但不能登陆网络与登陆网络不成功后自动关机并不是相同的故障，引起原因也不同，后者更多是因为手机软件原

因造成的。同时维修人员必须要对手机的正常工作状态有清晰的认识，比如开机的条件和过程、正常开机后的表现，关机的过程和特点等。下面用一个例子来说明手机关机的特点。

如果按下手机键盘板上的关机键，则已关闭手机在被呼叫时，网络会反馈给主叫方信息为"对方已关机"；而如果将手机电池卸下，此时手机也关闭了，但当该机被呼叫时，系统会告知主叫方"您拨打的用户暂时无法接通"。这是因为前者通过执行关机程序离开网络，而后者并没有执行关机程序。

可以看出，这两种不同反应并不是手机发生了故障引起的，也说明手机并不是孤立的个体，它是不能脱离网络系统而独立存在的。而手机正常开/关机的表现是当手机开机时，按下开/关机键2～3s后，手机得电，通过开机自检和正常登陆网络后手机开机，屏幕上显示网络名称和信号强度、电池电量和时间等信息，几秒钟后，LCD背光灯熄灭；手机关机时，手机执行关机程序，显示屏不显示任何内容，背光灯熄灭。

2. 熟悉手机的工作状态

手机的基本常识和基本概念还体现在对手机工作状态的认识上，作为用户，从纯粹的语音功能来说，手机的状态包括开/关机、待机和通话；而对于维修人员来说，手机的工作状态为包括接收、发射、监听和待机四种。

3. 掌握手机故障类型以及故障分析、确定和排除的方法

维修人员必须掌握各类型号手机的常见故障类型以及故障的快速分析、确定和排除的办法。手机故障类型主要有两大类，分别是硬件故障和软件故障，也可以分为射频故障、逻辑故障以及用户接口电路故障等几方面。

硬件故障多是由主板上元器件损坏、焊接和装配工艺不良以及供电不正常等原因造成的，如待机漏电流大故障、接收信号弱和发射功率低等射频故障，不开机（可能是供电不正常、逻辑硬件电路或软件原因引起的）以及显示、按键失灵和音频等用户接口故障（振铃小，不能振动，听筒无声等）；软件故障主要是由用户使用不当造成的，像菜单设置（如密码）不当等，还有是因为用户进行了软件升级，造成软件程序版本错或是数据丢失不完整等，软件故障会造成手机不能开机等故障。

4. 正确操作手机的功能菜单

手机维修人员必须能正确操作各种型号手机的功能菜单，学会设置和

调整手机的各项功能。如调整听筒的音量、设置和取消振动功能、限制手机的呼入和呼出等。

### 5.1.2　掌握维修的基本步骤和一般流程

#### 1. 维修的基本步骤

由于手机型号众多，电路结构形式多样，所以这里我们不介绍某一具体型号手机维修的步骤和程序，当然也不可能有一成不变的步骤，这里谈到的维修步骤是指维修人员在对手机的故障进行确认和分析时不可或缺的几个方面，进而避免简单问题复杂化。手机维修基本步骤包括以下几方面。

(1) 确定故障原因和范围

① 用户使用的故障机。

通过询问用户手机的使用情况，原来是否送修以及产生该故障的原因等，对手机情况有所了解，以便作下一步故障分析时的参考；考虑故障引起原因时由简入繁，首先从部件接口不良和菜单设置不正确方面查找原因，然后再考虑主板电路故障。

② 生产测试下线故障。

如果是手机整机出厂前在功能测试阶段出现故障，我们接触到的就是手机主板，可以省略拆机步骤。此时可以根据故障代码确认故障的类型，如射频故障或音频、逻辑故障，确认后，在相应的局部电路范围内进行工艺检验，如查找元器件是否丢失以及焊接不良等。

若排除引起故障的简单原因后，那么就要进行拆机、加电和信号测试，即进行故障分析。

(2) 故障分析

首先正确拆机。故障机拆卸要小心，同时仔细观察连接件和装配情况，将拆下的各种配件统一放置。

其次，在故障范围内进行故障分析。在手机电池接口处加直流电源，如果是专用通信直流电源，在加电瞬间和加电后，可以通过电源面板上的显示数字观测手机开机和工作电流，这是分析手机不开机故障时很有用的参考信息。当然也要注意电源输出电压值和电流值。

在已经确认的故障范围内，仔细观察主板元器件的焊接情况，观察是否有元器件虚焊、腐蚀和脱落，这种情况在进水和摔过手机中出现较多。同时，对待机电流较大的手机通一会儿电后，用手指(带静电腕带)接触元器件和集成IC的表面，如果元器件发烫，可能此元件已经损坏，造成待机大电流，此时可以更换新元件来确认和排除故障。

如果没有异常现象，只有通过利用万用表、数字示波器、频谱分析仪和RF无线通信测试仪等仪器进行信号的测试、比较和分析，找出引起故障的元器件。需要说明的是，后两种分析仪器在一般手机售后维修处很少使用，此时分析人员更多的是依靠维修积累的经验。另外多个故障同时存在的可能性很小，即使有两个或以上故障，只要分析出主要故障的产生原因，其他故障也就迎刃而解了。

(3) 排除故障

通过故障分析找出故障元件或缺陷后，下一步就是要利用手机主板专用维修工具进行故障的排除了。正确地使用维修工具和良好的焊接技术是最终排除故障和修复手机的重要保证。

总之，手机的维修一定要本着先易后难、先外部后内部、先局部后整体的步骤由简入繁进行，手机的维修过程也是逐步培养自己耐心和细致的工作习惯，不断积累经验和丰富专业知识的过程。现在手机集成度非常高，集成电路IC成本也很高，在分析故障时，对于可能由IC引起的故障一定要仔细斟酌，考虑全面，尽量避免随意更换，这样不仅增加维修成本，同时还会引发出其他故障。

**2. 手机维修的一般流程**

在接到故障机时，应该按照下列流程去做：

① 先了解后动手。拿到一部待修机后，先不要急于动手，而是要首先询问故障现象，发生时间以及有什么异常现象。观察手机的外观，有无明显的裂痕、缺损，若是翻盖没有了，天线折了，键盘秃了，就可大致判断机器的故障，另外问清机器是不是二手机，在别的地方修过没有，使用的年限大概是多少。对于维修技术人员来说，在询问了解故障的过程中，可以大致判断故障的范围和出现故障的部件，从而为高效、快捷检修故障奠定基础。

② 先简后繁，先易后难。

③ 先电源后整机。将电源用稳压电源代替，注意稳压电源的电压值须用万用表的电压挡去校正，稳压源的输出值应当调到和电池一样的值，加上稳压源，在稳压源的供电回路串接高精度的万用表。在开机前先看电源的输出电流是不是 0mA，如果不是，那么手机电路存在漏电。

④ 先通病后特殊。

⑤ 先末级后前级。

⑥ 掌握待修手机的操作方法。维修手机不会使用手机，就像修汽车不会开汽车一样，有的维修人员对手机的操作很模糊，对改铃声，改振动，自动计时，最后十个电话号码显示，呼叫转移，查 IMEI 码，电话号码簿功能，机器内年月日的显示及修改都很陌生，甚至不知道手机的状态指示灯的含义。特别注意的是：菜单操作可以调整出来的功能，是不可能从硬件的维修中解决的。

⑦ 仔细观察电路板。用眼睛观察到的故障无须再采用其他检测手段，如集成电路工作时，不应产生很高的温度，如果手摸上去烫手，就可以初步判定集成电路内部有短路的现象，总之通过直接观察，就可以发现一些故障线索。当然，直接判定是建立在以往维修经验的基础上的。

⑧ 加电。在上面检查之后，开机加电，把稳压源的输出打到安培挡，看电源的输出是不是相应的待机电流数，如果不是，那么一定有故障。可查功放，漏电，软件等。

⑨ 查电源通路。

⑩ 查接收通路。

⑪ 查输入输出口、SIM 卡、振铃、键盘和显示屏等的通路。

⑫ 查发射通路。

⑬ 用热风枪补焊虚焊点。

⑭ 按正确次序拆卸。检修故障时，往往要拆机。在拆机前，应弄清其结构和螺钉及配件的位置。拆机时弄清各种螺钉、配件连接位置，在最后装机时才不会出现错位。

### 5.1.3 掌握维修的基本知识

(1) 掌握手机电路的工作原理和电路结构

要做一名合格的维修技术人员，不仅要掌握手机的工作原理（包括单元电路的功能和特点、电路的逻辑关系、电路元器件和集成IC的特性和作用）、电路结构、关键测试点和软硬件特点等，还要对手机的制造工艺有清楚地认识。如集成IC封胶工艺在各品牌手机中都会存在，除胶是比较困难的技术，有时由于封胶器件原因造成手机故障发生，可能主板就报废了。

维修手机主板故障时，需要三种图纸，分别是电路原理图、元件布局图和电路实物装配图。通过电路原理图分析和测试信号，查找故障点，确认故障元器件名称和编号后，在元件布局图上找到该编号元件，然后再在装配图上找到对应件，进而在电路板上将此元件进行更换或处理。

读手机电路图时，首先要了解用途，即了解部件使用在什么地方，起什么作用，有什么特点，以及能够达到什么技术指标。其次要学会化整为零，即将总原理图分解成若干基本部分，弄清各部分的功能以及每一部分是由哪些基本单元电路组成。最后要掌握各种基本单元电路，找出其直流通路、交流通路以及反馈通路，以便判断电路的静态偏置是否合适，交流信号能否放大和传输等。

（2）熟练使用手机维修必备的仪器

分析和排除手机故障需要专业的分析仪器和维修工具。很多情况下，能否正确分析判断手机缺陷，主要取决于能否正确利用分析测试仪器和使用维修工具。当然，由于像射频故障分析设备如频谱分析仪和无线通信测试仪价格非常昂贵，所以在售后维修处可能不具备，但是这并不是就不能维修相关故障了，只不过，依靠这些先进设备进行信号测量和分析，能快速、准确地判断缺陷原因以便排除故障。

（3）掌握电子元器件和芯片的故障特点

无论是元器件自然损坏（包括破损、脱落、性能变差和自身损坏等）还是机械性破坏和使用不当等人为原因引起手机故障，结果都是一样的，都会引起硬件缺陷如元器件损坏、工艺破坏等和软件两方面故障。而工艺破坏，如焊盘脱落、接触不良等是容易发现和解决的，但是元器件损坏一般不能直接观察判断，必须利用设备仪器进行必需的测量和比较，除非是已经烧坏、起泡（主要指IC）、变形或者明显发热等。这就要求维修人员对元器件的故障特点和表现要有较清楚的认识，这样才能提高检修效率，下表列举一些常用电子元器件的失效特点。

表 5.1　常用电子元器件的失效特点

| 元器件 | 失效特点 |
|---|---|
| 集成电路 | 一般是局部损坏如击穿，开路，短路，功放芯片容易损坏，储存器容易出现软件故障，其他芯片有时会出现虚焊 |
| 三极管 | 击穿、开路、严重漏电、参数变劣 |
| 二极管 | 被击穿、开路、正向电阻变大，反向电阻变小 |
| 电阻 | 脱焊，阻值变大或变小，温度特性变差 |
| 电容 | 电解电容的失效特性是：击穿短路，漏电增大，容量变小或断路<br>无极性电容的失效特性是：击穿短路或脱焊，漏电严重或电阻效应 |
| 电感 | 断线，脱焊 |

以上说的都是些主要部件，还有些外围元件如场效应管、石英晶体等在维修中也不能忽视，尤其是受震动易损的石英晶体及大功率器件（功放，电源供给电路，压控振荡器）出现问题，会有不开机或开机后不能上网，听不到对方声音，联系供应商等故障。

机械性破坏由于操作时用力过猛或方法不正确，造成手机器件破裂、变形及模块引脚脱焊等故障。另外，翻盖脱轴、天线折断、机壳摔坏、进水、显示屏断裂等也属于这类故障。

## 5.2　手机维修的注意事项

手机是一个集成度高、结构复杂、软硬件技术含量很高的综合电子系统，移动通话和多媒体功能地应用使手机成为复杂的微电子设备，功能越多越容易出现故障。另外手机主板采用 SMT（表面贴装技术）工艺，这些都使得手机故障维修与普通电子产品维修有很大区别，在手机维修过程中要注意以下事项：

① 可靠接地，防止静电。

手机主板电路上采用了大量的数字 CMOS 集成电路，如处理器和存储器 IC，以及各种封装形式的模块组件，维修人员在接触此类元件时要避免人体静电造成元器件的击穿，所以要佩戴防静电腕带。不仅如此，维修工作台、分析设备和仪器以及维修工具等都必须静电屏蔽，可靠接地。同时，维修环境避免存在强磁场和高电压，否则会因静电损坏手机。

② 正确设置分析仪器和维修工具的工作参数。

选择合适的测量仪器并正确地测量信号是快速、准确定位故障的前提，这要求维修人员必须正确设置各种设备和仪器的工作状态和参数，如频谱分析仪常用来测量发射信号的频谱和功率，所以要得到手机发射时某一信道的功率大小，频谱仪的中心频率必须设置为该信道的中心频率。分析仪器的使用还包括通信直流电源的输出电压和电流的正确设置，数字示波器和数字万用表的正确使用，以及RF射频无线通信测试(模拟基站)的使用。

手机维修工具主要有恒温电烙铁和热风枪，必须按照维修工艺进行正确的温度设置，像无铅焊接熔点要高于有铅焊接，所以焊接温度和时间都不同。

③ 软件版本要准确。

不同品牌和型号，甚至相同型号而在不同时间和地点生产的手机其软件版本号都会不同，所以在更换存储器(码片)时要使用准确的同版本码片；若不需更换码片，而可以利用软件维修仪修复软件故障时，必须注意程序版本，否则会出现更加复杂的故障。

④ 保持5S。

5S是日文SEIRI(整理)、SEITON(整顿)、SEISO(清扫)、SEIKETSU(清洁)、SHITSUKE(修养)这五个单词的缩写。对于维修人员来说要做到的是时刻保持工作台清洁、整齐，维修工具齐全、能在需要时迅速取到，对芯片取放要稳、不要摔碰或破坏引脚。同时要保持电路板的清洁，防止助焊剂残留物、焊锡丝、锡珠、线料、落入线路板中，避免造成其他方面的故障。

## 5.3　手机常见故障和基本维修方法

由于手机型号和品牌众多，不同品牌表现的常见故障也不尽相同，因此无法对手机各种故障一一列举，但是手机基本工作原理和基本电路结构都是一致的，所以手机故障还是可以归纳的。

在维修方法上，也不可能有一套万般皆准、一成不变的方法，而是从宏观上总结和归纳出已经在实际维修中运用过的方法。

### 5.3.1 手机常见故障

**1. 引起手机故障的原因**

(1) 菜单设置故障

严格的说并不是故障,例如无来电反应,可能是机主设置了呼叫转移;打不出电话,可能是设置了呼出限制功能。对于可能是菜单设置故障的问题,可先用总复位来复位菜单设置来检验。

(2) 使用故障

使用故障比较常见的有如下几种:

① 机械性破坏。由于操作用力过猛或方法应用不正确,造成手机器件破裂、变形及模块引脚脱焊等原因造成的故障。例如翻盖脱轴,天线折断,机壳龟裂,进水,显示屏断裂等都属于这类故障。

② 使用不当。使用手机的键盘时用指甲尖触键会造成键盘磨秃甚至脱落;用劣质充电器会损坏手机内部的充电电路,甚至引发事故;对手机菜单进行非法操作使某些功能处于关闭状态,使手机不能正常使用;错误输入密码导致 SIM 卡被锁后,盲目尝试造成 SIM 卡保护性自闭锁等。

③ 保养不当。手机是非常精密的高科技电子产品,使用时应当注意在干燥、温度适宜的环境下使用和存放。

④ 质量故障。有些水货的手机是经过拼装,改装而成,质量低下。有的手机虽然也是数字手机,但并不符合 GSM 规范,无法使用。

**2. 手机故障分类**

手机故障类型从大的方面来说包括两类:即硬件故障和软件故障。根据不同的角度,手机故障有不同的分类方法。

从拆开手机和不拆开手机的角度看:

(1) 不拆开手机只从手机的外表来看其故障,可分为三大类:

① 第一种为完全不工作,其中包括不能开机,即接上电源后按下手机电源开关无任何反应;

② 第二种为不能完全开机,按下手机开关后能检测到电流,但无开关机正常提示信息:如按键照明灯,显示屏照明灯全亮,显示屏有字符信息显示,振铃器有开机后自检通过的提示音等;

③ 第三种是能正常开机，但有部分功能发生故障，如按键失灵、显示不正常、无声、不送话。

(2) 拆开手机，从机芯来看其故障，也可分为三大类：

① 第一种为供电充电及电源部分故障；

② 第二种为手机软件故障；

③ 第三种为手机收发部分故障。

上三类故障之间有千丝万缕的联系，例如：手机软件影响电源供电系统，收发通路锁相环电路，发射功率等级控制，收发通路分时同步控制等，而收发通路的参考晶体振荡器又为手机软件工作提供运行的时钟信号。

从故障产生电路的角度看：可分为射频故障、逻辑/音频故障、电源故障和用户接口故障，射频故障又可分为发射故障和接收故障；电源故障包括不充电、不开机等；用户接口故障包括显示类和键盘失灵等。

从故障现象的角度看：主要包括不开机、不能充电、自动关机、不入网、接收不到信号、发射关机、无显示、按键失灵和背景灯不能点亮、无听筒输出、无振铃输出、不识SIM卡等故障。

### 5.3.2　手机维修基本方法

正确分析手机的缺陷需要掌握一些基本的分析方法。生产阶段的故障机与用户送修的手机在故障类型、引发原因、维修设备仪器配置、维修环境与维修方法上都有所区别，所以关于手机维修方法的介绍，从生产过程缺陷和售后故障维修两方面来描述。需说明的是，在进行故障排除前，必须准备好与故障机相关的图纸和资料，熟悉整机的工作原理和信号流程，尽量能够快速地确认信号测试点，当然还需确认所有的测试仪器良好，测试线正常，维修工具正常。

#### 1. 生产测试中缺陷分析方法

(1) 观察法

这是最简单、直接的分析方法。由于生产过程中出现的多为工艺缺陷，而此类缺陷多用目测观察就可以发现，所以首先根据缺陷确定故障范围，对相应部分的电路进行仔细观察，主要观察负责此项功能的电路元件。

(2) 测量分析法

当直接观察不能发现缺陷所在，此时需要利用测试仪器对相应的电路进行信号测量分析，这样必须知道正确信号的大小和形式以及测量位置。比较简单的方法是与一块无故障的电路板相应的测试点进行对比测试，发现不同后再根据电路原理图对相关的元器件进行测量和分析，从而确定故障。此方法主要适用于一些功能有或无的故障，如听筒无声，可检测听筒的供电电压是否正常，而像发射功率低，接收误码率高等故障有时通过信号的测量并不能发现问题，此时就要使用下一步方法了。

当无法确切知道被测量信号正确波形时，可以利用一块相同型号的电路板，对相同的测试点进行测试比较，寻找缺陷手机与正常手机相同测试点信号的差异。

(3) 元件替换法

当缺陷涉及的信号不能被准确测试，如一些数字的时序逻辑信号，或判断为芯片有可能发生故障，亦或是故障的范围相对比较大，不能判断出具体缺陷元件的时候，通常采用元件替换方法。也就是将怀疑故障的芯片或元器件整体替换，以求能够解决故障。此方法比较麻烦，且并无确切把握，需建立在一定程度的经验之上，常用于按照原理对故障进行分析和推测的时候。以上几种方法在实际中经常综合应用，有时并无绝对的区别。

**2. 售后手机故障分析维修方法**

售后手机故障是指由于用户使用不当，进水、摔落和受到外力等影响引起手机发生的故障，有些毛病只要重新修改菜单设置或者重新写入新软件就可解决，而如果是主板焊盘脱落、线路开路等严重问题有些可以通过飞线法修复，有些则是无法修复，致使手机主板报废。限于维修环境的不同，分析仪器设备的不同，下面从实用角度进行介绍。

1) 观察法

此方法简单有效，能快速判断故障点。根据故障现象在可能的故障范围进行仔细看、听、触，尤其手机主板薄，元器件体积小，采用 SMT 贴装焊接，当受到外力、进水或摔落后，会出现元件引脚脱焊、掉落、腐蚀和主板焊盘脱落等现象，引发故障。这些现象只有足够细心，能很容易地发现。当然在拆卸手机前，一定先通过显示屏画面观察手机的开机反映。听是指分辨手机是否有异常声音；触摸是指当开机大电流时，是否有负载短路，元件负载发烫、鼓泡。当然使用此方法不要忘了观察集成电路的情况，表面是否变色、有裂纹和起泡等。

2）电压、电阻和电流测量法

（1）电压测量

利用数字万用表和数字示波器进行电压测量是手机故障分析的重要方法。确认电压正常与否依据是将测量值和理论值对比。后者是在维修中慢慢积累的数据，为方便起见，可将这些数据都在电路图的相应位置标注好，以便参考，还可以通过测量相同型号的正常主板获得。

手机供电电压既有稳定的直流电压还有交流脉冲电压，直流电压可用万用表和示波器测量，脉冲电压一般需选用示波器测量，用万用表测量误差大，脉冲电压和一些直流电压是受控电压，基本是由开关管（三极管和场效应管）输出的，这些器件的基极或栅极与CPU（或者射频IC）控制信号输出端相连。现在手机电源部分由一片电源管理集成IC加外围电路构成，开机后，电池电压（BATT或B+）经IC转换成一组稳定的直流电压分别供给射频、逻辑、音频和用户接口（如显示屏、键盘等）以及SIM卡电路，电压值和产生顺序不同。

对电压的测量要注意：

① 电压值与手机的状态有关系，在待机、接收和发射时电压值不同。

② 要善于总结规律。

注意找出与电池相通电压，像功放IC工作电压、电源IC工作电压等，便于确定故障；逻辑电压为直流稳压，不受控；射频尤其发射电路供电电压为脉冲电压或直流电压，多数是受控的；开机信号电压是直流电压，在开机瞬间测得，然后会产生开机维持信号（也可以通过人为产生此信号来判断不开机故障原因）；SIM卡电压是脉冲电压，能用示波器观测。

③ 积累关键电压数据。

电源管理IC的多路输出电压包括：CPU（还包括复位电压）、音频电路、LCD、存储器、SIM卡、振铃、射频（中频，如果存在）IC、RXVCO、TXVCO、功放（PA）等。随着机型功能的增加，还要对蓝牙模块、拍照电路等电压值不断积累。

（2）电流测量

电流测量主要测量的是整机工作电流，整机的不同工作状态，电流值不同。一般手机开机电流160mA左右，待机电流80mA左右，发射电流300mA左右，这些数据是参考值，不可生搬硬套。测量仪表选用带显示的通信直流稳压电源，输出电压和电流可调，这样整机加电后的电流值能直观读取。根据电流大小能快速判断故障的大致范围，对手机故障分析很有帮助。

(3) 电阻测量

电阻测量也是一种最常用的方法，此方法测量简便、安全。维修人员应掌握常用手机关键部位和IC在路正、反向的电阻值。采用该法可排除常见的开路、短路、虚焊、器件烧毁等故障。

3) 示波器波型测量法

除了脉冲电压可以使用示波器观测外，手机检修过程中还经常使用数字示波器进行关键信号波形和频率的测量，以便查找故障点。示波器是时域测量的最重要仪器，手机维修中选用具备合适的频率带宽(60MHz或100MHz)和采样率的数字示波器可测量以下几方面的信号波形和频率：

(1) 脉冲电压

(2) 时钟信号

包括系统时钟信号13MHz(或26MHz、19.5MHz)和实时时钟信号32.768kHz。

(3) 数据信号

CPU输出的频率合成器数据SYNDAT，时钟SYNCLK和使能SYN-EN信号。

(4) 系统控制信号

包括接收使能RXON，发射使能TXON信号。

RXON是接收机启闭信号，测试该信号的作用一是可以间接断定手机的硬件好不好，若元件有问题，开机后RXON出现的次数多，持续的时间长；二是可间接判断接收机是否能将射频信号变为基带信号，若不能，则接收机有问题；TXON则是发射启闭信号，如果此信号测量不出来，则说明手机软件部分或CPU有问题；如果该信号只瞬间出现，但还是打不出电话，则说明故障已缩小到了发信机范围。

(5) 模拟基带信号

包括接收基带信号RXI/Q和发射基带信号TXI/Q，测量基带信号可以判断故障范围是在射频电路还是基带音频电路，一般像不能接收和无发射信号故障都可以先进行基带信号的测试。

(6) 音频信号

通过测量话筒和听筒的输入和输出端，能确认电声器件能否正常工作。如对于话筒来说，只要在输入端人为送入音频信号(如吹气)，在输出端用示波器观测是否有不规则的电压信号产生即可，如果不能测量到波形，表明话筒MIC没有正常工作，此时要检查其偏置电压是否存在，逐步查找故障。

观测信号波形有无、是否失真、是否频偏，同时观察信号的幅度，与相同型号的无故障机进行比较，能判断该信号产生电路是否存在故障，此种方法也是比较实用的。

4) 信号加载法

对于射频电路故障来说，无论接收还是发射故障，只要有频谱分析仪(频率范围3GHz)、模拟基站(如HP8922、CMD200等)或射频信号发生器(1～2GHz)等设备仪器，就可以非常容易地判断故障的范围，然后再利用上述介绍的各种方法分析确定故障点。当然，此种方法建立在对仪器的正确使用，对手机电路原理、电路结构和信号处理过程以及各处信号特征的正确把握基础上。如要熟悉各处信号的中心频率和功率值，手机和模拟基站呼叫的建立过程，发射射频信号的频谱等，充分发挥设备的作用，从而快速有效地分析出故障。

5) 人工干预法

此方法是指人为地为手机提供一些工作条件，这要从两方面来说：

一方面是要多个条件同时满足后，才能进行手机故障的检测，而在维修状态下，人工一一实现多个条件会很繁琐，可以强制模拟多个条件已经满足的结果，然后就可以很容易地进行手机故障的检测了。如维修爱立信不入网故障，须先加电开机，然后测量RXON、TXON控制信号，再测功放ICA400的⑩脚有无负脉冲，然后再按按键，进行信号测量，步骤繁琐，容易断电，而如果直接将TXON置为高电平，功放电路和TXVCO(发射频率合成器)处于连续工作状态，这样就可以分析功放PA和TXVCO的性能好坏了。

另一方面是指为判断逻辑关系严密的故障产生的范围所人为提供的条

件。如不开机故障，以 MotorolaV66 为例，手机按下开机键后，电源 IC 被触发，其内部的升压和降压开关调节器工作，产生多路稳压输出，供给 CPU、闪存（码片）、暂存（字库）和射频、中频 IC 以及系统时钟电路，产生 13MHz 时钟信号，为 CPU 提供工作时钟。当 CPU 在具备时钟、供电和复位信号后，开始输出片选信号，访问程序和数据存储器，进行自检，自检成功后 CPU 控制端（使用 WDOG）输出开机维持信号，运行开机程序。通过对开机的过程的认识，当遇到不开机故障时，可以通过人为将 WDOG 置位成高电平或低电平，即人为设置开机维持信号，然后观测手机是否能开机，一旦可以开机，同时也测量到 CPU 时钟和供电均正常，则此时可以判断出问题出现在 CPU 和存储器的数据（地址）线的硬件连接是否正常，以及软件程序是否完整准确，此时可以更换 CPU 或存储器即可排除不开机故障。

这种方法非常重要，需要灵活掌握和运用，也要不断积累经验，总结出有效又实用的各种方法。

6）补焊、清洗法

手机被用户长期暴露使用，外壳也不是完全密封的，所以内部的电路主板易受到潮气和灰尘的影响，引起接触不良，可以根据故障现象将相应接口部件进行清洗，如 SIM 卡座、电池触片、振铃簧片、送话器簧片等。清洗时不用将这些部件摘下，可以直接用清洗笔擦拭，千万不要用水清洗。

同时电路板采用 SMT 贴装，元件体积小、无引脚、焊点面积小，加上电路板薄、装配强度差，如果受到大的外力、摔落和进水都会造成线路开焊、断线，此时维修人员可以根据故障现象在故障范围内，涂抹助焊剂，然后用热风枪进行均匀加热。对焊锡少的焊点，用电烙铁进行适当补锡，此种方法简单且实用。

7）重写软件

手机的软件程序非常复杂，由于用户菜单设置不当或者版本升级错误，很容易造成数据出错、部分程序或数据丢失的现象，软件故障能造成手机不能开机，不入网，无显示或者开机搜索网络然后自动关机等多种问题，可以利用专用的软件维修仪重新读写软件，使手机恢复正常的功能。但如果是 CPU 与程序存储器（码片）和数据存储器（字库）之间不能访问，数据线断路等硬件问题，此时需要更换 CPU 或存储器 IC 才能排除故障。重新对手机写入软件是一种常用的、有效的方法。

手机维修是一项充满挑战的工作，在工作中应不断总结维修的各种方法和经验，同时还要多补充理论知识。

## 5.4 手机常见故障及处理

### 5.4.1 不能开机故障

#### 1. 故障现象描述

按下开机键后，手机无任何反应(显示屏不显示、键盘灯不亮、无开机音)。

#### 2. 故障现象分析

有以下几种情况都可以引起不开机的故障：

① 由于手机的开机键使用频繁，所以开机键损坏或接触不良的可能性较大。

② 电池电压没有加到手机的电源IC上。

③ 电源电路中，电源IC是其核心电路，它要产生各路供电电压，输出复位信号使CPU复位，同时，还要输出13MHz晶振的供电电压，若电源IC存在虚焊、损坏的情况，就会造成手机不开机。

④ 手机的系统时钟一般采用13MHz，13MHz时钟不正常，逻辑电路就不正常，手机不可能开机。

⑤ CPU工作不正常，CPU没有给电源模块送去开机维持信号，都会造成不开机。

⑥ 功放、CPU或其他元件被击穿造成短路时，会造成不开机。

⑦ 软件问题也会引起不开机故障。

#### 3. 检查和处理过程

外接电源供电，观察电流表的变化，如果电流表无任何反应，一般是开机键接触不良或者开机线断线。

检查手机电池与电池簧片之间是否存在接触不良，若存在此种情况，校正簧片。

外接供电电源至电源IC上，在按开机键的过程中检查其逻辑供电电压、13MHz时钟供电电压，若测不到，则说明电源IC虚焊或损坏。应该将电源IC重新焊接，或用新的IC替代。

用示波器测13MHz晶振输出端上的波形，如果无波形则再检测加在晶振上的工作电压，若此电压正常，则说明13MHz晶振损坏。

检测CPU对各存储器的片选信号CE，如果各存储器连片选信号都没有，则说明CPU没有工作，可能是CPU管脚虚焊或者损坏。应该补焊、重焊或代换CPU。

按开机键有大电流(500mA左右)，表明电源部分有短路现象或功放短路。判断短路部分可采取以下方法：降低供电电压，使电流在200mA左右(不至于扩大故障)，加电一段时间触摸电路板上的元件，哪个发热即是损坏的元件。

若开机电流为50mA左右，大多是软件或逻辑电路的问题。检查时，采用人为跨接法(可用一段短的细漆包线)对电源IC的PowerOn脚加一电压，若此时电源IC每一种均能输出正常的电压，则故障点一般在CPU控制部分或软件。若是软件问题则需重写软件，若是逻辑电路问题则需加焊逻辑电路，或用一新的代换。

### 5.4.2 能开/关机，但不能入网故障

#### 1. 故障现象描述

不入网可分为有信号不入网、无信号不入网两种。此处的不入网故障是指当一个手机进入了一个布有信号的区域时，手机不能显示信号强度值，或显示找不到网络。

#### 2. 故障现象分析

手机入网，是先接收基站信息然后再发射信号的。因此，通常情况下手机不入网的故障原因是发生在手机的接收通道，其次才是发射通道。排除以上两种原因，软件故障同样也会引起不入网故障。

若接收通道故障，一般有13MHz频偏(可用示波器或频率计测量)、本振停振(测有无锁相电平判断)、高放、滤波器损坏(可用假天线实验)。除摩托罗拉手机外，均可测有无正常的RXI/Q来判断是射频电路或是逻辑电路的问题。

#### 3. 检查和处理过程

目前市场上爱立信系列、三星系列的手机，只要其接收通道是好的，就

会有信号强度值显示，与发射电路无关；其他系列手机必须等到手机进入网络后才显示信号强度值。对其他系列的手机在判断故障范围时，给手机插上 SIM 卡，调菜单，用手动搜寻方法找网络，此时，若能找到网络，证明接收通道是好的，是发射通道故障引起不入网的；用菜单方法找不到网络说明接收通道有故障，先维修接收通道。

(1) 接收通道故障的检查和维修

具体检查、维修步骤：

① 检查天线接触是否良好。处理方法：用无水酒精清洗，校正天线簧片。

② 检查 RF 和 IF 频率合成器、RFVCO、IFVCO 的工作电压。检测是否存在虚焊。

③ 检查接收前端的 LNA(低噪声放大器)工作点。检测是否存在虚焊。

④ 检查 RFSAW 或 IFSAW 性能是否变差。检测是否存在虚焊，可用 100P 的电容跨接，比较前后区别。

⑤ 检查 RFIC 的工作电压。检测是否存在虚焊。

(2) 发射通道故障的检查和维修

① 检查天线接触是否良好。处理方法：用无水酒精清洗，校正天线簧片。

② 检查 I/Q 正交 MODEM 的工作电压是否正常。一般的正常值为：DC1.2V 左右，单端 AC500mVpp 左右。

③ 检查 BB 处理单元工作电压。检测是否存在虚焊。

④ 检查发射 VCO、PA、MOS 开关管、APC 控制电路是否有问题。检测是否存在虚焊。

⑤ 检查发射滤波器。

(3) 软件故障的检查和维修

拨打“112”时，用示波器进行检测，若此时无发射开关控制信号 TXON 波形输出，则一般为软件故障，可以重写软件来修复。

### 5.4.3 检测不到 SIM 卡故障

#### 1. 故障现象描述

已经插入 SIM 卡，但仍然显示“请插入 SIM 卡”或“SIM 卡错误”。

2. 故障现象分析

① 由于手机内器件的接触点面积均很小而且接触压力不能太大，再加上有些手机 SIM 卡座的结构设计不够合理，故容易出现这种故障。

② 目前 SIM 卡既有 5V 卡，也有 3V 卡，这里就涉及一个 SIM 卡电源的转换问题，还需要有一个由 3V 升压到 5V 的升压电路。因此，电源 IC 故障也是引起这一故障的原因。

检查和处理过程

① SIM 卡的簧片是否接触良好。若有问题，可以清洗或小心校正 SIM 卡簧片。

② SIM 卡的工作电压或升压电路是否正常。

③ 与 SIM 卡相关的检测控制电路有无问题。特别是是否存在虚焊。

④ 软件数据有错误或部分数据丢失，可重新再写一次软件试试看。

### 5.4.4 信号时好时坏故障

1. 故障现象描述

手机信号弱，时好时坏不稳定，打电话容易掉线。

2. 故障现象分析

在排除了电池故障和外界环境干扰的情况下，故障原因可能是手机内部存在虚焊点(特别是对于受到碰撞、挤压、跌落的手机更是如此)，也可能是软件存在问题。

3. 检查和处理过程

根据故障现象，可在相关的电路部位全面补焊一次并清洁(重点检查部位是天线、发射通道、接收通道、频率合成器)，然后再仔细地安装手机，若手机能够正常稳定地工作半个月(指在不同的时间和地点的条件下，故障一次都没有出现)，则说明故障已经排除，否则的话，故障点依然存在。

### 5.4.5 工作或待机时间明显变短故障

1. 故障现象描述

对于同一块电池，手机的工作或者待机时间明显变短。

2. 故障现象分析

出现此故障的可能有以下几种原因：

① 电池未充足电、质量变差、容量减小。

② PA部分有问题，发射效率降低，导致耗电增加。

③ 手机内存在漏电故障，特别是对于浸过水的手机更是如此。

通过测量手机的工作电流、待机电流即可判断出问题是出在电池部分还是手机部分。正常情况下，手机不开机时电流表指示值应为0mA，待机时电流应为5～30mA，最大不应该超过50mA。给手机加上直流稳压电源后，若未按开机键电流表的指针就有电流指示，或手机开机后的待机电流大于正常值，则故障多为手机漏电造成的。漏电故障的原因一般是供电集成电路不良或存在元件短路。

#### 3. 检查和处理过程

给手机加上直流稳压电源后，若未按开机键电流表的指针就有电流指示，或手机开机后的待机电流大于正常值，则故障多为手机漏电造成的。可以通过以下方法进行故障元件的分析和锁定。

① 给手机供电几分钟，然后用手触摸可疑元件，发热不正常的元件即为故障元件，更换此元件。

② 若手机漏电电流很大，即手机加上稳压电源就发生短路或电流上升很快，一般为功放短路造成的，更换功放。

③ 若用以上两种方法仍不能排除故障，漏电故障一般发生在手机电池直接供电的电路部分。一一断开检查：电池滤波电路、电源IC、功放电路、振动电路、备用电池、电子开关等器件。

### 5.4.6　对方听不到声音或声音小故障

#### 1. 故障现象描述

可以打电话，信号也正常，但是对方听不到自己的声音。

#### 2. 故障现象分析

由于手机中的送话器（话筒）和PCB之间的连接几乎都采用非永久性的机械联接，接触簧片的面积比较小，再加上手机是在户外使用的移动产品，故容易产生送话器坏或接触不良的故障。送话器在手机电路中接的是音频编码电路，所以当判断受话器没有故障的前提下，应检查音频电路部分。

3. 检查和处理过程

① 检查送话器是否接触不良，送话器孔是否被堵住。

② 检查驻极体话筒静态直流偏置电压是否正常（一般为1.5～2V）。

③ 检查是否是送话器质量问题。可用数字万用表的10kΩ电阻挡在断电的情况下来测量。当近距离对着话筒讲话和不讲话时，正常的话筒两端的阻值应有明显的变化。若变化量很小或没有，则说明话筒质量差或已损坏，更换送话器。

④ 若送话器正常，说明问题出在后面的话音处理部分。检查BB处理电路中信源部分（如可编程音频前置放大器、A/D变换器）的工作电压是否正常，是否存在虚焊。

### 5.4.7 受话器(耳机)中无声音或声音小故障

1. 故障现象描述

可以打电话，信号也正常，但听不到对方的声音。

2. 故障现象分析

此故障多发生于受话器损坏或接触不良。受话器在手机电路中接的是音频解码电路，所以当判断受话器没有故障的前提下，应检查音频电路部分。

3. 检查和处理过程

① 检查菜单中对音量的设置是否正确。

② 检查受话器簧片与PCB之间的接触是否良好，受话器孔是否被堵住。

③ 检查受话器是否有问题。将万用表置于电阻挡，用万用表笔点触受话器的两触点，若受话器完好，则其直流电阻约为几十欧，且测量时能听到“喀喀”声。若直流电阻明显变得很小或很大，则需更换受话器。

④ 若受话器完好，则应进一步检查音频解码、放大等音频电路。可以拨打“112”，用示波器测电路各点波形，若查到哪一级有输入信号而没有输出信号，则说明该电路发生故障。

### 5.4.8 无振铃或振铃声小故障

1. 故障现象描述

电话能打进，但是不振铃或振铃声小。

**2. 故障现象分析**

振铃器故障通常是由于振铃器供电部分、振铃器驱动晶体管及保护二极管或振铃控制输出部分损坏或脱焊引起的。

**3. 检查和处理过程**

① 检查手机菜单是否置于振铃位置。

② 检查振铃器与PCB之间的接触是否良好。

③ 发声孔是否被堵住。

④ 检查振铃器是否损坏：将振铃拆下，用另一正常的电话拨打该机，同时用示波器测振铃信号输出脚，若有4～5V的波形输出，则振铃坏；若信号小、波形小，说明供电电压不对；若无输出，一般为振铃信号输出电路坏或存在虚焊。

⑤ 若证明振铃器完好，检查驱动三极管是否被烧坏。

### 5.4.9　LCD显示异常故障

**1. 故障现象描述**

显示屏不能显示信息、显示不全或显示不清晰。

**2. 故障现象分析**

显示屏故障一般原因如下：

① 显示屏损坏或导电橡胶接触不良。

② 显示屏接口各脚电压不正常。

③ 电源IC、CPU等虚焊或损坏。

④ 软件出错。

**3. 检查和处理过程**

① 检查LCD与PCB之间联接器的接触是否良好。可清洗后再安装试试看。

② 检查LCD是否损坏。可以尝试更换LCD。

③ 检测LCD的工作电压、时钟信号是否正常。若不正常，可进一步检查电源IC，CPU等是否存在虚焊。

④ 用示波器测量显示器的控制信号(包括数据线、地址线、复位、读写控制等)，若无波形，说明显示控制电路或软件有故障。检查显示控制电路是

否有虚焊，或重写软件试试。

### 5.4.10 自动开机故障

**1. 故障现象描述**

自动开机是指不按开机键自动开机。

**2. 故障现象分析**

自动关机主要由于开机键对地短路或开机线上其他元器件对地短路造成（低电平开机）。

**3. 检查和处理过程**

取下手机板，用酒精泡清洗，大多可以解决此故障。

### 5.4.11 自动关机故障

**1. 故障现象描述**

通常手机自动关机现象有以下几种：

① 不定时关机：手机开机、入网、打电话均正常，但有时会突然关机。

② 按键关机：手机只要不按键，就不会关机，一按某些键手机就自动关机。

③ 来电关机：手机能开机、入网、打电话，但只要手机振铃有来电时，手机就关机。

④ 开机后关机：手机开机后过不了多久，马上又关机了。

⑤ 不能维持开机：按住电源开关键可开机，但松开后即自动关机。

⑥ 发射关机：手机发射信号时便关机。

**2. 故障现象分析**

(1) 不定时关机

产生这种故障的原因主要有两种：一是由于电池与电池触片间接触不良引起；二是电源 IC 输出的电压不稳，供电电路存在虚焊，造成手机保护。受潮和摔在地上的手机易出现这种现象。

(2) 按键关机

产生这种故障的主要原因是按键下面的集成电路或元件虚焊，按键时由于力的作用使虚焊的部位脱焊，导致手机关机。

(3) 来电关机

产生这种故障的原因是由于振铃漏电，导致手机来电关机。

(4) 开机后关机

① 手机供电电路有故障，使手机虽然“勉强”满足开机条件，但开机一会后就会关机。特别是带升压电路的手机(MOTO V998 等)更容易出现这种故障。手机的电池电压很低，但是手机的许多电路需要较高的电压，因此一些手机设置了升压电路。当升压电路出现故障且对手机的开关机有影响时，就有可能造成手机在开机之后又自动关机。

② 手机供电负载电路存在故障，导致手机耗电大，将供电电路的电压拉低，使手机保护关机。特别是手机的发射电路最易造成手机负载过重，引起开机后关机的故障。

③ 软件故障。

(5) 不能维持开机

① 开机后继续按住开机键，手机开机正常，且能正常入网，松开键后手机便自动关机，原因是开机维持信号不正常引起的，不能产生开机维持信号的原因：一是 CPU 部分损坏；二是软件不正常。

② 若按下开机键开机后，继续按住开机键，手机能开机，但不能入网，而是自动关机后再开机关机又开机。其原因，一是元件虚焊或损坏，如多模转换器、字库、CPU 焊接不良或损坏，二是软件出错。

(6) 发射关机

① 电池电压过低或电池老化。

② 功放故障，为保护功放而自动关机。

③ 功率控制电路不正常。

**3. 检查和处理过程**

(1) 不定时关机

首先检查电池触片是否接触良好，若正常，则应重点加强电路的焊接。

(2) 按键关机

加强对按键下方集成电路或元件的焊接。

(3) 来电关机

检查振铃器是否存在漏电情况，若存在更换之。

(4) 开机后就关机

① 检查手机的升压电路的电压，看是否存在故障。

② 将 SIM 卡拆下，开机，若不出现自动关机现象，说明自动关机故障发生在发射电路。检查发射电路是否存在故障。

③ 重写软件。

(5) 不能维持开机

① 更换 CPU，或重写软件。

② 找出虚焊的位置，加强焊接；找到损坏的元件（多模转换器、字库、CPU 等），更换之；重写软件。

(6) 发射关机

① 更换充足的电池。

② 检查功放电路是否有损坏断路的情况。

③ 检查功率控制电路是否有损坏断路的情况。

### 5.4.12 发射弱电、发射掉信号故障

**1. 故障现象描述**

(1) 发射弱电

手机在待机状态时，不显弱电，一打电话，或打几个电话后马上显示弱电，出现低电告警的现象。

(2) 发射掉信号

手机在待机状态时，信号正常，手机一发射马上掉信号。

**2. 故障现象分析**

(1) 发射弱电

这种现象首先是由于电池与触片接口间脏了或接触不良造成；其次是电池触片与手机电路板间接口接触不良引起；最后就是功放本身损坏引起。

(2) 发射掉信号

这种现象是由于手机功放虚焊或损坏引起的故障。

**3. 检查和处理过程**

(1) 发射弱电

① 检查电池与触片、触片与手机电路板间是否存在接触不良的情况。清洗并校正之。

② 检查功放是否损坏或虚焊，加强焊接或更换之。

(2) 发射掉信号

检查功放是否损坏或虚焊，加强焊接或更换之。

### 5.4.13　漏电故障

**1. 故障现象描述**

手机漏电是指给手机加上直流稳压电源后，未按开机键，电流表的指针就有电流指示或手机开机后待机电流大。常见的现象是手机电池电量消耗很快，充满的电池用不了多久即发生电池电量低的警告或自动关机。漏电严重的手机还会造成不开机故障。

**2. 故障现象分析**

漏电故障的原因一般是供电集成块不良或某元件有短路现象。

**3. 检查和处理过程**

① 检查电源部分、电源开关管是否烧坏造成短路。

② 漏电流不太多的情况，给手机加上电源1～2分钟后用手背去感觉哪部分元件发热严重，此元件必坏无疑，将其更换。

若手机漏电电流很大，检查功放是否损坏。

如果用面的方法仍没有解决故障，就只有去查找线路是否有电阻、电容或印刷线短路。

### 5.4.14　软件故障

**1. 故障现象描述**

归纳起来，手机软件故障主要现象有：

① 屏幕显示联系服务商、返厂维修等信息。

② 用户自行锁机。

③ 手机能打出电话，但设置信息无记忆、显示黑屏、背光灯不熄、电池正常弱电告警等故障。

**2. 处理过程**

重写码片资料。

### 5.4.15　按键失灵故障

**1. 故障现象描述**

按键失灵故障通常会出现两种情况：一种是一部分按键失灵(非同一扫

描线上)；另一种是同一扫描线的所有按键失灵。

### 2. 故障现象分析

按键板由纵横交错的扫描线组成，每个交叉点对应一个键。每个按键点有两个点，正常情况下，不按键时一个是低电平，另一个是高电平。当按下某个键时，其中的高电平的线被拉低，同时CPU检测软件中键盘表中对应的按键执行相应的程序。CPU某一时刻只能处理指令，如果同时按下两个按键，CPU就无法判断按键，就会发生按键失灵的故障。

对于一部分按键失灵(非同一扫描线上的)的情况，一般为FLASH软件出错，需要写资料恢复按键表；对于同一扫描线的所有按键失灵的情况，一般是扫描线断开或CPU有问题，CPU虚焊较多。

### 3. 检查和处理过程

① 检查是否按键本身问题、主板脏引起的按键失灵。清洗主板。

② 关机。测各扫描线的对地电阻，阻值应该相同，如果发现对地电阻小的，说明此处有故障。

开机，测各扫描线的电压，行或列应该分别一样高或低，如果某处不相同，说明此处有故障。

如果以上方法检测正常，说明是软件出错。

## 5.4.16 低电警告故障

### 1. 故障现象描述

正常充满电的电池装上手机后，仍然显示电池电量低或显示的电量不满格。

### 2. 故障现象分析

低电警告故障原因大致分析如下：

① 电池触片氧化变黑。

② 电源IC不良。

③ 电池供电负载漏电。如果电源IC内部的A/D转换器不正常，就会引起低电警告。

④ 软件混乱。软件设置的低电警告门限太高，也会产生低电警告故障。

**3. 检查和处理过程**

① 如果检查发现电池触片变黑,用小锉刀或砂纸将触片清洁即可。

② 若检查电源 IC 不良,更换之。

③ 若电池供电负载如功放等出现较大的漏电流,则需更换功放负载。

④ 重写正确的软件资料。

### 5.4.17　无发射故障

**1. 故障现象描述**

手机可以开机、入网,但打电话时无法连接或发射。

**2. 故障现象分析**

可以通过如下方法判断手机有无发射:将固定电话话筒拿起,用手机拨打"112",若在固定电话的话筒里听不到干扰声,则说明手机无发射。

手机无发射大致有以下原因造成:

① 发射电路故障。

② 逻辑音频电路故障。

③ 软件故障。

**3. 检查和处理过程**

① 检查发射电路中的中频调制、发射 VCO、功放、功率控制、发射滤波器等电路。

② 检查逻辑音频电路的 4 个输出 TXI/Q 信号是否正常。若打"112",这个信号能看到的话,说明逻辑音频电路正常。

③ 拨打"112"时,如果电流表有规律地摆动,说明软件运行正常,若无摆动,说明软件运行不正常。先对 CPU、字库和码片进行补焊,若故障依然存在,则重写软件资料。

### 5.4.18　不收线故障

**1. 故障现象描述**

打完电话合上翻盖,电话不能挂断或灯光仍然亮着。

**2. 故障现象分析**

手机的翻盖具有自动接听电话和自动挂断电话的功能。完成这一功能的重要元件是磁控管,即翻盖式手机常用的干簧管或霍耳元件。

当接听完电话合上翻盖时，翻盖上的小磁铁靠近磁控管，由于磁场的作用，磁控管内部电路接通，这个“接通”的电信号输送给CPU后，CPU便作为挂机信号而挂断电话（关断背景灯）。若出现合上翻盖，电话不能挂断的情况，则是翻盖上的磁铁或磁控管出了问题。

**3. 检查和处理过程**

检查翻盖上的磁铁和干簧管是否出现故障，若是，则更换之。

## 5.5 摩托罗拉V998手机典型故障维修实例

故障现象一：手机不能开机。

手机正常开机需要经过下列处理过程：

按下开机键→开机指令送到电源IC模块→电源IC的控制脚得到信号→电源IC工作→CPU；13MHz主时钟加电→CPU复位及完成初始化程序→CPU发出“poweron”信号到电源IC块→电源IC稳定输出各个单元所需的工作电压→手机开启成功然后进入入网搜索登记阶段。

根据开机的处理过程，对不能开机故障可以对下列相关部分进行检查和处理：

① 由于手机的开机键使用较频繁，应检查按键是否接触不良。

② 检查电源IC模块是否虚焊或烧坏，由于电源IC的工作电流较大，故它出故障的概率比较高。

③ 检查电源IC有无开机信号送到CPU。

④ 检查电源IC的负载是否有严重漏电或短路现象，漏电或短路会造成开机电流很大，因此保护关机。

⑤ 检查CPU相应的管脚是否虚焊，这是常见的故障点。

⑥ 检查CPU正常工作的三个基本条件是否满足：(a)工作电压；(b)时钟；(c)复位电路。

⑦ 检查CPU是否向电源IC发出“开机”(poweron)信号。

⑧ 若初始化软件有问题，可重新写软件试试。

每一种手机不开机都可能会有一些特殊的现象，因此可以根据其不同的故障现象来进行一个大致的故障定位。按开机键无任何反应的故障被称为“死机”，但死机故障也有不同的产生原因。给手机加上外接电源，按开机键，注意观察电源的电流表。如果电流表上有一定的显示，但电流太小，则通常说明话机的开机触发信号端无问题，问题出在逻辑电源基准频率电路的电源上（主要检查U900电路）；如果电流表上显示接近正常，则说明电源电路应该没问题，检修重点应放在逻辑电路（如13MHz时钟路径、复位信号路径及存贮器等）；如果电流显示明显过大，则应多考虑电源电路故障，或是部分芯片损坏等。

故障实例1

① 故障现象：不能开机，按下开机键，电流在40mA左右，停留2秒左右，然后消失。

② 检修过程：这种电流现象，说明CPU已经工作，是软件运行时，自检不能通过造成不能开机，故障主要在Flash上，在维修中判断为软件故障时，应用先查软件后查硬件的方法，从简单的做起，从风险小的做起。先用TMC软件维修仪写软件，写了一半写不进，估计字库存在虚焊。用热风枪对字库进行吹焊，冷却后，重新写软件。

③ 故障处理：用软件维修仪处理软件后，手机开机正常。

故障实例2

① 故障现象：不能开机，按开机键，观察电源电流表，发现电流表无任何反应。

② 检修过程：根据故障现象，可以确定故障在开机信号线路和电池供电路径上。用旅行充电器插入手机底部，手机仍不能够开机。根据检查结果，可以排除按键板故障，问题应在主机板电路上，即在U900模块的开机触发线路上。因为一般来说，不可能电池供电和外接供电路径同时出故障。

③ 故障处理：将故障机拆开，重点检查主机板上U900模块电路，发现开机信号线路上的电阻R804虚焊，将其重新焊接后重装，手机开机正常。

故障实例3

① 故障现象：不能开机，按开机键，电流达到600mA。

② 检修过程：拆机后，检查发现此机字库、暂存器都被动过。首先用热风枪将字库和暂存器拆下来，清洁底脚，加电开机，仍然存在大电流。V998的CPU被环氧树脂型胶封住，在吹屏蔽罩、字库及暂存器的过程中，容易引起CPU引脚短路，损坏CPU，估计此机在维修过程中已造成CPU损坏，取

下 CPU,加热电路扳,用烙铁将底胶清除干净后,加电试机,电流回到正常值,说明故障发生在 CPU 上。

③ 故障处理:更换 CPU,重新焊回暂存器、字库、写软件后,开机正常。

故障实例 4

① 故障现象:一部 V998 手机,开机显示屏闪一下,但不能正常开机。

② 检修过程:故障现象表明逻辑电路、时钟电路及电源电路基本正常。该故障通常是因为逻辑电路检测到手机工作电流过大造成,应重点检查 U900 电路及电池监测电路,检查电池监测电路未发现异常,怀疑 U900 损坏。

③ 故障处理:更换 U900 模块,加电,将 R804 的一端对地短路,手机工作电流正常,手机能正常工作。

故障实例 5

① 故障现象:一台 V998 手机,进水后引起不开机。加电开机,电流达 40mA 后,又回到 0mA。

② 检修过程:拆机后,检查主板,已被别人修过,电源、中频 IC、字库、暂存器都已被动过。加电检查之前,先将 WATCHDOG 点短路,加电测供电,V2、V3、VREF、VBOOST 电压,正常,但 V1 不正常,用软件仪与手机相连,不能通信。V1 受到 CPU、软件的控制,取下字库,仍无 5V 电压。在排线接口 C738 上,加 10k 电阻,用示波器测引脚波形,部分波形不正常,取下暂存器,测暂存器引脚波形,正常,更换暂存器,再测字库波形,已经正常。取下 10k 电阻,V1 为 5V,电压也已正常了。

③ 故障处理:更换暂存器后,重新焊上字库,用软件仪写软件后,开机正常。此机为暂存器故障,引起 V1 不正常,使手机不能开机。

故障实例 6

① 故障现象:一部 V998 手机,电池刚充电时能开机,但一段时间后不能开机。

② 检修过程:手机能开机,说明电路基本正常,怀疑电池问题。检查电池,但电池在其他手机上能开机。因此确定故障应在 U900 的电压调节器电路。拆机,给故障机加 3.6V 的标准电压,短路 R804 到地,手机不能开机,但当将电源电压调节至 4.1V 时,手机能够开机。根据检查结果可以判定故障

应在升压电路。

③ 故障处理：先更换升压电感L901，给手机加3.6V电源，手机能正常开机。该机故障是因为升压电感性能变差，导致5.6V电压不正常，从而引起不开机。电池刚充满电时，电池电压比较高，升压电路能够将它转换到5.6V；而当电池下降一定时，由于升压电感性能不良，故导致5.6V电源不正常。

故障实例7

① 故障现象：一部摔过的V998手机一会能开机，一会不能开机。

② 检修过程：故障现象说明，手机电路没有大问题，问题应是电路元件接触不良。拆机，仔细检查与开机有关电路，发现当手压在U900模块时，手机能够开机，但放开后手机不能开机，因此，可以基本判定该机故障是由于U900虚焊引起的。

③ 故障处理：将U900取下，清洁PCB板上U900的焊点，重新焊接U900，然后将U900重装回去，加电，手机能够正常工作。

故障现象二：V998手机无接收。

无接收就是接收机电路的故障，但在实际维修中，故障机通常表现为：不能上网，收不到信号，不能打电话等。但手机不能上网的故障不一定就是接收机的故障，接收机故障、发射机故障都可能引起手机不能上网等故障，这就需要维修人员作故障判断。通常采取一些比较简单的方法，在故障机拆开前大致定位故障。

(1) 利用手机的莱单功能定位故障

利用手机的莱单功能，在网络选择中使用手动网络选择式搜寻网络功能，如果能在液晶屏幕上显示网络标号：如中国电信、中国联通（或460、461等），则表明接收机电路基本上无问题，应该检查发射机电路，否则检修接收机。

(2) 利用专用测试卡定位故障

摩托罗拉GSM手机可以利用专用的测试卡，将故障机在测试状态下键入“45”命令（参见测试指令），手机将显示出接收信号强度的dB值。

正常情况下，dB值应在“－85”左右，若dB值趋向于“－80”，说明手机接收机性能较好；如dB值趋向于“－110”，则说明手机接收机电路有故障或接收机性能不良。

故障实例1

故障现象:手机能开机,但不能入网,不显示场强信号。

检修过程:拆机后,用尾插供电,测13MHz信号,正常,测中频IC旁边的RF-V1、RF-V2、SF-OUT、SW-VCC电压,均正常。用力压住中频ICU913,观察电源电流,有变化,估计中频IC有虚焊。对U913进行吹焊,加电试机,手机已有信号。

故障处理:通过对中频ICU913吹焊,排除虚焊后,装机插卡,加电试机,手机能入网打电话。

故障现象三:V998手机发射故障。

对发射机的检修可分为三大部分:话音拾取到调制前的电路;发射VCO电路;功率放大和功率控制电路。检修发射电路主要利用频谱分析法、电压法及电阻法。检修射频功率放大电路时应注意在确认功放管损坏后不要急于换上新器件,应在确定其偏置电路工作正常时才可更换元件,否则容易造成更大的损失。

如果手机无发射,可以通过一些简单的操作进行一个大概的故障定位:给手机加上外接电源,键入一个"112"号码,按发射键,如果看到有比较大的电流提升(一般情况下,手机的112发射电流在110mA左右),则说明逻辑电路输出的控制信号没多大的问题,问题可能出在发射机电路中的频率变换及频率产生电路(即U913电路、TXVCO电路U250等);如果看不到明显的电流提升则可能为逻辑的控制信号问题或功率放大器的故障(U300、U400、Q300、Q400及U340和负压控制电路等);如果电流提升过大,刚多数为功率放大器的故障(U300、U400)。

也可以采用另外一个简单办法:打开一部收音机,将手机的SIM卡取下,键入"112",按发射键,如果在收音机中能听到"滴滴答答"的声音,说明发射机电路的控制信号及功率放大器的直流电路无大问题,问题出在信号变换电路;如果在收音机中听不到"滴滴答答"的声音,则故障通常应在控制信号电路。

故障实例1

① 故障现象:手机不能打电话,打112时,即关机。

② 检修过程：手机发射时，关机，主要原因是由于功放等元件损坏，造成发射电流过大，没有−5V电压、软件引起的。首先，将功放供电电子开关Q330拆掉，试打112，不关机，说明故障在功放部分。将手机进入测试状态，键入11001＃、310＃，测负压，正常，装上电子开关，拆掉1800MHz功放，试机，发射不再关机。

③ 故障处理：更换1800MHz功放，装机后手机打电话正常。V998系列手机的1800MHz功放很容易坏，一般可先查此功放。

故障实例2

① 故障现象：一部V998手机能开机，但当手机刚刚进入服务状态，手机关机。

② 检修过程：根据故障现象，可以判定该机是由于手机工作电流过大而关机，此种故障通常是由于发射电流过大而导致。因为手机开机后，除了接收机扫描信道，手机还会启动发射机电路，将手机的相关信息传送给系统。将摩托罗拉测试卡插入手机，将手机设置于测试状态。利用测试指令“980＃”、“110512＃”、“1205＃”、“310＃”启动发射机，手机工作电流基本正常；利用测试指令“981＃”、“110060＃”、“1205＃”、“310＃”启动发射机，但手机关机，说明问题在GSM功率放大电路。

③ 故障处理：将手机拆开，首先更换GSM功率放大器U400，然后给手机加电开机，手机能够正常工作。显然是由于功率放大器损坏，导致发射机启动时因提取电流过大而关机。

故障实例3

① 故障现象：手机能入网，但不能打电话，打电话时自动关机。

② 检修过程：此故障排除思路及方法与上例相同。首先拆去Q330，试打电话，不关机，再装回Q330，拆1800MHz功放，故障未能排除，再更换900MHz功放，故障仍未排除，更换功控U340，故障仍未排除，检查−5V供电，正常，怀疑故障与发射合路器有关。

③ 故障处理：更换收发合路器FL300，试打112，发射正常。

故障实例4

① 故障现象：一部V998手机，按发射键关机。

② 检修过程：按发射键手机关机的故障通常出自于发射机电路。往往

是由于发射机电路故障引起发射机工作电流过大，造成手机提取电流过大而关机。而能引起大电流的通常是发射机的功率放大电路，该类故障应重点检修发射机功率放大电路。将故障机设置于测试状态，利用测试指令“980＃”、“11060”，“1205”、“310＃”启动发射机电路，结果手机关机。根据检查结果，可知故障在发射机电路。造成发射机启动关机的原因通常是功率放大器损坏或功率放大器的偏压电路有故障。所以，检修重点放在功率放大器及其偏压控制电路上。

用代换法更换功率放大器。V998有两个功率放大器，而用测试指令检测的是GSM通道，所以首先更换GSM功率放大器U400。更换U400后，重新进行测试，手机仍然是进入发射状态时关机。再进入测试状态，使用测试指令启动发射机，不过功率设置指令改为“1208＃”，将发射机的功率级别降低，启动发射机后，手机不关机，但发射机工作电流比正常的大。说明故障应在功率放大器的负压偏置电路。

③ 故障处理：仔细检查功率放大器的负偏压电路，发现Q304损坏。更换一好的器件，故障排除。说明该手机故障是由于Q304损坏，导致功率放大器无负压引起大电流关机。

故障现象四：V998手机SIM卡故障

故障分析：

对SIM卡故障应重点从以下几方面检查和处理：

① 检查SIM卡的簧片是否接触良好，若有问题，可以清洗或小心校正SIM卡簧片。

② 检查SIM卡的工作电压或升压电路是否正常。

③ 检查与SIM相关的检测控制电路有无问题，特别是有无虚焊。

④ 检查软件数据是否有错误或部分数据丢失，可重写软件试试。

故障实例1

① 故障现象：手机插入SIM卡后，显示“请检查卡”。

② 分析与检修：检查SIM卡、SIM卡座及周围小元件，并对其补焊，故障未排除。在开机时，测SIM卡座引脚，有波形。根据SIM卡电路原理，卡接口电路是由电源模块U900建立与CPU的联系，电源模块U900虚焊的可能性比较大。

③ 故障处理：对电源模块U900进行吹焊，轻轻压一下U900，待其冷却后，插卡试机，手机能入网打电话。

故障实例2

① 故障现象：一部V998手机出现检查卡故障。

② 分析与检修：此类SIM卡故障，通常是因为SIM卡座或SIM卡时钟路径、复位，输入输出端口故障所引起。检查SIM卡电路的R940、R944、R999电路，发现R999到SIM卡之间断线。

③ 故障处理：用软导线将R999与SIM卡座的时钟连接口相连，重装手机。加电开机，手机能正常工作。该机是因为SIM时钟信号不能到达SIM卡，从而引起检查卡的故障。

故障现象五：V998手机显示故障。

对手机显示故障应重点从以下几方面检查和处理：

① 检查LCD与PCB之间联接器的接触是否良好，可清洗后再安装试试。

② 检查工作电压、时钟是否正常，是否存在虚焊。

③ 检查软件是否有问题，可再写一次软件试试。

④ 检查是否LCD质量差，若是则更换LCD。

故障实例1

① 故障现象：手机能够开机，能够接听电话，但显示屏全黑。

② 分析与检修：显示全黑，通常是显示损坏或显示负压不正常。首先检查手机负压，发现U901能够输出负压，可见问题应在显示模块或翻盖排线上。仔细检查排线，没发现问题，判定显示器损坏。

③ 故障处理：更换一新的显示器，故障排除。

故障实例2

① 故障现象：手机能开机，有信号指示灯，但手机无显示。

② 分析与检修：手机能开机，有信号指示灯，说明手机电路基本正常。无显示主要是V998的翻盖排线、负压及显示驱动电路等有故障。拆机检查：首先用一个好的翻盖组件替换，仍然无显示，说明故障在主机板上。应检查主机板上的显示负压及显示器接口等。当检查至U901电路时，发现U901无负压输出。

③ 故障处理：更换 U901 模块，重装，手机故障排除。

故障实例 3

① 故障现象：一部 V998 手机，显示缺画。

② 分析与检修：手机的这种现象通常都是液晶显示器或显示器的接口故障引起。

③ 故障处理：首先用一个好的液晶显示模组更换，故障排除。说明问题在液晶本身。

故障实例 4

① 故障现象：一部 V998 手机能开机、接听电话，但手机无显示。

② 分析与检修：根据故障现象可知，手机无大的问题。V998 的这种故障通常出自于翻盖排线、显示器及显示负压电路，且以翻盖排线居多。

检查：将故障机拆开，发现翻盖排线上有折断的痕迹，怀疑翻盖排线损坏。

③ 故障处理：更换一新的排线，手机故障解决。

故障实例 5

① 故障现象：一部 V998 手机能开机、接听电话，但手机无显示。

② 分析与检修：根据故障现象可知，手机无大的问题。V998 的这种故障通常出在翻盖排线、显示器及显示负压电路。

检查：将故障机拆开，检查翻盖排线与显示负压，发现负压不正常。怀疑负压电路 U901 不正常。检查 U901 电路的②脚电压及⑤脚的控制信号均正常，于是确定 U901 损坏。

③ 故障处理：更换一个 U901 电路，重装手机，开机，手机能正常工作。

其他故障实例：

故障实例 1

① 故障现象：一部 V998 手机不能进入服务状态，进入网络选择菜单的可供服务网络功能，手机不能出现“460-00CT—GSM”和“460-01CU—GSM”的网络标号。

② 分析与检修：手机开机后，逻辑电路会首先启动接收机电路对系统的广播控制信道进行搜索，手机不能搜索到网络，说明该机故障在接收机电路。将故障机设置在 GSM 模式下和 DCS1800 模式下都不能进入服务状

态，说明故障应在GSM与DCS接收通道的公共电路部分，如混频及中频处理等。将故障机拆开，并将故障机设置在测试状态下，键入测试指令"45060"(应注意的是，读者在进行该项测试时，应选取当地信号比较强的蜂窝信道)，启动接收机电路。首先用频谱分析仪测混频器的输出端，发现没有400MHz的中频信号。接收中频信号是接收机检修的关键信号之一。若手机无中频信号，则手机肯定没接收。引起混频器无中频输出通常只能是混频器电路损坏或RXVCO电路无信号输出到混频器电路作本机振荡信号。用频率机检查VCO的缓冲放大器输出，发现没有13.47MHz的GSM60信道的本机振荡信号。再检查VCO电路，振荡管Q253及恒流管Q255都没有工作电压。VCO的工作电源来自Q344电路。再检查Q344，发现Q344没有RVCO-250电源输出。但Q344的其他引脚电压正常，确定是Q344损坏。

③ 故障处理：更换Q344，手机恢复正常。说明该机故障是因为Q344不能提供2.5V的VCO电源给RXVCO电路，造成混频器无本机振荡信号，得不到400MHz的中频信号，致使手机无接收。

故障实例2

① 故障现象：一部V998手机，手机不能上网。

② 分析与检修：利用摩托罗拉的GSM测试卡，将故障机设置在测试状态，键入"980＃"、"45060＃"，使接收机电路工作在GSM模式下的60信道上。此时发现手机显示屏上的负数为"－116"。由于好机在同样的测试条件下显示"－91"，根据检查结果可以确定该机故障在接收机电路。由于V998手机无法对RXI/Q信号进行测试，所以，首先用频谱分析仪检查400MHz中频。在中频放大器处能测到400MHz的中频信号。能测到400MHz中频，说明混频器和频率合成环路没问题，问题应在中频处理之后。接收机电路引起无接收故障通常问题在接收机的射频电路。在接收机射频电路中，能引起手机无接收的通常为混频、RXVCO、接收中频VCO和RXI/O解调等。首先检查接收中频VCO(U913外接的800MHz振荡电路)。经测试，发现Q1255电路不能产生信号。

③ 故障处理：用热风枪对Q1255电路进行焊接处理，并更换Q1255，手机恢复正常。

故障实例 3

① 故障现象：一部 V998 手机通话容易断线。

② 分析与检修：通话容易断线通常是因为接收机的误码率太大，使手机系统自动关闭通话。引起手机误码率(BER)大的原因通常是接收机的低噪声放大器、接收机中的滤波器和 DSP 电路、RXVCO 信号的幅度等。将手机置于测试状态。检查手机的低噪声放大电路，未发现异常；再检查手机的中频放大器，也未发现异常。当用频谱分析仪检查 RXVCO 信号时，发现送到混频器的 RXVCO 信号幅度很低。检查 RXVCO 电路，发现 VCO 的缓冲放大器无工作电源。缓冲放大器 Q262 电路使用 RVCO-250 电源，Q253 电路也使用 RVCO-250 电源。RXVCO 电路有信号输出，说明 RVCO-250 电源没问题，应是 RVCO-250 电源与 Q262 电路之间断线。用万用表检测，发现 R361 至 Q344 之间断线。

③ 故障处理：用一软导线连接，加电，开机，手机恢复正常工作。

## 5.6 爱立信 T28 手机典型故障维修实例

故障现象一：爱立信 T28 手机不能开机

故障分析：

爱立信 T28 手机，不开机故障是比较常见的。造成不开机的故障原因主要有以下几种。

(1) 软件故障

软件资料错乱引起的不开机占有一大部分，而这些手机多数都是英文机改版为中文机后由于手机版本的不同而引起的。在处理软件故障时，只需重写字库资料和码片资料即可。如在写字库过程中，运行的软件可连接手机，但不能读出码片资料，即串号栏不显示串号，不能进行下一步操作时，表明码片已经损坏，这只能拆机更换码片或用编程仪重写资料。所以，当接到一台不开机的手机，而又不能判断是哪一部分故障时，可用传输线先将其软件资料重写操作来激活，如果可以连接即表明为软件故障。如果无连接，则应再一步检查硬件故障，如电源模块、CPU 等是否虚焊或损坏等。

(2) 电源供电不正常

由电源电路原理可知，电源电路由射频部分供电电路和逻辑部分电源电路组成，逻辑部分电源中的VDIG和VRTC分别供CPU、存储器以及多模转换电路电源，如果这些电源不正常，将引起不开机，另外射频供电电路中的Vvco和VRAD分别供给频率合成器和射频信号处理器电源，而这两部分电路都与13MHz时钟产生电路有关，所以如果Vvco(3.8V)和VRAD(2.75V)不正常，也会引起不开机，而产生这几组电压的电路主要是电源模块，所以当出现不开机时首先应检查电源模块输出的几组电压是否正常。

(3) 13MHz时钟电路工作不正常

13MHz时钟信号是手机开机的又一条件，它是逻辑控制部分正常工作的前提。因此，在处理不开机故障时，在供电正常的条件下应考虑13MHz时钟信号是否正常。

(4) 复位信号不正常引起不能开机

复位也是手机开机的一个条件，其主要作用是对中央处理器(CPU)进行清零，从而实现初始化过程。无复位信号产生，手机不能开机。复位信号不在规定的时间内达到标准的电位值，或标准电位值不稳定等，均会影响手机的正常开机。

T28型手机的复位信号是电源模块N700及其外围元件产生的，可通过对复位信号测试点TP701进行检查来判断复位信号是否产生以及产生的复位信号是否正常等。若测试点TP701处无复位信号或复位信号不正常等，大多为电源模块N700不良所致，更换N700即可排除故障。若TP701处的复位信号正常，则说明不开机故障与复位信号关系不大，应对开机的其他条件进行检查。

(5) 维持信号不正常引起不能开机

维持信号用来维持开机。该信号是在供电、时钟、复位正常且经软件运行正常后才能输出的，可在加电开机的瞬间，检查开机控制管V600的基极有无高电平DCON信号输入来判断。若V600的基极无高电平DCON信号输入，一般为中央处理器D600损坏所致。若V600的基极有高电平DCON信号输入，但V600的集电极仍保持高电平，证明是V600不良，一般为V600虚焊或损坏。经补焊或更换V600即可排除故障。

(6) 中频模块工作不正常

N234中频模块工作不正常，会引起13MHz时钟信号不能送微处理器，

CPU在未有时钟信号的情况，软件无法初始化，肯定不能开机。而引起其工作不正常除了电源外，还有本身虚焊或损坏或周边阻容元件脱焊等。在更换中频模块之前，首先要检查其周边元件是否脱焊或损坏，13MHz晶体是否能产生13MHz时钟信号的情况下，才能更换。

(7) 功放模块击穿

爱立信T28型手机的功放模块较易损坏，其损坏后一般会造成手机电路短路，通常情况下可以感觉到手机有发热现象，如接上稳压电源，电流表即有大电流漏电反应或稳压电源有短路保护等情况，应重点检查功放模块。

爱立信T28功放供电有两路，电池电压经过限流电阻R400后一路直接供电到功放模块N400的⑧脚，另一路则再经过一电感线圈L460供电到功放模块的⑥脚。当手机未开机就出现漏电或功放模块发热时，首先切断其供电来判断是否功放损坏，若确定为功放损坏，更换即可。

故障实例1

故障现象：手机不开机，接上稳压电源即有500mA电流反应。

分析与检修：接上稳压电源时就有电流反应，说明手机线路的某一元件有漏电现象。而出现500mA这样的大电流反应，判断为电路已经呈短路状态。对于这种故障现象，一般都是由电源直接供电的电源模块或功放损坏引起。这时用万用表对地测电池供电端一定呈短路状态，而这些元器件中，功放损坏的可能性较大，因为在以往的维修过程中所碰到的这种故障现象都是功放损坏。检修时，用热风枪将功放模块吹下后，再接上稳压电源时，无电流反应，按下开机键时即可开机。从而可确定该机的这种故障现象是由功放损坏造成内部线路短路引起。

故障处理：更换功放模块，故障排除。

故障实例2

故障现象：一台爱立信T28型手机，接上稳压电源开机，无开机电流，不能开机。

分析与检修：接上稳压电源开机，无开机电流，说明电源模块N700根本就未工作。造成该故障的原因主要有三个：①电池电压输入电路有故障，使电池电压(VBATT)无法送至电源模块N700；②电源模块N700本身损坏；

③电源模块N700外部的触发电路不良等。

拆机，用稳压电源给其加电，然后用万用表测V600的集电极(N700的B1脚触发电压测试点)有3V左右的触发电压，证明电池电压已送至电源模块N700。在按ON/OFF键时V600的集电极电压不变化，说明故障出在N700外部的触发电路。对ON/OFF键及开关机触发管V601进行检查，发现V601内部的开机触发二极管已损坏开路。

故障处理：更换V601，试机，手机开机正常，故障排除。

故障实例3

故障现象：一台爱立信T28型手机，用稳压电源加电开机，电流表指针有摆动，但摆动幅度不大，不能开机。

分析与检修：用稳压电源加电开机，电流表指针有摆动，说明手机的电池电压输入电路及开机触发电路均基本正常。但摆动幅度不大，证明其开机条件还不具备，一般为电源部分不良所致。

拆机，给手机加电，在按ON/OFF键触发开机的同时，测电源模块N700的B7脚有4.7V的VSW电压，B8脚有3.8V的VRAD电压，C8脚有3.8V的V380电压，H7脚有2.5V的VCORE电压。但在N700的C6脚的输出滤波电容C703处，只测到1.5V的VDIG电压，正常应为2.75V，估计不开机故障为VDIG(2.75V)电压不正常引起逻辑控制部分不能正常工作所致。又因电源模块N700的其他各脚输出电压均正常，而且又未发现有进水及碰撞的痕迹，推测N700本身损坏的可能性不大，很有可能是VDIG(2.75)电压的滤波电容漏电或负载电路短路所致。先焊下中央处理器D600旁边的滤波电容C608、C703处的VDIG电压不变。再焊下滤波电容C703，发现VDIG电压有明显上升，证明C703漏电。

故障处理：更换C703，试机，手机能正常开机，故障排除。

故障实例4

故障现象：一台爱立信T28型手机，用稳压电源加电开机，有50mA左右的触发电流，但不能开机。

分析与检修：用稳压电源加电开机，有50mA左右的触发电流，一般来说其电源部分均已工作。不能开机的原因大多为139MHz时钟电路不良：无13MHz时钟信号产生或13MHz时钟信号不能送至逻辑控制部分，使逻辑控制部分不工作。

拆机，给手机加电，在触发开机的同时，测电源模块 N700 及稳压模块 N502、N470 的各输出脚电压均正常，说明与开机有关的电源均正常。再用示波器测射频处理模块 N234 的 52 脚(13MHz 时钟信号输出端)有 13MHz 时钟信号输出，证明 13MHz 时钟振荡电路工作基本正常，但在中央处理器(D600)的 B10 脚测不到 13MHz 时钟信号输入(在与 D600 B10 脚相连的 R630 处测量)，说明故障出在 13MHz 时钟输出电路。对该部分电路进行检查，发现耦合电容 C680 一端脱焊。

故障处理：补焊 C680，试机，开机正常，故障排除。

故障实例 5

故障现象：一台爱立信 T28 型手机进水，引起不能开机。

分析与检修：手机进水后，不应急于加电，应首先拆开机壳，取下显示屏，并将机芯放入超声波清洗仪中进行清洗，再烘干。然后加电进行检测，以免扩大故障范围。

该机在进行上述处理后，再加电开机，手机仍不能开机。但有 80mA 左右的开机电流，且能维持。手机开机有 80mA 左右的开机电流，且能维持，一般来说手机的电源部分及 13MHz 时钟电路均基本正常，故障大多为逻辑控制部分不良所致。又由于该机是因进水而不能开机，很可能是逻辑控制部分中的逻辑模块因进水造成脱焊。在逻辑控制部分元件中进水易造成脱焊的元件是中央处理器 D600 与闪速存储器 D610，因为它们均采用 BGA 封装。用万用表对电源模块 N700 及稳压模块 N502、N740 的各路输出电压进行测量，发现均正常。再用示波器测中央处理器 D600 的 B10 脚也有 13MHz 时钟信号输入。说明与开机有关的电源及时钟均正常，推测故障为逻辑控制部分模块进水造成脱焊所致。

故障处理：先在中央处理器 D600 的周围涂上松香，然后用热风枪均匀吹焊，待 D610 冷却后再试机，手机可正常开机，故障排除。

故障实例 6

故障现象：一台爱立信 T28 型手机，按 ON/OFF 键，能开机，但松手后立即关机。

分析与检修：按 ON/OFF 键，能开机，说明开机条件中的供电、时钟及复位均基本正常。松手关机说明开机维持电路不能正常工作，造成该故障的主要原因有：①中央处理器本身虚焊或损坏，使D600的B7脚无高电平维持信号（DCON）输出；②软件发生故障，导致中央处理器D600的B7脚无高电平维持信号（DCON）输出；③开机控制管V600虚焊或损坏，使电源模块N700的开机触发端（B1脚）不能保持低电平等。

拆机，给手机加电，在按ON/OFF键开机的同时，用万用表测开机控制管V600的基极有高电平DCON信号输入，说明中央处理器与软件均基本正常，故障原因可能是V600虚焊或损坏。对V600进行检查，发现其内部集电极与发射极之间已开路。

故障处理：更换V600，试机，开机正常，故障排除。

故障现象二：爱立信T28手机不入网

爱立信T28手机不入网故障主要包括以下几方面原因：

（1）射频信号处理器N234不正常

由于收发信号的处理都由该模块完成，所以如果该模块损坏或者有虚焊，将引起不入网。

（2）功放模块不正常

该功放模块也由两部分组成，其中一部分为900MHz系统功放，另一部分为1800MHz系统功放，如果有场强信号显示，但无发射，一般都是该模块损坏。

（3）天线开关电路不正常

收发信号都要经过天线开关，如果天线开关损坏或者有虚焊，会引起不入网，在发射关机的情况下，要看天线开关是否正常。

（4）锁相环电路不正常

由于在T28手机中，本振信号的产生电路由分立元件组成，主要是变容二极管以及周围的电阻、电容和电感。这些元件如果有损坏或管脚虚焊，将引起本振信号不正常，产生不入网故障。

（5）多模转换器不正常

由于接收信号要经过多模转换器至CPU，如果CPU检测不到接收信号，将不发出TXPN信号，所以多模转换器不正常也会引起不入网。

故障实例1

故障现象：一台爱立信 T28 型手机，能正常开、关机，但在 GSM900 频段不能入网。

分析与检修：该机能正常开、关机，说明其开、关机电路工作基本正常。不能入网，证明手机不能与基站进行信息交换。如要进行信息交换，必须有接收和发射功能，因此，手机接收部分与发射部分有故障均有可能引起不入网。对于不入网故障，首先要判断故障出在接收部分还是出在发射部分，一般的方法是将手机置于话机菜单，进入手动找网模式。若有网号出现，则证明其接收部分是好的，故障是由于发射部分不良引起，反之，则说明接收部分不正常。但在实际维修中也可将手机置于有线电话机旁，通过拨打“112”进行发射，听有线电话机听筒中有无“喀喀”音来区分。若听筒中有“喀喀”音，一般来说发射部分是正常的，故障可能是接收部分不正常引起，相反，若在听筒中听不到“喀喀”音，则证明发射部分不正常。

用稳压电源给其加电开机，并在有线电话机旁拨打“112”进行发射，在有线电话机听筒中听不到“喀喀”音，说明不入网故障是发射部分不正常引起。同时也发现稳压电源电流表指针不偏转。发射功放模块是手机中耗电量大的元件，发射时电流表指针不偏转，证明功放模块 N400 未工作。造成该故障的原因主要有两个：一个是功放模块本身损坏，另一个是功放模块供电电路不良。

拆机，给手机加电开机，在发射的同时，测功放模块 N400 的⑥、⑧脚（供电端）及 14 脚（功率控制端）电压均正常，推测为功放模块 N400 本身损坏，造成手机不入网。

故障处理：更换 N400，试机，手机能正常拨打电话，故障排除。

故障现象三：爱立信 T28 手机逻辑音频故障

故障分析：

① 耳机无声其故障原因是：耳机损坏或接触不良；多模转换器不正常。

② 送话不出去其故障原因是：送话器损坏或接触不良；多模转换器不正常。

③ 振铃不振铃其故障原因是：振铃器损坏；振铃信号放大管 V606 损坏。

④ 振子不振动其故障原因是：振子损坏；振子驱动管 V621 和 V623

损坏。

故障实例1

故障现象：开机时不开机，开机正常时，通话声音小且有杂音，有时听筒根本无音。

分析与检修：爱立信手机中，这是常见的故障现象之一。T28手机多模转换器为BGA封装，这种故障现象多数都是由多模转换器虚焊或损坏引起。

故障处理：重焊多模转换器N800，故障排除。

故障现象四：爱立信T28手机显示故障

故障分析：

(1) 显示电压不正常

正常情况下，显示屏接口五个脚的电压分别为2.75V、0V、2.75V、2.75V、6V。如果不正常，应检查显示电压产生电路，显示电压的产生电路主要由V611以及CPU和多模转换器等组成，如果不正常，应检查V611的好坏以及多模转换器和码片内软件是否正常。

(2) 显示屏不正常

如果显示屏接口H623的各引脚电压均正常，但显示仍不正常，一般为显示屏本身损坏，更换显示屏即可排除故障。

故障实例1

故障现象：开机屏幕显示很多“YYY…”，之后可以上网。

分析与检修：估计为软件资料紊乱引起，用手机软件维修仪进行字库资料的重新编程，重新试机时，故障未能排除。

用热风枪将码片24256拆下，用编程仪重写码片资料后，再装上手机，开机后不再有“Y”显示，但出现了不认卡“请插入正确SIM卡”故障，这是爱立信T系列手机共同存在的问题。

故障处理：再重写字库资料后，开机正常，并可上网。

故障实例2

故障现象：开机上网正常，并可拨打电话，但屏幕无任何显示。

分析与检修：取出主板，接上稳压电源开机后，用示波器分别测显示屏各触点的信号电压，从左至右(①～⑤脚)分别测①脚时钟信号、③脚数据信号和④脚显示模块工作电压均为正常的 3.2V，⑤脚的显示屏控制电压为 0V，不为正常的 6.0V。测整流管 V608 和 V611 均正常，也不存在虚焊或其所连接的线路开路等情况。判断为软件资料出错。

故障处理：更换码片资料后，再重新字库资料后，开机显示正常，并可正常登记上网，故障排除。